茶艺

IV 培训教材

周智修 江用文 阮浩耕 主编

四之器

灰承

炉以铜铁铸

分虚中致其

六

坎上巽下

圣唐威

首批全国优秀出版社 | 中国农业出版社
农村读物出版社

图书在版编目（CIP）数据

茶艺培训教材. Ⅳ / 周智修，江用文，阮浩耕主编. — 北京: 中国农业出版社，2022.1（2025.7重印）
ISBN 978-7-109-28012-0

Ⅰ．①茶… Ⅱ．①周… ②江… ③阮… Ⅲ．①茶艺－中国－职业培训－教材 Ⅳ．①TS971.21

中国版本图书馆CIP数据核字（2021）第041251号

茶艺培训教材 Ⅳ

CHAYI PEIXUN JIAOCAI Ⅳ

中国农业出版社出版
地址：北京市朝阳区麦子店街18号楼
邮编：100125
策划编辑：李 梅　　　　责任编辑：王庆宁 李 梅　　　文字编辑：李 梅 赵世元
版式设计：水长流文化　　责任校对：吴丽婷
印刷：北京中科印刷有限公司
版次：2022年1月第1版
印次：2025年7月北京第3次印刷
发行：新华书店北京发行所
开本：889mm×1194mm
印张：15.75
字数：420千字
定价：98.00元

"茶艺培训教材" 编委会

刘伟华　湖北三峡职业技术学院旅游与教育学院教授

刘馨秋　南京农业大学人文学院副教授

关剑平　浙江农林大学茶学与茶文化学院教授

江用文　中国农业科学院茶叶研究所党委书记、副所长、研究员，中国茶叶学会理事长

江和源　中国农业科学院茶叶研究所研究员、博士生导师

许勇泉　中国农业科学院茶叶研究所研究员、博士生导师

阮浩耕　点茶非物质文化遗产传承人，《浙江通志·茶叶专志》主编，中国国际茶文化研究
　　　　会顾问

邹亚君　杭州市人民职业学校高级讲师

应小青　浙江旅游职业学院副教授

沈冬梅　中国社会科学院古代史研究所首席研究员，中国国学研究与交流中心茶文化专业委
　　　　员会主任

陈　亮　中国农业科学院茶叶研究所茶树种质资源创新团队首席科学家、研究员、博士生导师

陈云飞　杭州西湖风景名胜区管委会人力资源和社会保障局副局长，副研究员

李　方　浙江大学农业与生物技术学院研究员、花艺教授，浙江省花协插花分会副会长

周智修　中国农业科学院茶叶研究所研究员，国家级周智修技能大师工作室领办人，中华人
　　　　民共和国第一届职业技能大赛茶艺项目裁判长

段文华　中国农业科学院茶叶研究所副研究员

徐南眉　中国农业科学院茶叶研究所副研究员

郭丹英　中国茶叶博物馆研究馆员

廖宝秀　故宫博物院古陶瓷研究中心客座研究员，台北故宫博物院研究员

《茶艺培训教材 IV》编撰及审校

撰　　稿　于良子　马建强　朱家骧　刘伟华　刘　栩　关剑平　江和源　阮浩耕　杨亚静
　　　　　吴玟瑾　汪庆华　沈冬梅　李菊萍　范俊雯　周智修　赵　丹　段文华　袁　薇
　　　　　徐南眉　爱新觉罗毓叶

摄　　影　陈春云　陈莲花　周锦玉　俞亚民　爱新觉罗毓叶　潘　影

绘　　图　陈周一琪

茶艺演示　王　燕　伍雨星　吴令焕　吴智慧　范俊雯　赵　丹　俞汝捷　爱新觉罗毓叶

审　　稿　关剑平　江用文　阮浩耕　李　溪　陈　亮　陈富桥　周智修　鲁成银

统　　校　翁　蔚　周希劢

Preface

序一

中国是茶的故乡，是世界茶文化的发源地。茶不仅是物质的，也是精神的。在五千多年的历史文明发展进程中，中国茶和茶文化作为中国优秀传统文化的重要载体，穿越历史，跨越国界，融入生活，和谐社会，增添情趣，促进健康，传承弘扬，创新发展，演化蝶变出万紫千红的茶天地，成为人类仅次于水的健康饮品。茶，不仅丰富了中国人民的物质精神生活，更成为中国联通世界的桥梁纽带，为满足中国人民日益增长的美好生活需要和促进世界茶文化的文明进步贡献着智慧力量，更为涉茶业者致富达小康、饮茶人的身心大健康和国民幸福安康做出重大贡献。

倡导"茶为国饮，健康饮茶""国际茶日，茶和世界"，就是要致力推进茶和茶文化进机关、进学校、进企业、进社区、进家庭"五进"活动，营造起"爱茶、懂茶、会泡茶、喝好一杯健康茶"的良好氛围，使茶饮文化成为寻常百姓的日常生活方式、成为人民日益增长的美好生活需要。茶业培训和茶文化宣传推广是"茶为国饮""茶和世界"的重要支撑，意义重大。

中国茶叶学会和中国农业科学院茶叶研究所作为国家级科技社团和国家级科研院所，联合开展茶和茶文化专业人才培养20年，立足国内，面向世界，质量为本，创新进取，汇聚国内外顶级专家资源，着力培养高素质、精业务、通技能的茶业专门人才，探索集成了以茶文化传播精英人才培养为"尖"、知识更新研修和专业技能培养为"身"、茶文化爱好者普及提高为"基"的金字塔培训体系，培养了一大批茶业专门人才和茶文化爱好者，并引领带动着全国乃至世界茶业人才培养事业的高质量发展，为传承、弘扬、创新中华茶文化做出了积极贡献！

奋战新冠肺炎疫情，人们得到一个普遍启示：世界万物，生命诚可贵，健康更重要。现实告诉我们，国民经济和国民健康都是一个社会、民族、国家发展的基础，健康不仅对个人和家庭具有重要意义，也对社会、民族、国家具有同样重要的意义。预防是最基本、最智慧的健康策略。寄情于物的中华茶文化是最具世界共情效应的文化。用心普及茶知识、弘扬茶文化，倡导喝好一杯茶相适、水相合、器相宜、泡相和、境相融、人相通"六元和合"的身心健康茶，喝好一杯有亲情和爱、情趣浓郁的家庭幸福茶，喝好一杯邻里和睦、情谊相融的社会和谐茶，把中华茶文化深深融进国人身心大健康的快乐生活之中，让茶真正成为国饮，成为人人热爱的日常生活必需品和人民日益增长的美好生活需要，使命光荣，责任重大。

培训教材是高质量茶业人才培养的重要基础。由中国茶叶学会组织编撰的《茶艺师培训教材》《茶艺技师培训教材》《评茶员培训教材》，在过去的十年间，为茶业人才培训发挥了很好的作用，备受涉茶岗位从业人员和茶饮爱好者的青睐。这次，新版"茶艺培训教材"顺应时代、紧贴生活、内容丰富、图文并茂，更彰显出权威性、科学性、系统性、精准性和实用性。尤为可喜的是，新版教材在传统清饮的基础上，与"六茶共舞"新发展时势下的调饮、药饮（功能饮）、衍生品食用饮和情感体验共情饮等新内容有机融合，创新拓展，丰富了茶饮文化的形式和内涵，丰满了美好茶生活的多元需求，展现了茶为国饮、茶和世界的精彩纷呈的生动局面，使培训内容更好地满足多元需求，让更多的人添知识、长本事，是一套广大涉茶院校、茶业培训机构开展茶业人才培训的好教材，也是一部茶艺工作者和茶艺爱好者研习中国茶艺和中华茶文化不可多得的好"伴侣"。

哲人云：茶如人生，人生如茶。其含蓄内敛的独特品性、品茶品味品人生的丰富内涵和"清、敬、和、美、乐"的当代核心价值理念，赋予了中国茶和茶文化陶冶性情、愉悦精神、健康身心、和合共融的宝贵价值。当今，我们更应顺应大势、厚植优势，致力普及茶知识、弘扬茶文化，让更多的人走进茶天地，品味这杯历史文化茶、时尚科技茶、健康幸福茶，让启智增慧、立德树人的茶文化培训事业繁花似锦，为新时代人民的健康幸福生活作出更大贡献！

中国国际茶文化研究会会长

2021年2月 于杭州

Preface
序二

中国茶叶学会于1964年在杭州成立，至今已近六十载，曾两次获"全国科协系统先进集体"，多次获中国科协"优秀科技社团""科普工作优秀单位"等荣誉，并被民政部评为4A级社会组织。学会凝心聚力、开拓创新，举办海峡两岸暨港澳茶业学术研讨会、国际茶叶学术研讨会、中国茶业科技年会、国际茶日暨全民饮茶日活动等；开展茶业人才培养；打造了一系列行业"品牌活动"和"培训品牌"，为推动我国茶学学科及茶产业发展做出了积极的贡献。

中国农业科学院茶叶研究所是中国茶叶学会的支撑单位。中国农业科学院茶叶研究所于1958年成立，作为我国唯一的国家级茶叶综合性科研机构，深耕茶树育种、栽培、植保及茶叶加工、生化等各领域的科学研究，取得了丰硕的科技成果，获得了国家发明奖、国家科技进步奖和省、部级的各项奖项，并将各种科研成果在茶叶生产区进行示范推广，为促进我国茶产业的健康发展做出了重要贡献。

自2002年起，中国茶叶学会和中国农业科学院茶叶研究所开展茶业职业技能人才和专业技术人才等培训工作，以行业内"质量第一，服务第一"为目标，立足专业，服务产业，组建了涉及多领域的专业化师资团队，近20年时间为产业输送了5万多名优秀专业人才，其中既有行业领军人才，亦有高技能人才。中国茶叶学会和中国农业科学院茶叶研究所凭借丰富的经验与长久的积淀，引领茶业培训高质量发展。

"工欲善其事，必先利其器"。作为传授知识和技能的主要载体，培训教材的重要性毋庸置疑。一部科学、严谨、系统、有据的培训教材，能清晰地体现培训思路、重点、难点。本教材以中国茶叶学会发布的团体标准《茶艺与茶道水平评价规程》和中华人民共和国人力资源和社会保障部发布的《茶艺师国家职业技能标准》为依据，由中国茶叶学会、中国农业科学院茶叶研究所两家国字号单位牵头，众多权威专家参与，强强联合，在2008年出版的《茶艺师培训教材》《茶艺技师培训教材》的基础上重新组织编写，历时四年完成了这套"茶艺培训教材"。

中国茶叶学会、中国农业科学院茶叶研究所秉承科学严谨的态度和专业务实的精神，创作了许多的著作精品，此次组编的"茶艺培训教材"便是其一。愿"茶艺培训教材"的问世，能助推整个茶艺事业的有序健康发展，并为中华茶文化的传播做出贡献。

中国工程院院士、中国农业科学院茶叶研究所研究员、中国茶叶学会名誉理事长

陈宗懋

2021年6月

Preface

序三

中国现有20个省、市、自治区生产茶叶，拥有世界上最大的茶园面积、最高的茶叶产量和最大消费量，是世界上第一产茶大国和消费大国。茶，一片小小树叶，曾经影响了世界。现有资料表明，中国是世界上最早发现、种植和利用茶的国家，是茶的发源地；茶，从中国传播到世界上160多个国家和地区，现全球约有30多亿人口有饮茶习惯；茶，一头连着千万茶农，一头连着亿万消费者。发展茶产业，能为全球欠发达地区的茶农谋福利，为追求美好生活的人们造幸福。

人才是实现民族振兴、赢得国际竞争力的重要战略资源。面对当今世界百年未有之变局，茶业人才是茶产业长足发展的重要支撑力量。培养一大批茶业人才，在加速茶叶企业技术革新与提高核心竞争力、推动茶产业高质量发展与乡村人才振兴等方面有举足轻重的作用。

中国茶叶学会作为国家一级学术团体，利用自身学术优势、专家优势，长期致力于茶产业人才培养。多年来，以专业的视角制定行业团体标准，发布《茶艺与茶道水平评价规程》《茶叶感官审评水平评价规程》《少儿茶艺等级评价规程》等；编写教材、大纲及题库，出版《茶艺师培训教材》《茶艺技师培训教材》及《评茶员培训教材》，组编创新型专业技术人才研修班培训讲义50余本。

作为综合型国家级茶叶科研单位，中国农业科学院茶叶研究所荟萃了茶树育种、栽培、加工、生化、植保、检测、经济等各方面的专业人才，研究领域覆盖产前、产中、产后的各个环节，在科技创新、产业开发、服务"三农"等方面取得了一系列显著成绩，为促进我国茶产业的健康可持续发展做出了重要的贡献。

　　自2002年开始，中国茶叶学会和中国农业科学院茶叶研究所联合开展茶业人才培训，现已培养专业人才5万多人次，成为茶业创新型专业技术人才和高技能人才培养的摇篮。中国茶叶学会和中国农业科学院茶叶研究所联合，重新组织编写出版"茶艺培训教材"，耗时四年，汇聚了六十余位不同领域专家的智慧，内容包括自然科学知识、人文社会科学知识和操作技能等，丰富翔实，科学严谨。教材分为五个等级共五册，理论结合实际，层次分明，深入浅出，既可作为针对性的茶艺培训教材，亦可作为普及性的大众读物，供茶文化爱好者阅读自学。

　　"千淘万漉虽辛苦，吹尽狂沙始到金。"我相信，新版"茶艺培训教材"将会引领我国茶艺培训事业高质量发展，促进茶艺专业人才素质和技能全面提升，同时也为弘扬中华优秀传统文化、扩大茶文化传播起到积极的作用。

中国工程院院士 湖南农业大学教授

刘仲华

2021年6月

Foreword

前言

中华茶文化历史悠久，底蕴深厚，是中华优秀传统文化的重要组成部分，蕴含了"清""敬""和""美""真"等精神与思想。随着人们对美好生活的需求日益提升，中国茶和茶文化也受到了越来越多人的关注。2019年12月，联合国大会宣布将每年5月21日确定为"国际茶日"，以赞美茶叶的经济、社会和文化价值，促进全球农业的可持续发展。这是国际社会对茶叶价值的认可与重视。学习茶艺与茶文化，可以丰富人们的精神文化生活，坚定文化自信，增强民族凝聚力。

2008年，中国茶叶学会组编出版了《茶艺师培训教材》《茶艺技师培训教材》，由江用文研究员和童启庆教授担任主编，周智修研究员、阮浩耕副编审担任副主编，俞永明研究员等21位专家参与编写。作为同类教材中用量最大、影响最广的茶艺培训参考书籍，该教材在过去的10余年间有效推动了茶文化的传播和茶艺事业的发展。

随着研究的不断深入，对茶艺与茶文化的认知逐步拓宽。同时，中华人民共和国人力资源和社会保障部2018年修订的《茶艺师国家职业技能标准》和中国茶叶学会2020年发布的团体标准《茶艺与茶道水平评价规程》均对茶艺的相关知识和技能水平提出了更高的要求。为此，中国茶叶学会联合中国农业科学院茶叶研究所组织专家，重新组编这套"茶艺培训教材"，在吸收旧版教材精华的基础上，将最新的研究成果融入其中。

高质量的教材是实现高质量人才培养的关键保障。新版教材以《茶艺师国家职业技能标准》《茶艺与茶道水平评价规程》为依据，既紧扣标准，又高于标准，具有以下几个方面特点：

一、在内容上，坚持科学性

中国茶叶学会和中国农业科学院茶叶研究所组建了一支权威的团队进行策划、撰稿、审稿和统稿。教材内容得到周国富先生、陈宗懋院士、刘仲华院士的指导，为本套教材把握方向，并为教材作序。编委会组织中国农业科学院茶叶研究所、中国社会科学院古代史研究所、北京大学、浙江大学、南京农业大学、云南农业大学、浙江农林大学、台北故宫博物院、中国茶叶博物馆、西湖博物馆总馆等全国30余家单位的60余位权威专家、学者等参与教材撰写，80%以上作者具有高级职称或为一级茶艺技师，涉及的学科和领域包括历史、文学、艺术、美学、礼仪、管理等，保证了内容的科学性。同时，编委会邀请俞永明研究员、鲁成银研究员、陈亮研究员、关剑平教授、梁国彪研究员、朱永兴研究员、周星娣副编审等多位专家对教材进行审稿和统稿，严格把关质量，以保证内容的科学性。

二、在结构上，注重系统性

本套教材依难度差异分为五册，分别为茶艺Ⅰ、茶艺Ⅱ、茶艺Ⅲ、茶艺Ⅳ、茶艺Ⅴ，逐级提升，分别对应《茶艺师国家职业技能标准》要求的五级至一级，以及《茶艺与茶道水平评价规程》要求的一级至五级。为了帮助读者更快速地建立一个较为完善的知识框架体系，每一册又按照领域和学科特点分成科学篇、文化篇、艺术篇、技能篇、礼仪篇、服务篇、管理篇、休闲产业篇等若干板块。这些板块相对独立又相互关联，同一板块的知识要点在各个等级中层层递进，而目录中的三级提纲恰似一张逻辑严谨清晰的思维导图，将知识点巧妙地串联在一起，便于读者阅读和学习，更有利于知识的梳理与记忆。此外，与旧版教材相比，本套教材延展了茶学专业知识和茶文化知识的深度和广度，增加了茶事艺文、传统礼仪、美学等方面的内容，使内容更为丰富。

茶艺培训教材与茶艺师等级、茶艺与茶道水平评价等级对应表

教材名称	茶艺师等级	茶艺与茶道水平等级
茶艺培训教材Ⅰ	五级/初级	一级
茶艺培训教材Ⅱ	四级/中级	二级
茶艺培训教材Ⅲ	三级/高级	三级
茶艺培训教材Ⅳ	二级/技师	四级
茶艺培训教材Ⅴ	一级/高级技师	五级

三、在形式上，增强可读性

参与教材编写的作者多是各学科领域研究的带头人和骨干青年，更擅长论文的撰写，他们在文字的表达上做了很多尝试，尽可能平实地书写，令晦涩难懂的科学知识通俗易懂。教材内容虽信息量大且以文字为主，但行文间穿插了图、表，形象而又生动地展现了知识体系。根据文字内容，作者精心收集整理，并组织相关人员专题拍摄，从海量图库中精挑细选了图片3000余幅，图文并茂地展示了知识和技能要点。特别是技能篇，对器具、茶艺演示过程等均精选了大量唯美的图片，在知识体系严谨科学的基础上，增强了可读性和视觉美感，不仅让读者更快地掌握技能要领，也让阅读和学习变得轻松有趣。茶叶从业人员和茶文化爱好者们在阅读本书时，可得启发、收获和愉悦。

历时四年，经过专家反复的讨论、修改，新版"茶艺培训教材"（Ⅰ～Ⅴ）最终成书。本套教材共计200余万字。全书内容丰富、科学严谨、图文并茂，是60余位作者集体智慧的结晶，具有很强的时代性、先进性、科学性和实用性。本教材不仅适用于国家五个级别茶艺师的等级认定培训，为茶艺师等级认定的培训课程和题库建设提供参考，还适用于茶艺与茶道水平培训，为各院校、培训机构茶艺教师高效开展茶艺教学，并为茶艺爱好者、茶艺考级者等学习中国茶和茶文化提供重要的参考。

由于本套教材的体量庞大，书中难免挂一漏万，不足之处请各界专家和广大读者批评指正！最后，在本套教材的编写过程中，承蒙许多专家和学者给予高度关心和支持。在此出版之际，编委会全体同仁向各位致以最衷心的感谢！

茶艺培训教材编委会

2021年6月

Contents
目录

科学篇

文化篇

科学篇

文化篇

技能篇

第二十章
茶艺培训的组织

科学篇

第一章
茶叶中的主要生化
成分与品质表现

茶作为健康饮料，具有包括色、香、味、形在内的感官品质属性。这些色、香、味、形品质属性主要是由茶叶中的生化成分决定的。

第一节　茶叶的主要品质成分

现有科学研究表明，已知茶叶中的生物化学成分超过700种，除了水分之外，主要有色素、芳香物质、多酚类、氨基酸、生物碱、蛋白质、碳水化合物、有机酸、脂类、维生素和无机盐等十多类化学物质。其中，茶多酚、咖啡因、茶氨酸等常被认为是茶叶的标志性化学成分。

一、色素类

茶叶的色泽是由其色素类物质含量及组成决定的。茶叶中含有的主要色素类成分一般可分为水溶性和脂溶性两大类。

（一）水溶性色素

茶叶中的水溶性色素主要是在茶叶加工过程中由多酚类物质氧化形成，其中最为突出的是茶黄素类（TFs）、茶红素类（TRs）和茶褐素类（TBs）。这些水溶性色素，是多酚类及其衍生物氧化聚合的缩合产物，对红茶等的色香味等品质有着决定性的作用。

1. 茶黄素

茶黄素呈金黄色针状结晶，滋味辛辣，有很强的收敛性。

2. 茶红素

茶红素（图1-1）在红茶中含量较高，可以达到红茶干物质含量的6%～15%。

图1-1　茶红素提取物

茶红素是一类复杂的红褐色酚性化合物，其分子组成及结构非常复杂，由许多分子量差异很大的物质构成，既包括儿茶素酶促氧化聚合、缩合反应的产物，也含有儿茶素氧化产物与多糖、蛋白质和原花色素等发生非酶促反应的产物。

3. 茶褐素

茶褐素是由茶黄素、茶红素及其他酚类物质发生深度氧化反应，与其他化合物产生聚合、缩合反应而形成的复杂的暗褐色复合物。茶褐素的化学组成极为复杂，含有多酚类的氧化聚合、缩合产物等。

以上3种色素物质，在水溶液中的颜色也各不相同，茶黄素表现为橙黄色，茶红素表现为棕红色，茶褐素则呈现出暗褐色。

（二）脂溶性色素

脂溶性色素主要有叶绿素和类胡萝卜素。

1. 叶绿素

叶绿素是吡咯类有机化合物，不溶于水，易溶于有机溶剂。叶绿素是形成绿茶干茶色泽和叶底颜色的主要物质之一，其组成与含量对茶叶品质有重要影响。

茶叶中叶绿素的总含量约占茶叶干重的0.3%～0.8%，常因品种、季节、成熟度的不同而有较大差异。叶绿素又可分为叶绿素a和叶绿素b两种，其中叶绿素a含量为叶绿素b的2～3倍。对于鲜叶原料而言，一般中小叶种茶树鲜叶的叶绿素含量较高，叶色深绿；大叶种茶树鲜叶的叶绿素含量较低，叶色相对偏黄绿。加工绿茶以叶绿素含量高的中小叶品种为宜，在组成上以高含量叶绿素a为好，红茶、乌龙茶、白茶、黄茶等对叶绿素含量的要求比绿茶低，如果含量过高，反而会影响这些茶的干茶和叶底色泽。

2. 类胡萝卜素

类胡萝卜素属四萜类衍生物，自然界中已经分离鉴定的类胡萝卜素化合物有300种以上，茶叶中已发现有17种。类胡萝卜素颜色多为橙红色，不溶于水，在茶叶的叶底色泽和干茶色泽中起重要作用。茶叶中类胡萝卜素含量约0.06%，其中β-胡萝卜素约占类胡萝卜素总量的80%，成熟叶中含量比嫩叶含量高。

二、多酚类

茶叶中富含一类多羟基的酚性物质，称为"茶多酚"（图1-2），是茶叶中最具特色的次生代谢产物。按照化学物质的分类，茶叶中的多酚类物质一般可分为四大类，分别是黄烷醇类、黄酮类、酚酸类、花色苷及其苷元。茶多酚类物质在茶叶中的含量可达18%～30%，其中儿茶素类物质的含量约占多酚类总量的70%，远高于其他植物。

图1-2　茶多酚提取物

不同的茶树品种，其多酚类物质的含量及组成往往存在一定的差异。一般来说，云南、广东、海南等地的大叶种茶树儿茶素含量较高，而浙江、江苏、安徽等地的中小叶种茶树，其儿茶素含量则相对偏低。就具体儿茶素种类的组成来说，一般情况下，茶树鲜叶中酯型儿茶素的含量要高于非酯型儿茶素，其中以L-EGCG的含量最高，L-ECG次之，其他种类的简单儿茶素则含量较低。但是，云南、贵州、四川等地的大叶种茶树，其儿茶素的组成与含量则表现出原始品种的特性，具体表现是L-ECG的含量较高，甚至与L-EGCG含量相当；简单儿茶素中，L-EC和D，L-C的含量较高。

茶树鲜叶中的儿茶素随季节变化表现出含量的差异。夏季茶树新梢中儿茶素的含量最高，秋季次之，春季则含量最低。从种类来看，在茶树的整个年发育周期内，L-EGCG的变化规律与儿茶素总量基本一致，因此，L-EGCG的含量也可以反映出茶树的生长季节特性。

茶树上不同部位芽叶的儿茶素含量与儿茶素的生物合成代谢密切相关，一般以茶树新梢等生长旺盛的部位含量最高，而老叶、茎等部位含量较低。不同部位中，儿茶素的组成差别也很大，尤其是L-EGCG、L-ECG和L-EGC的含量变化较为显著，L-EGCG和L-ECG含量随茶树叶片生育年龄增大而降低，而L-EGC含量反而有增加的趋势。

三、氨基酸

氨基酸是茶叶中一类极为重要的化学成分。它不仅是组成蛋白质的功能分子，也是生物酶、活性多肽以及其他一些生物活性成分的重要相关物质。迄今为止，除了组成蛋白质的20种氨基酸之外，还从茶叶中发现了6种特殊的非蛋白质氨基酸，分别是茶氨酸、豆叶氨酸、谷氨酰甲胺、γ-氨基丁酸、天冬酰乙胺和β-丙氨酸。

在茶叶所含有的26种游离氨基酸中，一般以5种氨基酸含量为高，依次为茶氨酸（图1-3）、谷氨酸、天冬氨酸、精氨酸和丝氨酸，其总量占茶叶游离氨基酸总量的80%以上。其中，茶氨酸在茶叶中的含量高达干物质含量的2.0%～3.0%，约占茶叶中所有游离氨基酸总量的50%。因此，茶氨酸一直被认为是茶叶的特征性氨基酸，甚至被作为鉴别茶叶真假的重要化学成分指标之一。茶氨酸含量受季节的影响也较大，一般春茶中茶氨酸含量明显高于夏茶和秋茶，并且随茶季的推移，茶氨酸含量逐渐减少。

氨基酸及其降解或转化产物，对茶叶的香气、滋味等品质也起着重要的作用。例如，有些氨基酸，在茶叶加工中所转化形成的醛、酮等产物，是茶叶香气的重要成分。有些氨基酸是茶叶中重要的滋味因

图1-3　茶氨酸提取物

子，尤其是茶氨酸，是构成绿茶品质极为重要的成分之一。

四、生物碱

茶叶也是一种富含嘌呤碱类生物碱的特殊植物，主要是咖啡因、可可碱和茶叶碱等3种甲基嘌呤衍生物，三者的含量分别为茶叶干物质含量的2%～5%、0.06%～1.0%、0.05%，占据了茶叶生物碱的绝大部分。咖啡因纯品为无色结晶，易溶于热水，有苦味（图1-4）。在茶叶冲泡过程中，咖啡因还会与多酚类及其氧化产物络合，形成茶汤中的特殊现象"冷后浑"，多见于红茶茶汤。咖啡因与儿茶素及茶黄素、茶红素等氧化产物，在高温茶汤中各自呈现出游离的状态，但当茶汤温度下降到一定程度的时候，这些物质可以通过羟基和羰基间形成的氢键而缔合成络合物。这些络合物的滋味呈现，不同于咖啡因的苦味和茶黄素的强收敛性，而是表现出较为醇爽的滋味特征。

五、糖类

茶叶中的糖类物质，包括单糖、寡糖、多糖，以及少量复合糖、衍生糖类。单糖和双糖等小分子糖类是构成茶叶可溶性糖的主要成分，一般具有甜味。茶树新梢在合成糖类物质时，因叶片发育阶段的不同，合成糖的种类也有差异。在幼嫩茶梢中合成的主要是单糖和蔗糖，可以为细胞的快速增长提供能量；成熟叶片中，除了合成单糖和蔗糖之外，还可以合成并积累大量的多糖类物质。

多糖是由多个单糖基以糖苷键相连而形成的高聚物。茶叶中的多糖类物质占茶叶干重的25%～30%，主要有纤维素（4%～9%）、半纤维素（3%～10%）、淀粉（0.2%～2.0%）和果胶（11%）等。构成植物支持组织的纤维素和半纤维素是水不溶性的，淀粉也难溶于水，果胶物质的溶解性则与其甲酯化程度、是否带支链结构等性质有关。多糖一般不溶于乙醇或其他有机溶剂，无还原性，也无甜味（图1-5）。茶叶中还含有一类特殊的水溶性复合多糖，是一类与蛋白质结合在一起的酸性多糖或酸性糖蛋白，主要由葡萄糖、阿拉伯糖、果糖、木糖、半乳糖及鼠李糖等组成，聚合度大于10，具有多种生理功能活性。这一类水溶性多糖常被称为茶叶活性多糖、茶叶多糖、茶多糖，在茶叶中含量约为0.5%～3.0%，在粗老茶中含量较高。茶多糖的组成和含量因茶树品种、茶园管理水平、采摘季节、原料老嫩及加工工艺的不同而异。乌龙茶中的茶多糖含量高于绿茶和红茶；原料越老，茶多糖的含量越高；六级炒青绿茶中多糖的含量是一级炒青的2倍；乌龙茶的茶多糖含量约占干重的2.63%。

图1-4　咖啡因提取物

图1-5　茶多糖提取物

六、蛋白质

茶叶中含有大量的蛋白质，其含量一般占茶叶干重的20%～35%。高档茶的鲜叶原料较为细嫩，其蛋白质含量较高，而粗老茶中的蛋白质含量则相对较低。茶叶中的蛋白质主要有白蛋白、球蛋白、醇溶蛋白、谷蛋白等，其中大部分较难溶于水。人们冲泡茶叶时，茶叶中可溶出的蛋白质只有2%左右，其余大部分蛋白质则留在了茶渣之中。尽管茶叶中的蛋白质溶入茶汤较少，但是对于茶汤胶体溶液的稳定有较为重要的作用，会影响茶汤口感的浓厚度。

七、芳香物质

茶叶中的芳香物质是茶叶中种类繁多的挥发性物质的总称。茶叶中芳香物质的含量甚微，一般占茶叶干物质含量的0.03%以下，但是组成极为复杂，迄今从茶叶中分离鉴定的香气成分有500多种。茶叶中常见的芳香物质包括醇类、醛类、酸类、酮类、酯类、内酯类、杂环类、过氧化物类、含硫化合物类和含氮化合物类等十几个大类。这些芳香物质中含有的羟基、酮基、醛基、酯基等对香气都有一定的影响。例如，大多数醇类具有花香或果香，大多数酯类具有熟果香，因而对茶叶的香气起着重要作用。

依据挥发性，茶叶中的香气成分大致可以分为低沸点组分和高沸点组分两大类，其中尤以萜烯醇类最为典型。大多数萜烯醇类为高沸点组分，主要有芳樟醇、芳樟醇氧化物、香叶醇、橙花叔醇、α-紫罗酮、β-紫罗酮、吲哚、顺茉莉酮、雪松醇等。非萜烯醇类为低沸点组分，主要有顺-3-己烯-1-醇、1-戊烯-3-醇、顺-2-戊烯-1-醇、反-2-己烯醇、反,反-2,4-庚二烯醛等。

不同香气化学成分，表现出来的香气类型也有所不同。例如青叶醇（顺-3-己烯醇）在浓度较高时表现出强烈的青草气，反式青叶醇、顺-3-己烯醇酯类则有清香气，芳樟醇及其氧化物有清淡花香，香叶醇和2-苯乙醇有温和玫瑰花香，苯甲醇有微弱的苹果香，顺茉莉酮、茉莉酮酸甲酯、β-紫罗酮等化合物有甜花香，茶螺烯酮、茉莉内酯及其他内酯类常具有干果香，吡嗪类、吡咯类、呋喃类等具有烘烤香，1-戊烯-1-醇、苯乙醛、n-壬醛、n-癸醛等有陈香等。

八、其他成分

茶叶中还含有微量的皂苷和维生素C。

1. 皂苷

皂苷又名皂素、皂角苷或皂甙，常具有苦味或辛辣味。茶皂苷是一类比较复杂的苷类衍生物，其水溶液振荡时可产生大量肥皂样泡沫，具有很强的起泡力而不受水质硬度的影响。茶叶中的皂素有较多种类，常分布于茶树的叶片、籽、根等部位。

2. 维生素C

茶叶中还含有较为丰富的维生素，其中以维生素C的含量最为丰富。六大茶类中，以绿茶中维生素C的含量最高，可以达到0.5%。茶叶中维生素C的含量与茶树鲜叶的老嫩度有关，一般来说，茶树芽叶中第二、三叶含量较多，顶芽和第一叶中的含量略低，粗老叶则更少。

由于维生素C的化学性质活泼，在茶叶的贮藏和加工过程中极易受到多种条件的影响而发生变化。维生素C的破坏，主要与氧气、高温、酶、金属等因素有关。在温度达到210℃以上的条件下，茶叶中的维生素C可能会全部被破坏。在有氧气存在的条件下，维生素C容易受到多种氧化酶的催化作用而被氧化，例如抗坏血酸氧化酶、过氧化酶和细胞色素氧化酶等，导致茶叶中维生素C的含量下降。

就茶类而言，一般情况下绿茶中维生素C的含量比红茶等要高。在制茶过程中，茶树鲜叶中的维生素C会因氧化而减少，尤其是在红茶发酵工艺过程中，维生素C含量的下降最为明显。而在绿茶加工过程中，由于高温杀青可以杀灭或抑制抗坏血酸酶等大多数生物酶的活性，因而可以在很大程度上保留茶叶中的维生素C，因而绿茶中维生素C的含量常常较高。但是，如果在绿茶加工中对于温度条件的控制不当，导致抗坏血酸酶、过氧化物酶等活性有少量保留，则有可能会降低茶叶中的维生素C含量。在茶叶的贮藏过程中，维生素C的含量会随着茶叶贮藏时间的延长而逐渐降低，陈茶中的维生素C含量则极低。维生素C的含量还与贮藏温度有关，如﹣12℃下贮藏1年维生素C损失约55%，而﹣29℃下贮藏1年仅损失10%。

第二节　茶叶色泽的形成

茶叶色泽一般可分为干茶色泽、茶汤色泽、叶底色泽3个方面，常因茶类品种、工艺处理的不同存在很大差异。叶绿素等脂溶性色素，由于很难溶入茶汤之中，因而对茶汤色泽的影响相对较小，但是会影响干茶及叶底的色泽。水溶性色素可以影响茶汤的色泽，但是一些水溶性色素与其他生物大分子形成的复合物则会影响干茶及叶底的色泽。

一、绿茶的色泽

绿茶属于不发酵茶，它表现出来的黄绿色泽，接近茶树鲜叶的绿色。一般来说，绿茶的干茶色泽，主要由叶绿素、胡萝卜素、叶黄素以及不同氧化程度的茶多酚所形成，其中主要是脂溶性叶绿素的作用，绿茶干茶色泽的深浅主要与其中的叶绿素a和叶绿素b的含量及比例有关。在茶叶加工过程中，如果制茶工艺掌握不当，叶绿素破坏较多，会使绿茶变成黄褐色。在茶叶贮放过程中，如果存放久或保管不当，叶绿素a易受光分解，绿色逐渐减弱，一部分叶绿素a变成呈黑褐色的脱镁叶绿素，将导致茶叶从翠绿变成黄褐色。

紫色芽叶常含有较多的花青素，而花青素一般呈现紫红色。因而，用紫色芽叶制成的绿茶，其干茶色泽会显得深暗。如果花青素的含量达到0.5%，可能导致茶汤的色泽发暗、滋味发苦；如果花青素的含量超过1%，将严重影响绿茶的品质。

绿茶茶汤常呈现出绿黄色，可能是受黄酮类色素的影响。茶叶中已经发现了十多种黄酮类色素，主要是由一些黄到绿色的色素组分构成，多以糖苷形式存在于茶叶内。这些黄酮类色素物质，能够较好地溶解于热水中，从而形成绿茶的绿黄色茶汤。紫色芽叶制成的绿茶，因为花青素的含量较高，茶汤显得灰暗。

图1-6 绿茶干茶、茶汤、叶底

由于叶绿素不溶于水，对于绿茶茶汤绿黄色泽的贡献不大。绿茶汤色可能受到茶多酚及其初级氧化产物的影响。茶多酚类物质的水溶性相对较好，其中儿茶素类物质容易发生氧化形成一些黄色至红棕色的成分。绿茶茶汤放置过久，或者在室温过高等环境条件下，茶汤中儿茶素等多酚类物质会接触空气中的氧气而氧化，从而使得茶汤色泽变深变暗。

绿茶的叶底一般呈黄绿色（图1-6）。特别幼嫩的绿茶，因为细嫩芽叶中的叶绿素含量较低，因此呈现嫩黄绿色；而成熟度较高的茶叶，其叶片中的叶绿素含量较高，因而叶底也显得较绿。含花青素较多的绿茶，叶底会出现一些靛青色泽。

二、红茶的色泽

红茶干茶一般呈现出乌黑至棕褐的色泽，这是红茶中叶绿素的水解产物与果胶质、蛋白质、糖、茶多酚氧化产物等附着在叶片表面，经干燥后所表现出来的色泽。红茶加工过程中，叶绿素在叶绿素酶作用下水解形成黑褐色的脱镁叶绿素，干燥后呈黑色。红茶发酵及干燥时，茶多酚不断发生氧化和缩合反应，逐步形成茶黄素、茶红素和茶褐素等有色物质，其中茶黄素呈橙黄色，茶红素呈红色，茶褐素呈暗褐色。优质的红茶，含茶红素和茶黄素较多，干看外形色泽显得乌黑发亮，而发酵不足的红茶可能带有暗青色茶条。

红茶的红艳汤色主要是制茶过程中茶多酚经多酚氧化酶氧化或自动氧化形成茶黄素、茶红素和茶褐素的缘故。茶黄素呈橙黄色，决定了红茶汤色的明亮度和红艳度；茶红素呈红色，是形成红茶红艳汤色"红"的主体物质；茶褐素呈暗褐色，会导致红茶汤色发暗。茶黄素和茶红素的含量高，红茶汤色显得红艳明亮；茶褐素的含量高，红茶汤色就显得发暗。

红茶的叶底色泽常见铜红色，与不溶于水的色素有关，主要是茶多酚不同程度的氧化产物与蛋白质结合形成的不溶性复合物。如果红茶中茶黄素含量高，与蛋白质结合的茶黄素、茶红素较多时，红茶的叶底显现出橙黄明亮或者红亮色泽；如果茶褐素含量高，则叶底会显得红暗（图1-7）。

图1-7　红茶干茶、茶汤、叶底

三、乌龙茶的色泽

　　乌龙茶是一种介于发酵茶和不发酵茶之间的半发酵茶。摇青过程中，叶片边缘的细胞被破坏，多酚氧化酶发挥作用，促使叶片边缘细胞中的多酚类物质发生氧化形成黄色或红色的物质，而叶片中间未发酵部分仍然是绿色，所以乌龙茶叶底上常呈现出"绿叶红镶边"的特殊色泽（图1-8）。

图1-8　乌龙茶干茶、茶汤、叶底

第三节　茶叶香气的形成

　　茶叶中的芳香物质，也被称为挥发性香气组分，是茶叶中易挥发性物质的总称。茶叶的香气物质是决定茶叶品质的重要因子之一，即便是同一种芳香物质，不同浓度，嗅觉感受到的香型都不一样。所谓不同的茶香，实际是不同芳香物质以不同浓度组合，表现出各种香气特征。

　　茶叶中的芳香物质主要有低沸点和高沸点两大类。低沸点的芳香物质，如青叶醇具有强烈的青草气，杀青不足的晒青毛茶往往具有青草气；而高沸点的芳香物质，如苯甲醇、苯乙醇、茉莉酮和芳樟醇等，许多都具有良好的花果香。

茶叶中的香气物质，有的是在鲜叶生长过程中合成的，有的则是在加工过程中形成的。茶叶的加工过程也是温度、湿度不断变化的过程，将促使茶叶中的一些香气前体物质发生不同类型的生化反应，从而产生一些新的香气物质，因此，不同的茶叶加工工艺形成了茶叶产品的不同香气特征。

一、绿茶香气的形成

茶叶中所含香气物质的种类和多少，主要受茶树的品种、产地、施肥量、加工工艺等影响，其中以茶树品种和加工工艺的影响最为突出。例如，大叶种与中小叶种制作的茶叶，两者之间的香型差异明显，前者的芳樟醇化合物含量较高，而后者的香叶醇含量较高。

加工工艺的不同可以产生多种多样的茶叶香气类型。例如，采用蒸青工艺制作而成的煎茶，二甲硫等含硫香气成分的含量较高；而采用炒青工艺制作而成的龙井茶中，香叶醇、2-苯乙醇等花香型成分及吡嗪、吡咯类焦香型成分的含量较高。

茶叶干燥的温度对茶叶香型有着非常重要的影响。在茶叶的炒制过程中，叶片内的淀粉类物质会水解形成可溶性糖类物质，然后在受热条件下继续转化形成一些糖香物质。当火温过高时，糖类物质可以转化为具有焦糖香、焦香等的热转化产物，从而产生老火香或者高火香，而这些特殊的香气物质可以起到部分掩盖其他香气的效果。

二、红茶香气的形成

红茶中的香气物质只有少部分是鲜叶中保留下来的，绝大部分都是在红茶加工过程中转化形成的。萎凋、发酵过程中，某些醇类物质的氧化、氨基酸和胡萝卜素的降解、有机酸和醇的酯化、亚麻酸的氧化降解、乙烯醇的异构化、糖的热转化等化学变化，都会产生许多新的香气物质。一般来说，红茶加工的萎凋、发酵过程中香气物质是增加的，但在干燥阶段，由于高温的原因，很多低沸点的香气物质大量挥发，最后剩下的主要是一些高沸点的芳香物质，以醇类和酸类为主，其次是酯类、醛类等。

许多优质红茶常常呈现出水果的鲜甜香气，其最重要的原因为脂类物质的氧化降解，形成了许多花果香类的物质。从一些典型红茶样品的分析结果来看，安徽祁门和福建红茶中的香叶醇含量较高，而云南红茶中的芳樟醇及其氧化产物总量较高，在某种程度上与印度、斯里兰卡等红茶中的含量较为接近。祁门红茶有着特殊的季节性、地域性的"祁门香"，与其含有较多的香叶醇有关。

三、乌龙茶香气的形成

乌龙茶具有特殊的自然花香，这与适制乌龙茶品采摘鲜叶原料的成熟度有关。乌龙茶的工艺要求原料有较高的成熟度，一般采摘顶芽形成驻芽的开面鲜叶。随着茶树叶片的生长，其中所含有的糖类、脂类、氨基酸、黄酮醇等均有所增加，故较为成熟的开面鲜叶含有较多的醚浸出物，加工而成的乌龙茶中香气物质含量较高，因而更显得香高、味醇、耐泡。

乌龙茶的香气物质主要有芳樟醇及其氧化物、橙花叔醇、香叶醇、苯甲醇、苯乙醇、吲哚、顺茉莉酮、茉莉酮酸内酯、茉莉酮酸甲酯等。

四、黑茶香气的形成

黑茶加工要经过特殊的渥堆处理，即微生物参与发酵的代谢过程非常复杂，可以通过微生物胞外酶、微生物自身代谢、微生物产热等综合作用，影响黑茶中挥发性香气成分的转化与生成。

渥堆时，有大量的微生物参与其后发酵过程中香气物质的形成，包括黑曲霉、青霉、根霉、毛霉、灰绿曲霉、酵母菌，以及芽孢杆菌、球菌等。黑曲霉具有使酚羟基甲基化的能力，可以促使茶叶中的香气前体物质转化形成1, 2-二甲氧基-4-甲基苯、1, 2-二甲氧基-4-乙烯基苯、3-甲基-丁酸、1-辛烯-3-醇、2-辛烯-3-醇、3-辛醇、3-辛酮等香气化合物。

黑毛茶中的大量酚性挥发性化合物，如间苯三酚、愈创木酚、4-乙基愈创木酚等也与微生物作用有关。此外，微生物释放出来的水解酶类，可以促进一些单萜烯醇类化合物的水解，从而游离释放出一些香气成分。

第四节　茶叶滋味的形成

茶叶滋味是由茶叶中的可溶性成分决定的。茶的滋味品质特征，是由其中的苦、鲜、甜、酸等滋味物质的含量及组成决定的。茶中常见的滋味物质主要有茶多酚、氨基酸、咖啡因、可溶性糖等。这些物质都有各自的滋味特征，例如，多酚类物质一般具有苦涩味及收敛性，氨基酸有鲜爽味，咖啡因微苦，可溶性糖类有甜醇味。这些溶入茶汤中的物质相互作用，综合协调后就形成了茶的滋味特征。

一、绿茶滋味的形成

绿茶中含量较高、苦涩味较重的酯型儿茶素类物质，在热加工过程中，会转化形成刺激性、苦涩味较弱的简单儿茶素或没食子酸；部分多酚类物质可与蛋白质等结合形成不溶性物质，从而减少苦涩味。

绿茶中的茶氨酸与鲜爽滋味呈现明显的正相关，相关系数达到0.787～0.876，是茶叶鲜爽味的主要来源。品质越好的茶叶，其茶氨酸含量也越高，因而茶氨酸也一直被作为评价茶叶品质的主要指标之一。茶叶加工过程中，在热的作用下，例如绿茶的杀青、做形、干燥等环节，茶叶中的一些蛋白质类可以水解成谷氨酸、天冬氨酸等游离氨基酸，也在一定程度上增强绿茶的鲜爽滋味。

二、红茶滋味的形成

茶黄素和茶红素对红茶茶汤的滋味起着极为重要的作用，影响着红茶茶汤的浓度、强度和鲜爽度，尤其是强度和鲜爽度。红茶茶汤浓度的决定性成分是茶红素和未氧化的多酚类；茶汤强度的决定性成分是茶黄素和未氧化的儿茶素，另外，茶红素与茶黄素的协调关系也会影响茶汤的强度；茶汤鲜爽度的决定性成分是茶黄素和氨基酸等。

涩味与茶黄素没有相关性，与儿茶素总量及各组分含量之间有显著相关性。茶黄素和茶红素还能与化学性状比较稳定而微带苦味的咖啡因结合形成络合物，这种络合物具有鲜爽滋味。当红茶茶汤冷却后，常见有乳状物析出沉淀，即所谓的"冷后浑"现象，其主要成分亦是这种络合物。在冷后浑的形成过程中，茶黄素和茶红素具有协调作用。一般来说，茶汤冷后浑出现较快、黄浆状较明显、乳状物颜色鲜明，则汤质较好。

红茶加工过程中，一些蛋白质、多糖、糖苷类物质会在生物酶的作用下发生水解，产生一些可溶性的氨基酸、小分子糖、苷元等物质，可以促进红茶滋味向鲜爽、甜醇的方向变化，从而对红茶滋味产生一些积极的作用。

第五节　茶叶外形的塑造

我国茶类众多，相关的茶叶产品形态各异。在茶叶加工过程中，做形是必不可少的关键工序，尤其是名优茶，更是讲究独特、秀美、匀齐的外形，这需要经过精细的做形工序制作而成。

一、茶叶外形塑造的条件

对于茶叶的特殊做形要求而言，首要条件还是鲜叶的质量。嫩度好的鲜叶原料可塑性强，因而更利于做形，其原因与鲜叶中含有的化学成分有关。与茶叶形状有关的化学成分主要有纤维素、半纤维素、木质素、果胶、可溶性糖、水分等，其中果胶物质具有一定的黏性，并且在受热的时候黏性更大，因而高果胶含量的鲜叶原料有利于塑造外形。在茶树生长发育过程中，粗纤维、糖、淀粉等物质的含量随着叶片的老化而逐渐增加，而有利于做形的水溶性果胶及水分等的含量则逐渐减少，因而，嫩度好的鲜叶原料更利于做形，适合用来制作高档名优茶的特殊形状。一些较为粗老的鲜叶原料中，纤维素、半纤维素、木质素等含量高，木质化程度高，不利于做形。

大多数茶叶的制作过程均有其特殊的做形工艺技术，有些是独立的某个做形工序，有些则是贯穿于鲜叶原料到成品茶的整个加工过程中。例如，以条形为主的绿茶，其茶条形状主要是在揉捻和干燥过程中逐渐形成的。

在茶叶加工过程中，伴随着鲜叶原料中水分的逐渐散失，原料芽叶的物理性状也会发生相应的变化，当鲜叶原料达到相应阶段时，可以采用适宜的做形技术将鲜叶原料塑造成所需要的形状。一般情况下，茶在制品的含水量在30%～50%时，芽叶的柔软性、塑性、韧性等表现最好，更容易被塑造成特殊的形态，因而对于茶叶的做形最为有利。当茶叶原料的含水量降至20%以下时，芽叶已经发硬，做形则较为困难。

随着原料中水分的散失，茶叶原料塑造加工出来的形状可以被有效地固定或保持住。干燥工序常用于固定茶叶的形状，通过加热处理快速地蒸发茶叶中的水分，使得茶叶的条索或者颗粒逐步收拢紧缩，从而保持做形阶段塑造的形状。干燥温度的控制对于茶叶的外形保持尤为重要，如果干燥温度过高，茶条中的水分蒸发过快，将导致茶叶外干内湿，使得茶条不易收紧，产生"死条"现象。

二、常见茶叶外形的塑造

1. 卷曲形的塑造

卷曲形茶叶制作的关键在于揉捻与搓团，一些茶叶在手工制作时可采用反复搓揉的加工方式。揉捻与搓团时，常常依据鲜叶原料的差异进行分别控制。本身比较柔软的嫩叶原料，可采用冷揉的方式，易于成条，并且有利于保持鲜叶原料的色泽品质；较为粗老的原料，纤维素和木质素等含量高、可塑性差，因而可以考虑热揉的方式，在受热时其中的果胶物质黏性较大，有利于茶叶成形（图1-9）。

图1-9 卷曲形

图1-10 扁形

2. 扁形的塑造

扁形茶的制作，主要采用压扁及理条的方法使茶叶成为扁形，大多是在杀青或者揉捻之后进行做形的。例如，西湖龙井茶炒制，是在青锅和辉锅的阶段，采用抓、抖、搭、拓、甩、推、扣、捺、磨、压等多种手法的组合加工，经过较长时间的炒制，制作出扁、平、光、直的特色外形（图1-10）。

3. 条形的塑造

条形茶的制作，可以采用揉捻方式进行加工。将摊晾后散失部分水分的杀青鲜叶先经过较长时间的揉捻处理，然后进行解块、理条，最后进行烘干或炒干以固定茶叶的条索形状。烘干后的条形茶，一般条索显得瘦长较直，或带弯钩状。炒干的条形茶，由于茶叶在滚筒或炒锅内会经受到复杂的摩擦与挤压等动作，茶叶在各种力量的共同作用下，越炒越紧实，因而茶叶条索显得更为紧结（图1-11）。

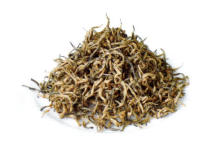

图1-11 条形

图1-12 针形

4. 针形的塑造

针形茶的制作，可以将杀青后的茶叶原料进行搓揉，在搓揉的时候将双手的手指并拢平直，使茶条从双手的两侧掉落。这种在茶叶加热的同时进行做形的制作方式，可以使得茶条搓紧成针，达到理直茶条、干燥固形的效果，在经过多次重复的搓条操作后，茶条逐步成为针形，看上去圆浑、光滑、挺直（图1-12）。

第二章
茶叶品质相关标准
与对样评茶

标准，是指农业、工业、服务业以及社会事业等领域需要统一的技术要求。自中华人民共和国成立以来，我国注重茶叶标准的制定和修订，已制定了茶园产地环境、茶园农药和肥料使用标准，生产、加工、运输、贮存标准，产品质量标准、安全限量等标准，基本上实现了对生产全程的规范。本章主要介绍茶叶品质相关标准与对样评茶方法。

第一节　茶叶标准分级与分类

　　按照标准制定的主体，茶叶相关标准分为国家标准、行业标准、地方标准、团体标准和企业标准等5级标准；按照标准的内容分成基础通用标准、产品标准及与之相关的方法标准等3类标准。

一、标准分级

1. 国家标准

　　对保障人身健康和生命财产安全、国家安全、生态环境安全以及满足经济社会管理基本需要的技术要求，应当制定强制性国家标准，如GB 2762—2017《食品安全国家标准　食品中污染物限量》和GB 2763—2021《食品安全国家标准食品中农药最大残留限量》分别对食品（包括茶叶）中的污染物和农药残留的限量提出要求。

　　对满足基础通用与强制性国家标准配套，对各有关行业起引领作用的技术要求，可以制定推荐性国家标准，如GB/T 14456.1—2017《绿茶　第1部分：基本要求》对绿茶的定义、感官、理化、安全指标、检验规则等方面进行规范（图2-1）。

2. 行业标准

　　对没有推荐性国家标准、需要在全国某个行业范围内统一的技术要求，可以制定行业标准。目前茶叶

图2-1　绿茶（国家标准）

行业标准有农业行业标准，如NY/T 288—2018《绿色食品　茶叶》（图2-2）和进出口检验检疫行业标准，如SN/T 0348.2—2018《出口茶叶中三氯杀螨醇残留量检测方法　第2部分：液相色谱法》，以及供销社行业标准，如GH/T 1115—2015《西湖龙井茶》。

3. 地方标准

为满足地方自然条件、风俗习惯等特殊技术要求，可以制定地方标准，如DB33/T 733—2009《浙江绿茶》（图2-3）。

4. 团体标准

国家鼓励学会、协会、商会、联合会、产业技术联盟等社会团体协调相关市场主体共同制定满足市场和创新需要的团体标准，由本团体成员约定采用或者按照本团体的规定供社会自愿采用。制定团体标准，应当遵循开放、透明、公平的原则，保证各参与主体获取相关信息，反映各参与主体的共同需求，并应当组织对标准相关事项进行调查分析、实验、论证。国务院标准化行政主管部门会同国务院有关行政主管部门对团体标准的制定进行规范、引导和监督，如T/CTSS 16—2020《袋泡调味茶》。

5. 企业标准

企业可以根据需要自行制定企业标准，或者与其他企业联合制定企业标准，如Q/FSDG 0001S—2021《乌龙茶》。

二、标准分类

1. 基础通用标准

基础通用标准是指在一定范围内作为其他标准的基础并具有广泛指导意义的标准。

图2-2　绿色食品 茶叶（行业标准）

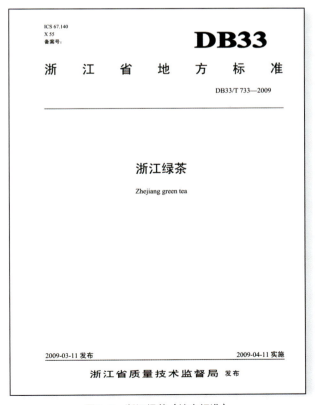

图2-3　浙江绿茶（地方标准）

茶叶基础通用标准有GB 2762（图2-4）、GB 2763（图2-5）等食品（含茶叶）中污染物限量和农药残留限量等食品安全国家标准；茶叶相关的基础标准如GB 11767—2003《茶树种苗》、GB/T 31748—2015《茶鲜叶处理要求》和GB/T 30766—2014《茶叶分类》等（图2-6）；茶叶物流标准主要指茶叶的包装、标签、仓储等方面的标准，如GB 7718—2011《食品安全国家标准 预包装食品标签通则》、GB 28050—2011《食品安全国家标准 预包装食品营养标签通则》、GB 23350—2009《限制商品过度包装要求 食品和化妆品》、GB/T 30375—2013《茶叶贮存》、NY/T 1999—2011《茶叶包装、运输和贮藏通则》、GH/T 1070—2011《茶叶包装通则》等。

2. 产品标准

产品标准是为保证产品的适用性，对产品必须达到的某些或全部指标所制定的标准。

图2-4　食品中污染物限量（国家标准）

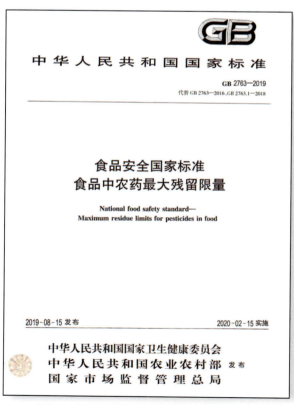

图2-5　食品中农药最大残留限量（国家标准）

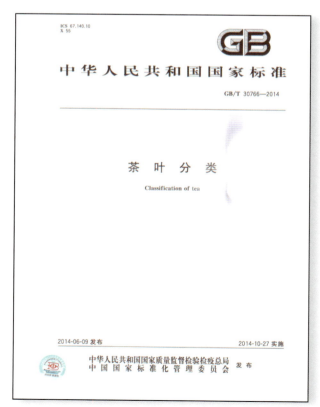

图2-6　茶叶分类（国家标准）

产品标准是产品生产、检验、验收、使用、维护和洽谈贸易的技术依据，对于保证和提高产品质量、提高生产和使用的经济效益，具有重要意义。如GB/T 13738.2—2017《红茶　第2部分：工夫红茶》、GB/T 30357.7—2017《乌龙茶　第7部分：佛手》（图2-7）等茶产品标准。

3. 方法标准

方法标准是指以产品等级、质量方面的检测、试验方法为对象而制定的标准。其内容包括检测或试验的类别、检测规则、抽样、取样测定、操作、精度要求等方面的规定，还包括所用仪器、设备、检测和试验条件、方法、步骤、数据分析、结果计算、评定、合格标准、复验规则等。如GB/T 23776—2018《茶叶感官审评方法》（图2-8）、GB/T 8302—2013《茶　取样》、GB 23200.13—2016《食品安全国家标准　茶叶中448种农药及相关化学品残留量的测定　液相色谱-质谱法》等茶叶相关检测方法标准。

图2-7　乌龙茶第7部分：佛手（国家标准）

图2-8　茶叶感官审评方法（国家标准）

第二节　代表性茶叶的产品标准

茶叶产品标准包括绿茶、黄茶、红茶、白茶、乌龙茶、黑茶等国家标准，农业、供销社等各行业标准，具有地方特色的茶叶产品地方标准以及中国茶叶学会等各社会团体的团体标准。

一、概况

茶叶产品标准从类型上划分有国家标准、行业标准、地方标准、团体标准和企业标准。茶叶产品标准应有产品适用范围、产品分类、要求等内容。

1. 标准类型

① 茶叶产品的国家标准，对茶类如绿茶有GB/T 14456.1～14456.6等系列标准，分别从基本要求、大叶种绿茶、中小叶种绿茶、珠茶、眉茶、蒸青茶等进行产品标准规范。

② 茶叶产品的农业行业标准，对茶叶的品质和安全等提出了更高要求，比如NY/T 600—2002《富硒茶》、NY/T 5196—2002《有机茶》、NY/T 288—2018《绿色食品 茶叶》。

③ 茶叶产品的供销社行业标准，对一些市场上有一定消费认可度的茶产品，如GH/T 1117—2015《桂花茶》、GH/T 1118—2015《金骏眉茶》进行标准要求规范。

④ 此外，茶叶产品标准还有地方标准，如DB52/T 641—2017《贵州红茶》、某茶叶企业标准Q/ZYFT 0003S—2018《黑茶》、团体标准T/CTSS 2—2019《茉莉白茶》等。

2. 标准的内容

茶叶产品标准的内容主要包括：

① 产品的适用范围。

② 术语和定义、产品的品种与实物标准。

③ 产品的技术要求，如原料等基本要求、感官品质（含质量等级）、理化指标、卫生指标、净含量等。

④ 产品的试验方法，包括取样方法、试验条件、试验步骤及试验结果的评定等。

⑤ 产品的检验规则（验收规则），包括检验项目、样品取样、出厂检验、型式检验、判定原则及复验方法等；

⑥ 产品的标志标签、包装、贮存和运输等，包括产品标志标识、包装材料、包装方式与技术要求、运输及贮存要求等。

二、相关产品标准

表2-1　部分茶产品国家标准

序号	茶类	标准名称	标准代号
1	绿茶	绿茶　第1部分：基本要求	GB/T 14456.1—2017
2		绿茶　第2部分：大叶种绿茶	GB/T 14456.2—2018
3		绿茶　第3部分：中小叶种绿茶	GB/T 14456.3—2016
4		绿茶　第4部分：珠茶	GB/T 14456.4—2016
5		绿茶　第5部分：眉茶	GB/T 14456.5—2016
6		绿茶　第6部分：蒸青茶	GB/T 14456.6—2016
7		地理标志产品　龙井茶	GB/T 18650—2008
8		地理标志产品　洞庭（山）碧螺春茶	GB/T 18957—2008
9		地理标志产品　黄山毛峰茶	GB/T 19460—2008
10		地理标志产品　狗牯脑茶	GB/T 19691—2008
11		地理标志产品　太平猴魁茶	GB/T 19698—2008
12		地理标志产品　安吉白茶	GB/T 20354—2006
13		地理标志产品　乌牛早茶	GB/T 20360—2006
14		地理标志产品　雨花茶	GB/T 20605—2006
15		地理标志产品　庐山云雾茶	GB/T 21003—2007
16		地理标志产品　信阳毛尖茶	GB/T 22737—2008
17		地理标志产品　崂山绿茶	GB/T 26530—2011

序号	茶类	标准名称	标准代号
18	红茶	红茶　第1部分：红碎茶	GB/T 13738.1—2017
19		红茶　第2部分：工夫红茶	GB/T 13738.2—2017
20		红茶　第3部分：小种红茶	GB/T 13738.3—2012
21		地理标志产品　坦洋工夫	GB/T 24710—2009
22	黄茶	黄茶	GB/T 21726—2018
23	白茶	白茶	GB/T 22291—2017
24		地理标志产品　政和白茶	GB/T 22109—2008
25	乌龙茶（青茶）	乌龙茶　第1部分：基本要求	GB/T 30357.1—2013
26		乌龙茶　第2部分：铁观音	GB/T 30357.2—2013
27		乌龙茶　第3部分：黄金桂	GB/T 30357.3—2015
28		乌龙茶　第4部分：水仙	GB/T 30357.4—2015
29		乌龙茶　第5部分：肉桂	GB/T 30357.5—2015
30		乌龙茶　第6部分：单丛	GB/T 30357.6—2017
31		乌龙茶　第7部分：佛手	GB/T 30357.7—2017
32		乌龙茶　第9部分：白芽奇兰	GB/T 30357.9—2017
33		地理标志产品　武夷岩茶	GB/T 18745—2006
34		地理标志产品　安溪铁观音	GB/T 19598—2006
35		地理标志产品　永春佛手	GB/T 21824—2008
36		台式乌龙茶	GB/T 39563—2020
37	黑茶	黑茶　第1部分：基本要求	GB/T 32719.1—2016
38		黑茶　第2部分：花卷茶	GB/T 32719.2—2016
39		黑茶　第3部分：湘尖茶	GB/T 32719.3—2016
40		黑茶　第4部分：六堡茶	GB/T 32719.4—2016
41		黑茶　第5部分：茯茶	GB/T 32719.5—2018
42		地理标志产品　普洱茶	GB/T 22111—2008
43	再加工茶	紧压白茶	GB/T 31751—2015
44		紧压茶　原料要求	GB/T 24614—2009
45		紧压茶　花砖茶	GB/T 9833.1—2013
46		紧压茶　黑砖茶	GB/T 9833.2—2013
47		紧压茶　茯砖茶	GB/T 9833.3—2013
48		紧压茶　康砖茶	GB/T 9833.4—2013
49		紧压茶　沱茶	GB/T 9833.5—2013
50		紧压茶　紧茶	GB/T 9833.6—2013
51		紧压茶　金尖茶	GB/T 9833.7—2013
52		紧压茶　米砖茶	GB/T 9833.8—2013
53		紧压茶　青砖茶	GB/T 9833.9—2013
54		茉莉花茶	GB/T 22292—2017
55		袋泡茶	GB/T 24690—2018

表2-2　部分茶产品农业行业标准

序号	标准名称	标准代号
1	茉莉花茶	NY/T 456—2001
2	有机茶	NY 5196—2002
3	敬亭绿雪茶	NY/T 482—2002
4	富硒茶	NY/T 600—2002
5	普洱茶	NY/T 779—2004
6	红茶	NY/T 780—2004
7	六安瓜片茶	NY/T 781—2004
8	黄山毛峰茶	NY/T 782—2004
9	洞庭春茶	NY/T 783—2004
10	紫笋茶	NY/T 784—2004
11	碧螺春茶	NY/T 863—2004
12	茶粉	NY/T 2672—2015
13	绿色食品　茶叶	NY/T 288—2018

表2-3　部分茶产品供销社行业标准

序号	标准名称	标准代号
1	富硒茶	GH/T 1090—2014
2	西湖龙井茶	GH/T 1115—2015
3	九曲红梅茶	GH/T 1116—2015
4	桂花茶	GH/T 1117—2015
5	金骏眉茶	GH/T 1118—2015
6	雅安藏茶	GH/T 1120—2015
7	径山茶	GH/T 1127—2016
8	天目青顶茶	GH/T 1128—2016
9	蒙顶甘露茶	GH/T 1232—2018
10	武阳春雨茶	GH/T 1234—2018
11	莫干黄芽茶	GH/T 1235—2018
12	诏安八仙茶	GH/T 1236—2018
13	漳平水仙茶	GH/T 1241—2019
14	英德红茶	GH/T 1243—2019
15	信阳红茶	GH/T 1248—2019
16	固态速溶普洱茶	GH/T 1244—2019
17	祁门工夫红茶	GH/T 1178—2019
18	开化龙顶茶	GH/T 1276—2019
19	粉茶	GH/T 1175—2019

第三节　对样评茶

我国茶类品种众多，各类茶叶又因产地、品种、采制方法的不同，品质也各有特点。茶叶制品，在加工、验收、出口等环节都需要进行品质评判，其中最常用的评价方法就是对样评茶。

一、对样评茶的概念

对样评茶就是对照某一特定的标准（样）来评定茶叶的品质。标准（样）是衡量产品质量的标尺。传统的实物标准样可分为毛茶标准样、加工标准样和贸易标准样等，有不同的设定目的，应用在产业不同环节。随着产业的发展，中国茶叶产品的标准化已逐步实现，传统的实物标准样正与规范标准文本结合，趋于完备。

二、对样评茶的应用范围

1. 以对样评茶的评定结果作为产品交易时定级计价的依据

应用中多是以各级标准样为尺度，根据判定的产品质量高低，得出相应的级价。若茶叶品质符合标准样的水平，则评以标准级，给予标准价；若茶叶品质高于或低于标准样水平，则按其质量差的幅度大小，评出相应的级价或档次，级价及档次按品质高低相应上下浮动。传统的毛茶收购标准样及部分加工验收标准样均属此类应用。

2. 以评定结果作为货样是否相符的依据

这种对样评茶多以协商标准样品为准，交货产品的品质必须与商定的标准样相符，高于或低于标准样的都属不符合。因为交货产品的品质不允许上下任意浮动。对外贸易标准样和成交样就属于这一类。在评定品质时，不仅应对照标准样茶，还应对照同期、同茶号的交货品质水平，确定品质的稳定性。

在国际贸易中，货样是否相符是衡量商业信誉的重要标志，因此对样评茶是保证商品质量、维护商品信誉的重要品控手段。

三、对样评茶的方法

（一）审评操作

对样评茶除按一般方法进行审评操作外，还需用以下方法确保审评的准确度。

1. 三样审评

"三样"即贸易标准样、成交样与参考样。审评时对照标准样和成交样或参考样进行审评。标准样、成交样或参考样是依据，但同时还应参考同时期、同销区、同客户的交货样，这对保持交货平稳、正确掌握货样相符是有益的。

2. 双杯审评

为使审评结果更准确，评茶时采取双杯同时冲泡。即将同一茶叶以同样方法分泡两杯相互比较，以利于正确判断茶叶风味的高低。如发现两杯之间有差异，一般应重新称样冲泡，直至双杯结果基本一致，方下结论。

3. 密码审评

为使审评结果更为可靠，避免评茶人员受主观因素影响，可采用密码审评方法。即先由专人将被评茶叶编上密码，审评人员在只知编号的情形下进行审评。有时也可把交货样当作标准样，把标准样当作交货样，通过互换对比来衡量交货水平。

（二）评茶计分

对样评茶的评分以标准样为对比。常用的评分方法是采取百分制计分或七档制计分。

1. 百分制

以等级实物标准样为依据，将标准样茶的各项因子上限都定为100分，评茶时依据审评茶与标准样茶品质的高低而增减分数，再依评分高低评定总分。通常最好的等级以100分为最高分，每个级距差10分，如最高级茶为91~100分，次高级茶为81~90分，以此类推。

2. 七档制

七档制计分法用于表述审评样与标准样之间的差异，需从茶叶外形的形态、色泽、匀度和净度，内质的汤色、香气、滋味，以及叶底各项目逐项评分。通常以与标准样品质相当记为0分（即差异为0），品质稍高于标准样，但需要仔细辨别才能区分的，记为1分；品质好于标准样，差异较大的记为2分；品质明显好于标准样，差异大的记为3分。若品质稍低、较低或明显低于标准样，则分别记为－1、－2或－3分。在汇总计分时，若有任一项目评为－3分，或者总分低于－3分，则评为低于标准样，反之则评为高于标准样。

文化篇

第三章
宋代茶文化概述

宋代是中国茶业与茶文化史上一个极为重要的历史时期。本章从宋代茶文化的形成、茶与社会经济、茶与文化生活等多个角度，介绍宋代茶文化概况。

第一节　繁荣兴盛的宋代茶文化

宋代在茶叶加工、品茶观念、点茶技艺、茶艺器具、鉴赏标准等方面都有了很大且独特的发展，远比唐代精细，在中国茶文化史中起着承上启下的作用，并且对日本茶道的形成有着深远的影响。宋代茶叶生产极大发展，名茶辈出，为宋代茶文化的繁荣兴盛提供了物质基础。

一、精致的贡茶

宋代以建安北苑官焙贡茶为代表的茶叶生产，达到了农耕社会手工生产制造所能达到的顶峰与极致（图3-1）。

宋代茶叶依外形分为两大类，"曰片茶，曰散茶"，即压制成块状的固形茶和未经压制的散条形茶叶。北苑的贡茶是片茶，但它们与一般不做贡茶的片茶不同，一般的片茶在蒸造后，即入模压制成片，保持茶的叶形状态；而北苑的贡茶及其所属的建茶体系在蒸造之后，还要多一道工序，即研茶，将茶研成膏状后再制成团片："片茶蒸造，实棬模中串之，唯建、剑二州既蒸而研，编竹为格，置焙室中，最为精洁，他处不能造。"（《宋史·食货志》）

图3-1　北宋庆历八年柯适建安北苑石刻

（一）北苑官焙贡茶加工

北苑官焙贡茶"龙团凤饼"的加工，从采茶、拣择鲜叶、洗濯鲜叶，到蒸茶、榨茶、研茶、压饼、焙火，再到藏茶，无一不精益求精。

采茶，要求在"晴不至于暄，阴不至于冻"的初春薄寒时节，"采茶之法，须是侵晨，不可见日"，带露而采，这样就能保证鲜叶的品质。

鲜叶首先要经过一次拣择，将会损害茶叶颜色和滋味的白合、盗叶、乌蒂、紫叶拣择剔出。所谓白合，是"一鹰爪之芽，有两小叶抱而生者"，盗叶乃"新条叶之抱生而白者"，乌蒂则是"茶之蒂头"，"既撷则有乌蒂"。白合、盗叶使茶汤味道涩淡，乌蒂、紫叶则会损害茶汤的颜色。

然后将鲜叶再三洗濯干净，再进行蒸茶。蒸茶要求"正熟"，既不能过熟，也不能不熟，过熟与不熟都会影响茶的品质。

蒸茶后要经过一个榨茶的工序，将其中部分茶汁榨压而出。之后是极费工时的研茶，研茶添水而研，一定要研至水干，水干茶才熟。加水一次研至水干为一水，一般都要研十二至十六水，将茶叶研成极细而匀的腻膏。研细的茶末在特制的棬模中拍制成饼。宋代贡茶的棬模款式花样繁多，质地以银、铜、竹为主，模板上多雕刻龙凤图案，成为宫廷专用品的符号象征（图3-2）。

图3-2　大龙茶棬模（左图）、小凤茶棬模（右图）

焙茶用炭火，焙火数则要根据茶饼自身的大小、厚薄来决定，高级贡茶一般要焙七火至十五火。宋代对茶饼的贮藏，已经从北宋中前期在焙笼中以火温除湿，发展到北宋中后期以密封来避开暑湿之气的方法，较之唐人在"育"中以煴煴之火来祛湿贮茶的方法大为进步。

宋代拣茶，最高等级的鲜叶原料称斗品、亚斗，是茶芽细小如雀舌谷粒者，又一说是指白叶茶。白叶茶天然生成，因其之白与斗茶以白色为上巧合，加上茶树是偶然出现于崖林间的，数量绝少，故先在建安民间称为"斗品"，在徽宗时及其后被奉为最上品。其次为经过拣择的鲜叶，号拣芽。再次为一般鲜叶，称茶芽。随着贡茶制作的日益精致，拣芽之内又分三品：中芽、小芽、水芽。中芽是已长成一旗一枪的鲜叶；小芽指细小像鹰爪一样的鲜叶；水芽则是剔取小芽中心的一缕未生长开来的嫩芯，取出的银白色的芽芯贮于清泉中待制，故此等级的原料称为"银线水芽"："将已拣熟芽再剔去，只取其心一缕，用珍器贮清泉渍之，光明莹洁，若银线然。"（《北苑别录》）水芽的出现，表明宋代北苑贡茶生产中，对茶叶原料细嫩度的追求达到的极致程度。从此，鲜叶原料的等级又决定了以其制成茶饼的等级。

宋代贡茶生产特别讲究卫生，采茶时随带清水罐以放置刚采下的茶叶，制茶时"涤茶惟洁"，研茶工更是有特别要求，要戴巾帽把头发遮住，把手洗干净，穿干净的衣服。

（二）草茶

未经过研茶工序制成的茶在宋代又被称为"草茶"，"自建茶入贡，阳羡不复研膏，只谓之草茶而已"。在建州贡茶产区和南剑州之外，宋代其他地区的饼茶生产则不经研茶，而是将蒸好的散形茶叶直接放入椎模压制成饼，可以说是现在常见的砖茶、普洱饼茶等固形茶压制生产法的始祖。

（三）散茶

宋代不压制成饼的散茶生产也有相当的规模，这为茶饮方式的变化提供了物质基础。而关于宋代散茶即一般叶茶的制造方法，可参见元代王祯在其《农书》卷十《百谷谱》中的具体记载，应也是承继自宋代："采讫，以甑微蒸，生熟得所。蒸已，用筐箔薄摊，乘湿揉之，入焙，匀布火，烘令干，勿使焦，编竹为焙，裹箬覆之，以收火气。"具体分为四大道工序：采茶、蒸茶、揉茶、焙茶。同明清以来直至现代叶茶的蒸青茶的制造方法基本相同，可见宋代的制茶方法在茶叶历史的发展过程中也起着承上启下的作用。

二、细致的点茶法

宋代主导的饮茶方式为末茶点饮法。将磨好筛细的茶粉直接放在茶碗中，注入开水，用茶匙在茶汤表面击拂出白色的沫饽，在深色釉的茶碗里，茶汤色差对比强烈，视觉效果极富冲击力，呈现出反差对比度很大的美感。与唐末茶煮饮法相比，点茶法更简便、更富有美感与创造性。宋代著名书法家蔡襄专门撰写《茶录》宣扬建安贡茶的点试之法，使得点茶法名扬缙绅。宋徽宗赵佶撰写茶书《大观茶论》，宣扬建安贡茶与其点试之法，其书序曰："本朝之兴，岁修建溪之贡，龙团凤饼，名冠天下，而壑源之品，亦自此而盛。延及于今，百废俱兴，海内晏然，垂拱密勿，幸致无为。缙绅之士，韦布之流，沐浴膏泽，熏陶德化，咸以雅尚相推，从事茗饮，故近岁以来，采择之精，制作之工，品第之胜，烹点之妙，莫不咸造其极……可谓盛世之清尚也。"徽宗本人甚至多次亲手为手下大臣点茶赐饮，更加推动了点茶法的广泛流行。

1. 末茶点茶的流程

宋代末茶点茶法的一般流程是：碎茶→碾茶→罗茶→汤瓶煮水→点茶。具体来讲，碎茶就是把茶饼敲碎（如果是散茶则不需要用此步骤），碾茶是用茶碾或茶磨或茶臼将茶碾成粉末（当时建安北苑贡茶的茶饼是将蒸好的茶叶研成极细的粉末以后做成的饼，特别硬，因此需要用一个比较特殊的碎茶工具，把茶饼放在桶状茶臼的凹槽里，以槌击杵将其敲碎，再拿出来用茶碾碾成粉）。将茶碾成粉以后再过罗筛细，然后放入茶罐、茶盒待用。

准备饮茶时，用汤瓶煮水，水煮开之后，先要把茶碗烤热。宋人认识到预热茶碗有两个效果，一是有助于激发茶香，二是有助于在用茶筅击拂点茶的时候起沫饽，而且能够持续比较长的时间（这道程序发展到现在是在泡茶之前要将茶壶、茶杯等茶具预热，预热的茶具能够把茶的好品质激发出来）。

点茶用具和技法也经历了变化。北宋原来的点茶是将茶粉放入茶碗，一次性注入开水，然后用茶匙或茶筅击拂几十下，就点好了。从茶道高手宋徽宗开始，宋代的点茶更加艺术化。徽宗在《大观茶论》记录了他的七汤点茶法，第一步是调膏，把适量茶粉放进茶碗，一般每碗茶的用量是"一钱匕"左右，先注入少量开水，把它调成膏状，然后分7次注汤，用茶筅击拂，看茶与水调和后的浓度，轻、清、重、浊，适中方可。每一次注汤入盏的位置不一样，或从碗壁上注，或往茶汤中间注，用力还是少用力，都有区别。而且每汤击拂时手握茶筅的力也都不一样。用这种七汤点茶法点出来的沫饽又白又厚，且能够持续较长时间。

2. 独特的鉴茶标准

由点好的茶汤来鉴定茶叶品质，宋人有着独特的标准。越是好的茶，越能打出白白的、厚厚的沫饽，如浚霭，如凝雪，如乳雾汹涌，持续的时间越长越好。宋人崇尚茶汤沫饽"白"，从不同的"白"色来判别茶品的高下。蔡襄《茶录》中说"故建安人斗试，以青白胜黄白"，有青白、黄白两种；而徽宗《大观茶论》中有"以纯白为上，青白为次，灰白次之，黄白又次之"，则将沫饽的白色分出了纯白、青白、灰白、黄白4个层次，更为细腻。色调青暗或昏赤的，都是制造时有工序不过关的，表现出宋人对茶汤特殊的评价标准。

3. 点茶器具

由于宋代上品茶色尚白，因而点茶多用深色釉的茶碗，以黑白对比强烈反差为特点，形成独特的审美风格。宋代最有特色的茶具是建盏，其深色釉能够映衬茶汤的白色以及观察斗茶的水痕。建窑等窑口的黑釉盏风行天下，为中国陶瓷文化引入一股特别之风（图3-3）。

此外用汤瓶煮水，然后拿来点茶，所以这个汤瓶就要求瓶嘴特别合用。宋徽宗《大观茶论》说，因为点茶要往里面注7次水，所以瓶嘴的收水特别重要，即要停止注水的时候瓶嘴要马上不再滴水（图3-4）。

4. 点茶用水

点茶用水的一般性原则是活火煎活水，徽宗将其概括为"水以清、轻、甘、洁为美"。唐朝就开始讲究水，《煎茶水记》中所记载的天下第二泉，即今江苏无锡惠山泉，到宋代时成为贡泉。宋徽宗于政和二年（1112）夏四月在内苑宴请大臣，其间点茶，"以惠山泉、建溪异毫命烹新贡太平佳瑞茶饮之"，用惠山泉、建窑兔毫盏烹点当年新贡的太平佳瑞，皆为一时之选。

图3-3　南宋　建窑兔毫盏

图3-4　北宋　青白瓷茶瓶（东京博物馆藏）

三、斗茶与分茶

宋代斗茶是从唐末五代初时流行于建州地区的"茗战"习俗发展而来的，其基本方法是通过"斗色斗浮"来品鉴茶叶品质的高下来论胜负。

1. 斗茶

关于茶色之斗，就是比试茶汤颜色的白度，蔡襄《茶录》上篇《色》曰："既已末之，黄白者受水昏重，青白者受水详明，故建安人斗试，以青白胜黄白"，但徽宗认为"以纯白为上真，青白为次，灰白次之，黄白又次之"，比蔡襄的标准更细化。所谓"斗浮"就是比茶汤表面沫饽的耐久性，沫饽退散后在碗壁上留下水痕，就有印迹"水脚"，所以斗茶又称"水脚一线争谁先"，看谁的沫饽最后散退，最后露出水脚，就赢了斗茶。蔡襄《茶录·点茶》："建安斗试以水痕先者为负，耐久者为胜。"要求注汤击拂点发出来的茶汤表面的沫饽，能够较长久地贴在茶碗内壁上，就是所谓"烹新斗硬要咬盏"，"水脚一线争谁先"。关于"咬盏"，徽宗做了较详细的说明："乳雾汹涌，溢盏而起，周回凝而不动，谓之咬盏。"

2. 分茶

分茶技艺在五代时期出现，北宋初年陶谷在其《清异录·茗荈门》之《生成盏》中，记录了福全和尚高超的分茶技能，称其"能注汤幻茶，成一句诗，并点四瓯，共一绝句，泛乎汤表。小小物类，唾手办耳"。陶谷认为，这种技艺"馔茶而幻出物象于汤面者，茶匠通神之艺也"。这项神奇的技艺，当时或被称为"汤戏"，或被称为"茶百戏"。陶谷《清异录·茗荈门》中《茶百戏》专门记载："茶至唐始盛，近世有下汤运匕，别施妙诀，使汤纹水脉成物象者，禽兽虫鱼花草之属，纤巧如画，但须臾即就散灭，此茶之变也，时人谓之'茶百戏'。"

从宋人诗中可知，"注汤幻茶"、馔茶幻象这一技艺在宋代被称为"分茶"，基本上可以视作是在点茶的基础上更进一步的技艺，是在注汤点茶的过程中，用汤瓶倒出的水柱直接在茶沫上"写"字"作"画，或者用茶匙（徽宗后以用茶筅为主）击拂拨弄，使激发在茶汤表面的茶沫幻化成各种文字的形状，以及山水、草木、花鸟、虫鱼等各种图案。如杨万里《澹庵座上观显上人分茶》所记："注汤作字"。点好茶不易，分茶则更难。分茶茶艺有着相当的随意性，作为一项极难掌握的神奇技艺，分茶茶艺得到了宋代文人士大夫们的推崇，并成为他们雅致闲适的生活方式中的一项闲情活动，如"晴窗细乳戏分茶"等。

分茶、汤戏、茶百戏、水丹青，都是在点茶基础上进行的游艺活动，所用茶水、器具都不超出点茶所用之茶之具，一碗茶汤可分、可戏、可观、可饮。

第二节 茶与宋代社会经济

茶在宋代社会经济中扮演了多种角色。在政治、经济、军事形势变化的情况下，政府多次修订茶法。茶也融入了南北城市、乡村社会各级人士的日常生活和社会生活。本节主要从政治制度、生产贸易、茶事社会化服务等三个方面进行简要介绍。

一、政治制度充分保障

北宋立国之后，最初几代皇帝对茶都很重视，如开宝三年（970）二月庚寅，太祖"幸西茶库"巡视检查，是太祖对内库贮存茶叶作为军储物资的重视。茶库掌管接受南方诸路产茶州军所贡茶茗，以供赏赐、出卖及翰林司之用。宋初中央政府对军队的赏赐物中大抵有茶，因为茶乃军中所需的重要物资之一。

太宗对贡茶特别重视。太平兴国二年（977），即位不久的太宗派遣使臣到建州北苑，"规取像类"，特置龙凤模造团茶，"以别庶饮"。太宗雍熙二年（985）始置福建路，但其机构与宋代路级机构一般设置于首州的原则不同，未设于首州福州，而是设于官焙茶园所在的建州，就是因为建州贡茶。转运使司是宋代路一级的常设机构，首要职责是主管一路财政，负责足额上供及一路财政费用，而完成足额上供，是转运使的主要考核内容，因而福建路转运使司为了完成建州贡茶这一重要职责，将机构设置于建州。从此，督造贡茶并如额、如期上供成为福建路转运使的职责，在地方行政制度方面给予贡茶以充分的保证。多任福建路转运使及建州北苑茶官等文人官员悉心、尽力地制造和推广，使得宋代茶文化繁荣兴盛，在贡茶及与之相关的某些方面甚至达到了后人再无法超越的巅峰，对后世影响至深。

太宗雍熙年间北伐谋取幽云十六州，为筹划粮草等军需，始行折中法、贴射法、交引法、三说法等，使茶与宋代的军事、政治、经济生活密切相关，茶法成为宋代重要的社会文化内容。太宗时，还用不同品名的贡茶赏赐不同级别的王公大臣，基于贡茶的赐受茶制度，亦成为宋代独特的茶文化现象。

二、茶叶生产与贸易高度发展

宋代产茶区域不断扩大，北宋真宗咸平初年，"天下产茶者将七十郡"，有近70个州府产茶。南宋虽然北部国境缩小，但南方茶产区仍在不断扩展，东南产区有66州242县，总计南宋101州府约500个县产茶。在此基础上，宋代茶产量有了很大提高，东南七路最高买茶额加蜀川榷茶约6000万斤，加上折税茶、食茶、耗茶以及走私茶等，估计可能达1亿斤左右。

宋代茶叶贸易迅猛发展，并与宋代整体经济四大区域性市场——北方市场、东南市场、蜀川市场和西北市场相一致，形成了明晰稳定的产销市场。宋代全国性区域茶叶市场大体也可以分为东南七路产地市场、北方诸路销地市场、蜀川四路西南民族地区的产销地市场以及西北地区的销地市场。诸区域性市场形成了全面的茶叶市场体系。在东南茶产区，初级市场星罗棋布，各种茶市及市墟、草市、集镇、小市中的茶叶交易，使零星生产的茶叶汇集到茶商手中，转运到产区交通津会之地的中转集散市场、十三山场以及沿江榷货务等。蜀川市场也是兼有产区和中转集散市场。北方市场和西北市场均为销地市场。

贸易经营量的巨大，使得宋代茶商拥有大量资本，通过预买制进入茶叶生产领域，汴京的茶行组织开始出现，十余户大茶商联合就能干预茶叶定价，在政府需要入中、和籴的时期，大茶商们则通过虚估、加抬等手段，左右茶法变革，通过大资本及垄断等手段获取超额利润。

三、茶馆及茶事服务社会化

两宋都城汴梁、临安的茶馆盛极一时，汴京茶坊，多集中于御街南去过州桥两边、朱雀门外街巷、潘楼东街巷、相国寺东门街巷等处，主要有李四分茶坊、薛家分茶坊、从行裹角茶坊、山子茶坊、丁家素茶坊等。此外长约十余里的马行街上，"各有茶坊酒店，勾肆饮食"。临安则"处处各有茶坊"，如八仙茶坊、黄尖嘴蹴球茶坊、王妈妈家茶肆、车儿茶肆、蒋检阅茶肆、潘节干茶坊、俞七郎茶坊、朱骷髅茶坊、郭四郎茶坊、张七相干茶坊等。

在京城之外，其他城市乡镇和草市中亦多有茶坊茶肆（图3-5）。

1. 茶馆、茶楼、茶肆

宋代甚至出现了针对不同社会身份等级人士的专门的茶馆、茶楼、茶肆，如供行业会聚寻觅人力的行会性质的茶馆（"又有茶肆专是五奴打聚处，亦有诸行借工卖伎人会聚行老，谓之市头"）、专门上演曲艺或说书的茶馆（"大凡茶楼多有富室子弟、诸司下直等人会聚，学习乐器，上教曲赚之类，谓之'挂牌儿'"）、蹴球茶馆乃至花茶馆，如在南宋杭州城，"大街有三五家开茶肆，楼上专安着妓女，名曰'花茶坊'，如市西坊南潘节干、俞七郎茶坊，保佑坊北朱骷髅茶坊，太平坊郭四郎茶坊，太平坊北首张七相干茶坊，盖此五处多有吵闹，非君子驻足之地也。"茶馆成为区域性的公共空间、消息集散地，其社会功能日益显现，逐步形成独具特色的茶馆文化。南、北宋都城汴梁、临安大街上面对市民的茶担、提茶瓶者终日行贩，全国各地特别是南方地区，开始有茶亭分布，它们与佛教等宗教团体所办的施茶亭一起，成为一种新型的社会化服务。

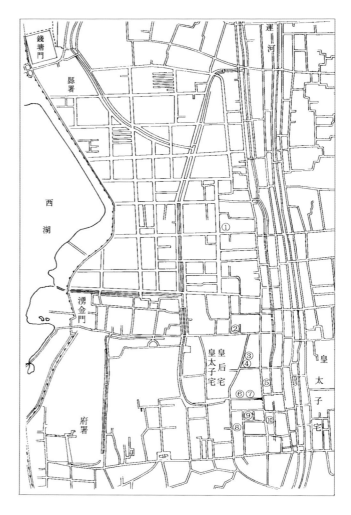

图3-5　南宋临安茶馆茶肆分布图
（根据斯波义信《宋代江南经济史的研究》中《杭州内娱乐设施详图》改绘）

2. 四司六局

宋代社会生活活动频繁，公私宴会、红白喜事不断。为了应付日益繁多的宴会，"官府各将人吏，差拨四司六局人员督责，各有所掌，无致苟简"。所谓四司，乃帐设司、茶酒司、厨司、台盘司，六局乃果子局、蜜煎局、菜蔬局、油烛局、香药局、排办局。因为四司六局从事之人，"祇直惯熟，不致失节，省主者之劳"，所以一般官员"府第斋舍，亦于官司差借执役"，一般"富豪庶士吉筵凶席……则顾唤局分人员"，不论是在家中还是在娱乐场所或什么地方办酒筵，"但指挥局分，立可办集，皆能如仪"。

四司六局的责任有大小轻重之别，因而在各种筵会上，"不拘大小，或众官筵上喝犒，亦有次第，先茶酒，次厨司，三伎乐，四局分，五本主人从"，均有先后次第之分。茶酒司所掌的职责是"茶酒司，官府所用名宾客司，专掌客过茶汤、斟酒、上食、喝揖而已。民庶家俱用茶酒司掌管筵席，合用金银器具及暖荡、请坐、谐席、开话、斟酒、上食、喝揖、喝坐席，迎送亲姻，吉筵庆寿，邀宾宴会，丧葬斋筵，修设僧道斋供，传语取复，上书请客，送聘礼合，成姻礼仪，先次迎请等事"。尤其是为民庶办筵席，茶酒司主事甚多，几乎包揽了所有事情的所有过程，宜其在四司六局中次第最先。

茶事服务的社会化程度，反映了宋代茶文化在社会生活中的深入程度。

第三节　茶与宋代文化生活

宋代茶业经济空前繁荣，社会各阶层钟爱饮茶，并形成了种种观念和习俗，留下了茶事书画等经典作品，成为宋代多姿多彩茶文化生活的重要组成部分。本节从宋代茶书、宋代茶词、宋代茶会雅集等方面进行简要介绍。

一、宋代茶书

迄今，宋代茶书可考的有三十种，全文传世十一种，五种可辑佚，十四种全然不存。共有二十六部茶书可知作者，共计二十四位作者，其中十八位作者中过进士，担任过从宰执、计相到知州、转运使、主帐司、茶官之类的官职。绝大部分茶书作者或热衷或精研于茶艺茶事，如宋代第一部茶书《茗荈录》的作者陶谷就热衷茶事。很多作者都曾从事茶事，或曾亲自在福建、在北苑官焙任职，专司贡茶具体事务，或曾任与茶事有关的官职，因而他们所写的茶书几乎都是与其执掌的事务密切相关，如贡茶、茶法等，都是从自己亲身经历的实践和体会出发，因而这些茶书给人留下的记载比较可靠。

宋代茶书的选题，半数以上都集中于北苑贡茶官焙所在的建安。宋代总共三十部茶书中，有关北苑贡茶的就有十六部，占一半以上。茶法也是宋代茶书较为集中的选题之一，宋代有关茶法的茶书共有三部，茶法著作较多也正反映了宋代政治生活实践中茶法纷繁多变的现状。

蔡襄《茶录》、赵佶《大观茶论》中有一半左右的篇幅记录或探讨了建安北苑贡茶的煎点之法；刘异《北苑煎茶法》、吕惠卿《建安茶用记》从篇名看主要是讲北苑茶煎点技艺；《品茶要录》通篇讨论茶叶生产制作工艺与技术对茶汤最后点试效果的影响，其余一些关于建安茶叶生产与制作的茶书，如《东溪试茶录》《北苑别录》等书中的部分章节，对此也有所议论。表明宋人对茶饮点试技艺的重视。

宋代绝大多数茶书都各有心得，言之有物，不拘前贤，自成体例。蔡襄《茶录》是茶书与书法完美结合、相得益彰的精品；徽宗赵佶《大观茶论》则是前无古人、后无来者的帝王所著茶书，推动了宋代贡茶和贡茶文化的发展（图3-6）；宋子安《东溪试茶录》、熊蕃《宣和北苑贡茶录》、赵汝砺《北苑别录》全面记录了宋代贡茶的发展，保存了贡茶名目、纲次及数量等细致材料，使后人得以了解宋代的贡茶水平与文化。宋代茶书，为中国茶文化史保存了极具特色的末茶茶道，在特别关注茶叶的同时，也关注茶与社会文化整体之间的关联。这些都影响到了此后的茶文化发展。

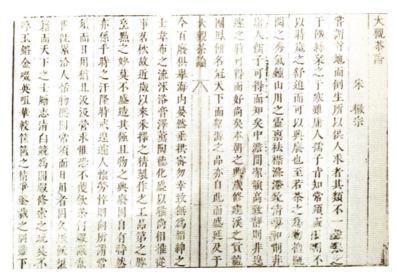

图3-6　《大观茶论》

二、宋代茶诗词

宋人传世诗文远超唐人，茶诗数量更多，著名诗人梅尧臣、范仲淹、欧阳修、苏轼、苏辙、黄庭坚、秦观、陆游、范成大、杨万里等都写有多首脍炙人口的茶诗茶词名篇传世（图3-7）。

在理学蓬勃发展的宋代，人们"以议论为诗""以文为诗"，经邦治国、道德伦理的理想常常充溢诗间。词则是可以配乐演唱的歌词，是文人士大夫们燕游娱乐时的闲情之作。由于茶叶兼具物质与精神的双重属性，既可以寄情，又可以言志，因而茶主题在宋诗与宋词中频频出现。

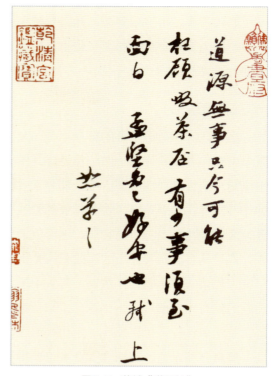

图3-7 苏轼《道源帖》

（一） 茶成为两宋诗词中的重要意象

普泛化的茶饮、茶艺活动，为宋代文人们的诗词创作提供了一个新的题材领域，茶成为两宋诗词中的一种重要意象。

宋代茶诗词大量运用的茶事典相关意象，大都集中在汉唐两代。首先是唐代陆羽与《茶经》，如陆游《八十三吟》诗中有"桑苎家风君勿笑，他年犹得作茶神"；《茶经》常被视为茶事活动及茶文化的指归，如林逋写建茶"人间绝品人难识，闲对茶经忆古人"；苏轼称赞南屏谦师的点茶"东坡有意续茶经，会使老谦名不朽"等。其次是唐代玉川子卢仝，其所写茶诗名篇《走笔谢孟谏议寄新茶》成为宋人茶诗词中最多论及的意象之一，尤其此诗中的七碗茶部分，如陆游《昼卧闻碾茶》有"玉川七碗何须尔，铜碾声中睡已无"；吴潜《谒金门·和韵赋茶》有"七碗徐徐撑腹了，卢家诗兴渺"；陈人杰《沁园春》词有"两腋清风茶一杯"；葛长庚《水调歌头·咏茶》有"两腋清风起，我欲上蓬莱"等。

其他一些与茶相对相关的人、物、事，亦常被对举用为茶的相关意象，其中举用最多的是酒人、酒事，它们在茶饮初兴时就常被用来与茶事对比，其中较频繁者，是楚之屈原，汉景帝文园令司马相如，魏晋"竹林七贤"之一刘伶等。如王令《谢张仲和惠宝云茶》，称茶能"与疗文园消渴病，还招楚客独醒魂"，范仲淹《和章岷从事斗茶歌》有"屈原试与招魂魄，刘伶却得闻雷霆"等。

（二）记录与保存宋代茶艺与茶文化艺术

同时，大量的记叙、描述性的茶诗词也为宋代茶艺与文化做了艺术化的记录与保存工作，其中有一些是其他文献中所没有的，由此更显现出宋代茶诗词的价值。

其一是茶叶的生产制造，如韦骧《茶岭》写种茶"种茶当岭上，日近地先春"；郑樵《采茶行》记采茶"采采前山慎所择，紫芽嫩绿敢轻掷"；蔡襄《北苑十咏》之五《造茶》记造茶工序的诸过程"屑玉寸阴间，抟金新范里。规呈月正圆，势动龙初起。焙出香色全，争夸火候足"；梅尧臣《答建州沈屯田寄新茶》"价与黄金齐，包开青箬整"，写到用青箬包装茶叶。

其二是茶汤点试过程，张扩有多首茶诗，如《碾茶》，"何意苍龙解碎身，岂知幻相等微尘。莫言椎钝如幽冀，碎璧相如竟负秦"；如《罗茶》，"新剪鹅溪样如月，中有琼糜落飞屑"；再如《均茶》，"密云惊散阿香雷，坐客分尝雪一杯。可是陈平长割肉，全胜管仲自分财"等。几首诗描写了宋人从碎茶碾茶开始，然后罗茶、烧水、点茶、分茶的点试茶饮的全部过程。

其三是对茶具的描写。如秦观《茶臼》诗所记茶臼"巧制合臼形……所宜玉兔捣"；彭汝砺《赠君俞茶盂》记茶盂"运泥置盘中，百转成双盂"；吴则礼《同李汉臣赋陈道人茶匕》记茶匕；张伯玉《后庵试茶》"小灶松火燃，深铛雪花沸"所写茶铛；苏轼《次韵周穜惠石铫》所记石铫；黄庭坚《以椰子茶瓶寄德孺二首》所记茶瓶；韩驹《谢人寄茶筅子》、刘过《好事近·咏茶筅》所咏茶筅；记茶磨的诗词更多，如梅尧臣《茶磨二首》其一"盆是荷花磨是莲，谁奢麻石洞中天。欲将雀舌成云末，三尺蛮童一臂旋"；苏轼《次韵黄仲夷茶磨》"计尽功极至于磨，信哉智者能创物"等。

其四是对宋人琴棋书画茶文化生活的描写。宋人一般在酒后饮茶，如李清照《鹧鸪天》"酒阑更喜团茶苦"；或在不同的情境下分别饮酒饮茶，如陆游《吴歌》"困睫凭茶醒，衰颜赖酒酡"。宋人以花下饮茶为更雅之事，如邹浩《梅下饮茶》"不置一杯酒，惟煎两碗茶。须知高意别，用此对梅花"。

宋人饮茶听琴，欣赏古画，甚为清雅，如梅尧臣《依韵和邵不疑以雨止烹茶观画听琴之会》"弹琴阅古画，煮茗仍有期"。还有品茗下棋，如黄庭坚《雨中花·送彭文思使君》"谁共茗邀棋敌"；或饮茶观画，如苏轼《龟山辨才师》"尝茶看画亦不恶，问法求师了无碍"；或品茗试墨书写，如陆游《闲中》"活眼砚凹宜墨色，长毫瓯小聚香茗"（图3-8）。

三、坐客皆可人的茶会雅集

宋代茶会、茶宴盛行，宋人的茶会、茶宴，较之于唐人有了更多的山林和庭院之趣，使之与山水园林文化相结合，生发出更多的情趣与意境。

图3-8　苏汉臣《长春百子图 荷庭试书》（局部）

　　宋徽宗赵佶的《文会图》描绘了一群士人在园林中的大型聚会。聚会在庭院中举行，周围雕栏曲折，院内翠竹茂树，杨柳依依。画面中长方形大桌上整齐对称布满了内盛丰盛果品的盘盏碗碟以及瓶壶筷勺，还有六瓶一样的插花匀布其间以为装饰。画面正中下方，是这次聚会的备饮部分，陈列了众多的宋代茶具，并展示了宋代点茶法的部分程式。柳枝垂荫下，石桌上安放着一把黑色的古琴和一只古雅的三足香炉，表明这次雅会还有焚香鼓琴之韵事。总体而言，《文会图》描绘了一次有酒食、有茶饮、但尤其突出茶内容的雅集。

　　"南宋四家"之一刘松年的《撵茶图》描绘的则是一次宋代文人在林园之中典型的小型雅集，画面集品茗、观书、作画于一幅，文事与茶事并重，但画题却舍文而以茶为题，表明作者敏锐地把握住了茶与文人生活内在共通的一个"雅"字，以茶标题文会，最终还是突出了"茶"。

　　欧阳修与苏轼都有诗句述及文人茶会场合及相宜的会茶条件，欧阳修在《尝新茶呈圣俞》诗中有句"泉甘器洁天色好，坐中拣择客亦佳"，苏轼《到官病倦未尝会客毛正仲惠茶乃以端午小集石塔戏作一诗为谢》中亦言"禅窗丽午景，蜀井出冰雪。坐客皆可人，鼎器手自洁。"从两诗可以看到茶会相宜的条件是：泉甘器洁，静室丽景，坐中佳客，另外一个不言而喻的条件当然就是好茶。

　　爱茶的主人、相得的客人、好茶、好水、洁器、静室、佳景或好天气，是宋代茶会不可或缺的条件，也是明代以来茶人雅士论说茶事宜否的蓝本，直至当今仍是茶会、茶事活动的要素与基本原则。

第四章
宋代茶诗书画赏析

与唐代相比，宋代的茶事之盛有过之而无不及。据《宋史·食货志》等所载，在淮南、江南、荆湖、福建诸路，有很多州郡以产茶出名，其中每年输送到北宋政府茶叶专卖机构的可达数千万斤。宋代宫廷饮茶形成了一套茶礼和茶仪，进而成为宋代宫廷礼制的组成部分。宋代出现了非常有名的皇室专用茶：北苑贡茶。其品质优良，制作精美，因压印有龙凤图案，以标志皇室的"专用"，故也被统称为"龙团凤饼"，贡茶的身价日趋增高。宋代诗人王禹偁《龙凤茶》描述了喜得龙凤茶的心情："样标龙凤号题新，赐得还因作近臣……爱惜不尝惟恐尽，除将供养白头亲。"同时，茶的品鉴活动也新意迭出。精美的制茶技艺及由此衍生出来的品饮趣味和审美也打上了时代烙印，出现了斗茶、分茶等典型的艺术活动。宋代茶叶制作和点饮的日益专精，与皇室宫廷的大力倡导和文人墨客们的身体力行有着密切的关系。宋代的诗书画作品精妙、传神地表达了这一点。

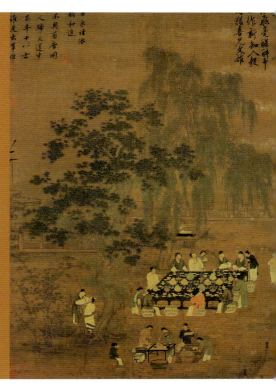

第一节　宋代茶诗书画概述

宋代茶诗书画与唐代相比，具有更精美、更细腻的特色。在艺术创作理念、艺术流派、艺术手法上有着相同的大背景。概要地了解宋代诗书画艺术，以便更好地理解以茶为题材的诗书画作品。

一、宋代茶诗书画的文化背景

宋代的茶诗书画作品与茶在宋人生活中的地位联系密切，品茶本身是生活的一部分，因此宋人在用艺术形式表现茶的同时，也是在表现生活。通过宋代茶事艺文典型作品的欣赏，我们可以具体地了解当时茶文化的生态。

（一）茶与宋人生活

茶文化经过唐代的大发展，为宋代的进一步繁荣打下了坚实基础。宋代茶与社会生活的联系相比唐代更为紧密。首先，表现在上层社会的用茶，从贡茶的品类来看，其地位已比唐代高。更重要的是贡茶在朝廷的日常使用范围广，不仅以茶恩赐大臣、释道人士，而且以茶联谊边疆少数民族，以及大规模的"茶马互易"。同时，多种茶礼进入了政府礼仪的序列。其次，茶饮在宗教生活和文人生活中的应用，以礼仪化、艺术化的形式不断得到巩固、发展和传播。此外，茶在百姓的日常习俗中渗入更甚，除了"客来敬茶"、婚丧礼仪之外，还有以茶娱乐、以茶营业、以茶睦邻等。茶肆、茶坊的普及，玩茶、斗茶、茶会的盛行，饮茶在多种业态中的普遍性和社会生活中的多样性等，都构成了宋代茶文化繁荣的社会基础。

（二）宋代诗书画概况

经过唐、五代后，宋代在社会经济和文化方面达到了一个崭新的水平，两宋政治以"崇文抑武"为基本国策，迎来了文化艺术的全面繁荣。因此，作为艺文的诗书画顺理成章地登上了一个新的高峰。艺术格调的多样性和内容的丰富性在承续唐代的基础上，创作思想和题材由宏大开阔转向于探究事理，在生活中发现多种美感，并以细腻精巧的手法进行表现。因此，在技艺水平和题材运用上均显示出明显的时代特色和个人风格。

1. 宋代诗词

宋代的诗词继承唐、五代的成就而继续有所发展。王禹偁、欧阳修、梅尧臣、苏舜钦等是一批最早继承杜甫、白居易等现实主义传统的诗人。两宋诗人继承唐人力求创新的精神，更自由恣肆地发挥他们的笔力和才情，创作了不少富有民间性和爱国思想的诗篇，进一步把宋诗引向现实主义的道路。后来的王安石、苏轼、黄庭坚、陆游、杨万里、范成大、元好问、文天祥等，在反映人民疾苦，抒发个人感慨和爱国情怀，以及吟咏田园山水等方面丰富了宋诗的题材内容，也丰富了艺术创作的风格。

词是中晚唐时期出现的诗歌形式，以温庭筠为代表的花间派词人创作风格婉约，为宋词的发展奠定了基础。经过宋代词人们的努力，词终于成为中国文学史上一种特别抒情的表现形式。宋词在艺术上表现出更多的创造性。北宋初期词家如晏殊、欧阳修，主要沿袭南唐词人的道路发展，多半书写个人的离愁别绪，自柳永开始，宋词内容表现出比较浓厚的市民阶层的思想意识。到苏轼，这种局限于写儿女柔情的曲子词改变为可以多方面表情达意的新词体，创立了豪放词派。南宋辛弃疾继承了苏词的豪迈气概，用词来表现他的爱国热情，并在他的影响之下形成了南宋爱国词派，把宋词的思想水平和艺术成就提到了空前的高度。

词从晚唐、五代诞生以来一直带有比较浓厚的感伤情调。这种传统在宋代还有所发展，周邦彦等大晟词人，以及南宋中叶以后为偏安点缀升平的姜夔、吴文英等格律词派逐渐形成。从艺术表现看，北宋前期多即景抒情，情辞相称，气局浑然。到了后期，信笔挥洒、清超豪迈；另一种是走典雅工丽之路，雕章琢句，音律谐协。南渡以后，前者由清超豪迈转到悲愤激昂；而后者更是消遣闲情、粉饰现实，但也有个别作者运用这种手法，迂回曲折地表现其对现实的观感。

2. 宋代书法

在宋代的三百多年间，中国的书法艺术又获得了新的发展。唐代书法艺术刚健雄强，气魄宏大。相对"唐人尚法"，宋代书法艺术强调书法家个人的情感，所谓"宋人尚意"，即概括了宋代书法艺术的特点。宋代书法艺术强调个人情感的自由抒发，这在中国书法的发展历史上应该说是一个进步。苏轼有言："我书意造本无法。"苏轼的好友、大书法家黄庭坚也特别为苏轼做了辩解："今俗子喜讥评东坡，盖用翰林侍书之尺度，是岂知法之意哉！"宋代书法艺术重视"意"，即重视表现个人的思想感情，但它同魏晋书法重视所谓"韵"又有不同。"晋书尚韵"，这"韵"也同个人情感的抒发和表现分不开，但它所追求的是一种平和含蓄的境界。宋代的书法艺术则不同，它强调自由地表现个人的思想感情，不怕狂放怪诞，不怕越出前人的法度，这是宋代书法艺术的贡献所在。宋代影响最大的书法家有所谓"四大家"，即蔡襄、苏轼、黄庭坚、米芾，他们都有非常杰出的作品问世，如苏轼的《黄州寒食诗》、黄庭坚的《松风阁诗》、米芾的《苕溪诗卷》、蔡襄的《茶录》等。

3. 宋代绘画

宋代绘画的兴盛与皇家宫廷的重视密切相关，这从《宣和画谱》的收藏记录中可知。

作为宫廷画院性质的翰林图画院画家的作品，以现实主义的创作手法，注重写实，风格工致精丽，如张择端《清明上河图》便是这种风格的代表作之一。画院派以工笔花鸟山水著称于中国画史，崔白、郭忠恕、郭熙、苏轼及徽宗皇帝赵佶等，都有极深的造诣。画院不仅聚集了全国画坛的精英，同时还传授绘画技艺，培养了许多著名的画家。

宋代的山水画是古代山水画创作的第一座高峰。宋代的学者们讲究追寻事物的根源，也讲究"天人合一"的境界。在这种观念影响下，产生了一大批山水画家。这些画家有个共同的特点——十分重视对事物细节的描绘。同时，他们发明了各种山石皴法，研究设色技巧及独具匠心的章法，极尽精微地描绘名山大川的体貌和内涵精神，如北宋荆浩、关仝、董源、巨然。南宋刘松年、李唐、夏圭、马远等四大家的"边角山水"也颇有时代特色和思想性。

宋代花鸟画的繁荣和宫廷装饰分不开。宋代的经济繁荣程度可以说到达了封建社会的巅峰。在这种背景下，皇室贵族追求特殊的生活方式，也为了凸显居住环境的华美富丽，花鸟画成了首选。由此诞生了一批花鸟画名家，比如黄居寀、赵昌、崔白以及宋徽宗赵佶等。

由于文人士大夫政治地位的确立，以及儒、道、禅思想对文人绘画产生的影响，宋代的人物画作品在格调上追求文气和抒情，在形式上以水墨消解重彩，发展了工笔淡彩，开创了白描和泼墨大写意人物绘画风格，逐步成为文人寄托情志的艺术形式。绘画题材的论述分为道释、贵族生活、历史故事和世俗风情题材。代表人物有开创白描画风和发展工笔淡彩人物画的李公麟，以及开创泼墨人物画和发展写意人物画的梁楷。

宋代绘画是中国古代美术发展历史中一个辉煌灿烂的时期，之后的历代画家都从宋画中汲取营养，可见宋代绘画的深远影响。

二、宋代茶诗书画的艺术特征

宋代茶诗书画达到了前所未有的高度，外在的技艺与内在的思想内容方面都达到了巅峰。

宋代的点茶法技艺精致。品茗已经成为一项具有代表性的文人活动，无论是在茶的品质，还是品茶的过程以及品茶的感受上，皆取得了显著成就。宋代茶诗书画艺术重视表现个人的思想感情，敢于打破前人的法度，也敢于创造新的表现手法，在茶文化的表现上彰显出时代的光辉。宋代的诗人书画家，在茶的感染下，所创作的作品，既反映了茶文化的时代特色，又表现出茶在个人生活中的意义。宋代茶文化的时代特征，在诗书画作品中与相应的艺术表现手法相结合，在题材、风格、意境上体现得生动而且深刻。

1. 题材

纵观历史，茶在生产生活中的各种情况，均可能作为艺术创作的题材。在宋代有关茶的诗书画作品中，占主流的题材还是有关茶的品饮。其中包括点茶的过程，所用器具、点茶用水及煮水方式及煮水技巧。也包括由点茶而延伸出来的斗茶活动及分茶、茶百戏等的欣赏活动。由题材而生的内容，包括叙事、抒情、说理。从具体的作品中可以看到既有宏大的场面，也有具体的生活细节。

2. 风格

宋代茶诗书画的风格因时而异、因人而异。流派不一，风格迥异，作者的生活环境和经历不同，形成的作品不仅取材有侧重，更重要的是创作手法也有很大的差异。如诗词有豪放派和婉约派的区别，书法有尚意与尚法的区别，绘画有画院派的严谨工细与民间的潇洒与自由。虽然这些作品以茶为内容，呈现出的表现手法和形式众多，但总的风格仍然是宋代大文化主流背景下的工细精美。

3. 意境

宋代的诗书画中特定的社会背景、文化背景，在作品中出现的丰富题材内容和高超风格技艺，留下了众多高水平艺术作品。这些包含茶元素的诗书画作品，既体现了艺术的精美，又体现了茶饮在宋代优雅的意味。作品在描绘茶饮与山水、园林、器物和人物关系的同时，既有对茶品的深化，也有借茶而抒发情感、寄托志向，还有不少作品表现出文人情调和对精致生活的理想。

第二节　宋代经典茶诗词

宋诗平朴易懂，内容丰富，题材广泛，艺术手法纯熟。

宋代诗人们重视对唐代诗歌创作传统的继承，加上当时大城市的发达和茶馆、饮茶的盛行，诗人们大都尚茶、嗜茶。随着茗事的兴盛，茶诗的创作也达到了一个高潮，留下了许多脍炙人口的作品。

一、宋代茶诗词的主要体裁

1. 茶诗

宋代茶诗体裁因袭唐代，有古诗、律诗、绝句、集句诗等，名篇众多，尤以七言见长。友人间唱和诗多，次韵、分韵诗多。

2. 茶词

除了茶诗与唐代大同小异以外，宋代还多了茶词这个新体裁。

二、宋代茶诗词的主要内容

宋代茶诗词主要有叙事、抒情、说理三类：① 咏名茶、茶叶采制，记赐茶、赠茶、送茶及谢茶，记茶功，记述茶饮风尚；② 借茶抒怀言志，以茶怡情养性；③ 以茶喻人等。

三、宋代茶诗词代表作品赏析

（一）茶诗

1. 王禹偁《龙凤茶》

> 样标龙凤号题新，赐得还因作近臣。
> 烹处岂期商岭水，碾时空想建溪春。
> 香于九畹芳兰气，圆如三秋皓月轮。
> 爱惜不尝惟恐尽，除将供养白头亲。

【解读】王禹偁（954—1001），宋代诗人、散文家。字元之，今山东省巨野县人。因其晚年被贬黄州，世称王黄州。他性格刚直，遇事敢言，以直躬行道为己任。

此诗称赞龙凤团茶的品位与珍贵。宋太祖置龙凤模，遣使臣去造团茶，专为贡品。一时间，黄金有价茶无价，能喝上龙凤团茶，既是荣耀，更是精神上的享受。王禹偁在中书省时，得到了皇帝赏赐的龙凤团茶，他一直珍藏着，舍不得喝。颔联二句说哪能期望得到商岭水烹茶，但碾茶时又浮想起北苑建茶。表达了对皇上恩宠的感怀。"香于九畹芳兰气，圆如三秋皓月轮"，既是实写龙凤团茶高爽的香气、美如圆月的外形，又是赞美龙凤团茶高贵的品质。最后诗人表述了自己对龙凤团茶的珍爱之情、敬老孝亲的美德。

2. 范仲淹《和章岷从事斗茶歌》

年年春自东南来，建溪先暖冰微开。

溪边奇茗冠天下，武夷仙人从古栽。

新雷昨夜发何处，家家嬉笑穿云去。

露芽错落一番荣，缀玉含珠散嘉树。

终朝采掇未盈襜，唯求精粹不敢贪。

研膏焙乳有雅制，方中圭分圆中蟾。

北苑将期献天子，林下雄豪先斗美。

鼎磨云外首山铜，瓶携江上中泠水。

黄金碾畔绿尘飞，碧玉瓯中翠涛起。

斗茶味兮轻醍醐，斗茶香兮薄兰芷。

其间品第胡能欺，十目视而十手指。

胜若登仙不可攀，输同降将无穷耻。

吁嗟天产石上英，论功不愧阶前蓂。

众人之浊我可清，千日之醉我可醒。

屈原试与招魂魄，刘伶却得闻雷霆。

卢仝敢不歌，陆羽须作经。

森然万象中，焉知无茶星。

商山丈人休茹芝，首阳先生休采薇。

长安酒价减千万，成都药市无光辉。

不如仙山一啜好，泠然便欲乘风飞。

君莫羡，花间女郎只斗草，赢得珠玑满斗归。

【解读】范仲淹（989—1052），字希文，北宋名臣，著名政治家、文学家，谥号"文正"。他工于诗词散文，所作的文章多有政治内容，文辞秀美，气度豁达。最初，斗茶只是作为评比茶质优劣的方法，后来成为茶文化生活中一种常见的活动形式。一般分三个层次进行：一是在民间茶山或御焙对新制的茶进行品尝评鉴；二是贩茶、嗜茶者在市井上开展的招揽生意的斗茶活动；三是文人雅士以及朝廷命官，在闲适的茗饮中采取的一种高雅的茗饮方式，在斗茶中一争水品、茶品以及诗品和烹茶技艺之高下。

这首诗就是作者与章岷从事斗茶后与之唱和的诗。从建茶采摘时令、生长环境、采制要求、品质特征，写到斗茶器具、斗茶场景、斗味斗香、输赢心态，最后写道，茶的品质之好、地位之高，堪比宇宙繁星，倘若卢仝、陆羽在世，也会重新作茶歌，把斗茶写进《茶经》；建茶神奇的功效，能醒千日之醉，超过任何灵芝仙草，可使药市歇业。

3. 梅尧臣《尝茶和公仪》

都蓝（监误作蓝）携具上都堂，碾破云团北焙香。

汤嫩水轻花不散，口甘神爽味偏长。

莫夸李白仙人掌，且作卢仝走笔章。

亦欲清风生两腋，从教吹去月轮旁。

【解读】梅尧臣（1002—1060），北宋现实主义诗人。字圣俞，安徽宣州宣城人。宣城古称宛陵，故世称宛陵先生。公仪，即指梅挚（字公仪）。在艺术上，梅尧臣注重诗歌的形象性、意境含蓄等特点，提倡"平淡"的艺术境界，正如梅尧臣自己的解释："状难写之景，如在目前。含不尽之意，见于言外。"

这首诗歌非常显著地体现了他的创作风格及对建茶的赞美。前四句写自己携带饮茶用具到都堂之上，亲自碾茶、焙茶、品茶，赞扬建茶色、香、味及效用。后四句写饮茶后的感受。饮了建茶以后，文思泉涌，即使李白歌咏的仙人掌茶也甘居下风，卢仝的七碗茶歌也不在话下。只觉羽化登仙，与月相拥。

4. 欧阳修《双井茶》

西江水清江石老，石上生茶如凤爪。

穷腊不寒春气早，双井芽生先百草。

白毛囊以红碧纱，十斤茶养一两芽。

长安富贵五侯家，一啜犹须三日夸。

宝云日注非不精，争新弃旧世人情。

岂知君子有常德，至宝不随时变易。

君不见建溪龙凤团，不改旧时香味色。

【解读】欧阳修（1007—1072），北宋文学家、史学家，字永叔，自号醉翁、六一居士，"唐宋八大家"之一。在散文诗词创作、史传编纂、诗文评论等方面都有较高成就。

双井茶，产于宋洪州分宁县（今江西省修水县城西）双井，当地土人汲双井之水造茶，茶味鲜醇胜于他处。欧阳修精于茶理，对双井茶极为推崇，认为可以与产于杭州西湖的宝云茶、绍兴日注（日铸）茶媲美。双井茶曾一时"名震京师"，与欧阳公的讴歌赞美不无关系。这首《双井茶》也是诗人辞官隐居后晚年之作。一、二句说明产地特点、外形特点。赞美双井茶先百草而生，采摘细嫩，白毫极多，保管精心，制作精致，品质绝佳。"宝云""争新"两句，诗人借咏茗以喻人，抒发感慨。对人间冷暖、世情易变，做了含蓄的讽喻。"岂知"句，阐明君子应以节操自励。即使犹如被"争新弃旧"的世人淡忘了的"建溪"佳茗，但其香气犹存，本色未易，仍不改平生素志。一首茶诗，除给人以若许茶品知识，又论及了处世做人的哲理，给人以启迪。

5. 苏轼《汲江煎茶》

活水还须活火烹，自临钓石取深清。

大瓢贮月归春瓮，小杓分江入夜瓶。

雪乳（一作茶雨）已翻煎处脚，松风忽作泻时声。

枯肠未易禁三碗，坐听荒城长短更。

【解读】苏轼（1037—1101），字子瞻，又字和仲，号东坡居士。北宋眉州眉山人，祖籍河北栾城，北宋著名文学家、书法家、画家。苏轼是北宋中期文坛领袖，在诗词、散文、书画等方面取得很高成就。其文章纵横恣肆；诗词题材广阔，清新豪健，与黄庭坚并称"苏黄"；特别是词的创作，开豪放一派，与辛弃疾同是豪放派代表，并称"苏辛"；散文著述宏富，豪放自如，与欧阳修并称"欧苏"，为"唐宋八大家"之一。此诗是诗人流放儋州（今海南省儋州市）时所作，可能是他留给后世的最后一首茶诗。次年宋徽宗即位，他虽被赦还，但饱经忧患、已风烛残年的苏东坡当年即卒于常州，时年65岁。

在艰难困苦的海南岛，苏轼的日子异常艰难，吃穿住行几乎都成了问题，但是生性豁达、豪迈乐观的苏东坡，不惧老迈的身躯，偏要到清深江水中取活水，并亲自生火烹茶。《汲江煎茶》诗题点明煎茶用水选取"活水"。"大瓢"两句实写将江水倒入贮水的瓮里沉淀泥沙杂物，用勺将澄清的江水分入汤瓶。日常茶事行为，却充满作者的浪漫之思、豪放之情、瑰丽之想，大瓢能贮月，小勺可分江，如此横溢的才思，竟从屡经困顿的鬓发皓白的老人心中流出，那诗意是何等的出类超群！难怪南宋的胡仔会惊叹道："此诗奇甚，道尽烹茶之妙。"南宋诗人杨万里更赞美道："七言八句，一篇之中，句句皆奇，古今作者皆难之。"

屡遭谪贬却豁达超脱的苏东坡笑对人生，不仅唱出了"九死南荒吾不悔，兹游奇绝冠平生"的昂扬诗句，更在这远离中原文明的蛮风疠雨中，寻找到了生活美色，以煎茶品饮的方式，来滋润饱受创伤的心灵。边境月夜，自取江水煎茶，独自品茗，荒寞的意境，凄凉的心境，写出细腻而洒脱。

6. 李南金《茶声》

砌虫唧唧万蝉催，忽有千车捆载来。

听得松风并涧水，急呼缥色绿瓷杯。

【解读】李南金（生卒年未详），字晋卿，自号三溪冰雪翁。李南金认为："《茶经》以鱼目、涌泉连珠为煮水之节，然近世瀹茶，鲜以鼎镬，用瓶煮水之节，难以候视，则当以声辨一沸、二沸、三沸之节。"怎么辨呢？他提出了一种叫"背二涉三"的辨水法，即水煎过第二沸（背二）刚到第三沸（涉三）时，最适合冲茶，并且写了这首诗来形象地说明。该诗叙写了使文人墨客颇为快意和悦耳的煎茶时沸水发出的声音，根据诗人的不同感受，将茶声演变为虫声、车声、风声、水声等，道出茶人的独特感受。

7. 陆游《八十三吟》

石帆山下白头人，八十三回见早春。

自爱安闲忘寂寞，天将强健报清贫。

枯桐已爨宁求识，敝帚当捐却自珍。

桑苎家风君勿笑，它年犹得作茶神。

【解读】陆游（1125—1210），南宋诗人，字务观，号放翁，越州山阴人（今浙江绍兴），工诗文，诗名最盛。陆游当过十年茶官，写下300余首茶诗，是留下传世茶诗最多的作家。

茶圣陆羽很崇敬陆纳的高风亮节，隐居在陆纳任过太守的湖州苕溪著书，自称"桑苎翁"，所住草庐称为"桑苎庐"。而陆游又很敬佩陆羽的恬淡志趣和崇俭风尚，也常常自名为"桑苎翁""老桑苎"，曾写下诗句"我是江南桑苎家，汲泉闲品故园茶。只应碧缶苍鹰爪，可压红囊白雪芽。"诗人自喻为种植桑麻的一介农夫，效仿陆羽、陆纳，向往闲适的田园生活，崇尚勤俭自持、鄙弃浮华、品茶赋诗、广结茶友的高洁情怀。

此七律一改其铁马横戈、壮怀激烈的气概，显得平和而宁静，充满着闲适的心情。诗人置身茶乡，只求承袭"茶神"陆羽的家风，在汲泉品茗之中，坚持操守，度过寂寞清贫的残岁。陆游的晚年，由于政局、年龄、健康等各方面的原因，他已不可能再从事政治活动了，可对诗歌、书艺和茶一直没有离弃过。

（二）茶词

1. 苏轼《行香子·茶词》

> 绮席才终，欢意犹浓。
>
> 酒阑时、高兴无穷。
>
> 共夸君赐，初拆臣封。
>
> 看分香饼，黄金缕，密云龙。
>
> 斗赢一水，功敌千钟。
>
> 觉凉生、两腋清风。
>
> 暂留红袖，少却纱笼。
>
> 放笙歌散，庭馆静，略从容。

【解读】短短六十六字，以华章丽彩写出了酒后点茶、饮茶时"从容"不迫的神态和"两腋清风"的感受，由闹而"静"，由"浓"而淡，人生慨叹尽在不言之中。上阕写斗茶过程，在精致雅洁的茶室，在花木扶疏的庭院，大家献出各自珍藏的好茶，有皇上亲赐的珍贵名茶，也有自己收藏的茶中精品。围坐在一起，轮流品尝，各试斗茶技巧决出胜负。下阕道胜后快感，那"斗赢一水"胜饮千钟的爽快、舒畅、惬意，直到今天仍在感染着读者，使人颇有如临其境之感。

饮罢席散，全词最后归于一片"从容"、寂静之中，作者与红袖知己似在共同回味适才斗茶的热闹。虽是写茶，实则更像是人生的真实写照。

2. 黄庭坚《品令·茶词》

> 凤舞团团饼。恨分破，教孤令。
>
> 金渠体净，只轮慢碾，玉尘光莹。
>
> 汤响松风，早减了、二分酒病。
>
> 味浓香永。醉乡路，成佳境。
>
> 恰如灯下，故人万里，归来对影。
>
> 口不能言，心下快活自省。

【解读】黄庭坚（1045—1105），北宋诗人、书法家。字鲁直，号山谷道人，洪州分宁人（今江西修水），"苏门四学士"之一，爱茶，将茶喻为"故人"。这首《品令》是黄庭坚咏茶词的奇作。

词的上阕写碾茶、煮茶。开首写茶之名贵。宋初进贡茶，先制成茶饼，然后以蜡封之，饼上有龙凤图案。这种龙凤团茶，皇帝也往往以少许分赐近臣，足见其珍。

分茶饼、碾茶、候汤、品饮，这是宋代文人雅集饮茶的规定程序。但在作者笔下，却不见一"茶"。对茶拟人化的怜惜、疼爱溢于言表，用最精美的茶碾来碾这个茶，才算是对得起"她"的珍贵高洁。加工之精细，成色之纯净，如此碾成琼粉玉屑，加好水煎之，一时水沸如松涛之声。点成的茶，清香袭人。不需品饮，先已清神醒酒了。

换头处以"味浓香永"承接前后。正待写茶味之美，作者忽然翻空出奇，"醉乡路，成佳境。恰如灯下，故人万里，归来对影"，以如饮醇醪、如对故人来比拟，可见其惬心之极。

词中用"恰如"二字，明明白白是用以比喻品茶。其妙处只可意会，不能言传。这几句话，原本见于苏轼《和钱安道寄惠建茶》诗："我官于南（时苏轼任杭州通判）今几时，尝尽溪茶与山茗。胸中似记故人面，口不能言心自省。"但作者稍加点染，添上"灯下""归来对影"等字，意境又深一层，形象也更鲜明。这样，作者就将风马牛不相及的两桩事，巧妙地与品茶糅合起来，将口不能言之味，变成人人常有之情。

黄庭坚这首词的佳处，就在于把人们日常生活中心里虽有而言下所无的感受、情趣，表达得十分新鲜具体，通过写茶的形象、功用，赋予茶以生命、情感，显得生动传神、灵动飞扬，深具审美趣味。

第三节　宋代经典茶书法

书法是一种以文字形式传递信息和美感的书写艺术。宋代的茶书法艺术作品传达着丰富的茶有关的信息，有的表现出一种活泼的生活情态，有的则是较为严肃的学术著述。

书法史上论及宋代书法，素有"宋四家"之说，即指苏轼（东坡）、黄庭坚（山谷）、米芾（南宫）和蔡襄（君谟）。从"宋四家"的书法风格来看，苏轼的书法丰腴跌宕，黄庭坚纵横拗崛，米芾俊迈爽利，而蔡襄可谓浑厚端庄、淳淡婉美。总体上看，蔡襄的书法有从晋唐法度中体现出来的一种清淡隽永的意趣。

一、苏轼茶书法代表作

苏轼善书，是"宋四家"之一；擅长文人画，尤擅墨竹、枯木等。代表作品有《东坡七集》《东坡易传》《东坡乐府》等。

嘉祐二年（1057），苏轼进士及第。宋神宗时在凤翔、杭州、密州、徐州、湖州等地任职。元丰三年（1080），因"乌台诗案"被贬为黄州团练副使。宋哲宗即位后任翰林学士、侍读学士、礼部尚书等职，并出知杭州、颍州、扬州、定州等地，晚年因新党执政被贬惠州、儋州。宋徽宗时获大赦北还，途中于常州病逝。

苏轼书法作品很多，著名的作品有《黄州寒食诗》《赤壁赋》《后赤壁赋》。苏轼以艺传茶，除了诗文以外，就是他的书法。他的许多小品信札中也有不少与茶有关的精品，有的已经成为茶文化史上的名篇。

1.《一夜帖》

宋代书法以"尚意"为特色，苏东坡的书法也多重于"意"的抒发，信手拈来，意趣两足。所谓"无意于嘉乃嘉"正是苏东坡书法的妙处所在。苏轼广交朋友，其中《一夜帖》就是写给好朋友陈季常的信札：

一夜寻黄居寀龙不获，方悟半月前是曹光州借去摹榻，更须一两月方取得。恐王君疑是翻悔，且告子细说与，才取得，即纳去也。却寄团茶一饼与之，旌其好事也。轼白。季常。廿三日。

北宋文人陈慥，字季常。少时使酒好剑，常与苏轼论兵，待中年时，折节读书，晚年多庵居蔬食，不与世相闻。苏轼与陈慥的关系相当密切，书信往来很多，《一夜帖》（图4-1）为其中之一。据信札内容来分析，大概是"王君"向苏轼索借或购买一张黄居寀创作的画，苏轼为此寻找了一晚上，还是没有找到。后来记起来是"曹光州"借去临摹未还。为免"王君"产生误会，便立即写了这封信，请季常向"王君"转告解释。同时，为了表示歉意，苏轼随信带去"团茶一饼"让季常转赠"王君"，以"旌其好事也"。《一夜帖》，又名《季常帖》《致季常尺牍》，藏北京故宫博物院。其书法用笔遒劲而精妙，实为苏东坡书法之佳品。

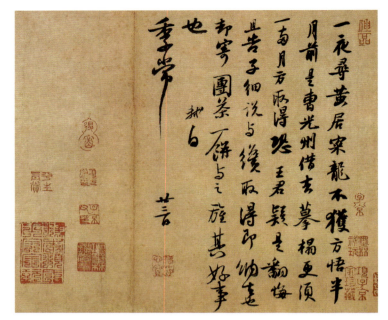

图4-1　苏轼《一夜帖》

《一夜帖》用笔遒劲，结构精妙，轻重合度，最后"常"字末笔悠然而下，情致委婉，意趣盎然。

2.《新岁展庆帖》

《新岁展庆帖》也是苏轼给陈季常的一通手札。其主要内容如下：

轼启。新岁未获展庆，祝颂无穷……此中有一铸铜匠，欲借所收建州木茶臼子并椎，试令依样造看。兼适有闽中人便或令看过，因往彼买一副也。乞暂付去人，专爱护，便纳上。余寒更乞保重。冗中恕不谨。轼再拜。季常先生丈阁下。正月二日……

当他得知季常家有一副茶臼，便赶快修书去借来，让工匠"依样"制造，以饱眼福，因此写下了这件《新岁展庆帖》（图4-2）。

"苏门四学士"之一的秦观也作有一首《茶臼》诗，可为苏轼的作品做注脚：

幽人耽茗饮，剡木事捣撞。
巧制合臼形，雅音侔枨栓。
虚室困亭午，松然明鼎窗。
呼奴碎圆月，搔首闻铮枞。
茶仙赖君得，睡魔资尔降。
所宜玉兔捣，不必力士扛。
愿偕黄金碾，自比白玉缸。
彼美制作妙，俗物难与双。

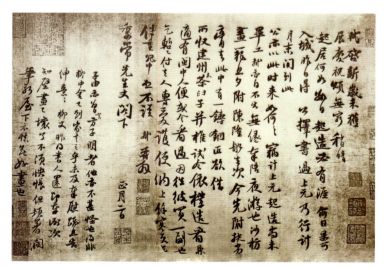

图4-2　苏轼《新岁展庆帖》

二、蔡襄茶书法代表作

蔡襄（1012—1067），北宋书法家，字君谟，兴化仙游（今福建莆田仙游）人。幼承庭训，天圣九年（1031），蔡襄登进士第十名。次年，授漳州军事判官，在职四年。后历任西京留守推官、馆阁校勘、福建路转运使、迁任起居舍人、知制诰兼判注内诠、翰林学士、权理三司使。治平四年（1067）逝世，享年五十六岁。他去世后，朝廷追赠吏部侍郎，后加赠少师。欧阳修撰《端明殿学士蔡公墓志铭》。

蔡襄知福州时，多有政绩，曾倡议官吏，发动百姓，从福州大义至泉州、漳州七百余里的大道两旁栽植松树，荫庇大道，故民谣颂道："夹道松，夹道松，问谁栽之我蔡公；行人六月不知暑，千古万古摇清风。"

1.《茶录》

蔡襄不仅是政治家、文学家、书法家，而且也是茶学家。他为官清正，以民为本，发展当地经济，为福建茶业及茶文化的发展做出了一定贡献。庆历年间（1041—1048），蔡襄为福建转运使，把北苑茶业发展到新的高峰，把龙团茶改为小团茶，在制作工艺和品质方面更进一步。欧阳修《归田录》卷二有云："茶之品莫贵于龙凤，谓之团茶，凡八饼重一斤。庆历中蔡君谟为福建路转运使，始造小片龙茶以进，其品绝精，谓之小团。凡二十饼重一斤，其价直金二两。"后又创制"密云龙"和"瑞云翔龙"。使茶叶制作达到"名益新、品益出"的高水平。北苑御园茶在北宋时期赢得的盛誉，与蔡襄为福建转运使时的监制密切相关。

蔡襄将他自己的研究心得撰写成《茶录》上、下二篇。这一著作加上优秀的书法，堪称稀世奇珍。《茶录》除了上进给皇帝鉴赏外，还勒石以传后世。

蔡襄的书法艺术在宋代时名声甚隆，他的楷书、行书及草书均为妙品。由于笃好博学，至晚年，其书法更臻淳淡婉美的境界。同代人梅尧臣对蔡襄的书法极为推崇，他有一首《同蔡君谟江邻几观宋中道书画》诗，历数蔡氏的书学渊源及挥毫风采："君谟善书能别书，宣献家藏天下无……行草楷正大小异，点画劲宛精神殊。坐中邻几素近视，最辨纤悉时惊吁……"。

《茶录》（图4-3）以小楷书就，是其书法作品中的佼佼者。自从完成那天起，它就受到了各方面的注意。蔡襄至少书写过两次《茶录》，第一次所书的《茶录》被人窃去之后，又为人购得，并且"刊勒行于好事者"，即已经被人刻板印刷而广布于世了。当然，这其中不仅仅是《茶录》的文字内容，其书法艺术的因素也是很重要的原因。蔡襄发现"刊本"中舛误较多，而不得不加以订正。

现常提到的所谓绢本《茶录》，一般认为是蔡襄的手迹。绢本《茶录》原本也已佚，但在《古香斋宝藏蔡

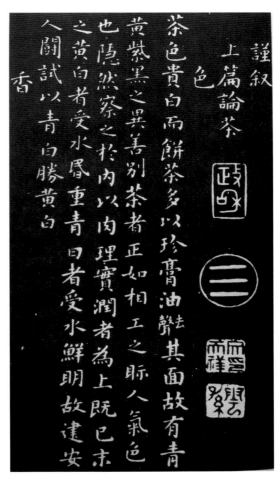

图4-3　蔡襄《茶录》局部

帖》（明·宋珏）中仍保留着它的刻本，从中可见其风采余韵。

关于蔡襄《茶录》的书法，同时代的人评价就已很高。欧阳修与蔡襄为挚友，他对蔡襄的书法推崇备至，曾请蔡襄为其《集古录目序》作书刻石，蔡襄写得"尤精劲，为世所珍"，而欧阳修给蔡襄的润笔费也很独特，不是白银，而是"以鼠须栗尾笔、铜绿笔格、大小龙茶、惠山泉等物为润笔，君谟大笑，以为太清而不俗"（欧阳修《归田集》）。欧阳修对蔡襄书法艺术做出的评价也非常到位，评曰："善为书者以真楷为难，而真楷又以小字为难……君谟小字新出而传者二，《集古录目序》横逸飘发，而《茶录》劲实端严，为体虽殊，而各极其妙，盖学之至者，意之所到，必造其精。"宋代之书法艺术，大多以"意"胜之，相对而言，蔡襄比较重视晋唐之法，在中国历史上能在茶艺、书道上同时享有盛名的，蔡襄为第一人。

2.《精茶帖》

蔡襄除其代表作《茶录》外，还有多件诗、书作品及尺牍等，对茶事做了不少记述。

《精茶帖》（图4-4）也称《暑热帖》《致公谨尺牍》，为手书墨迹，也是蔡襄主要传世作品之一。藏于北京故宫博物院，曾入刻《三希堂法帖》。帖云：

襄启：暑热不及通谒，所苦想已平复。日夕风日酷烦，无处可避。人生缰锁如此，可叹可叹。精茶数片，不一一。襄上。

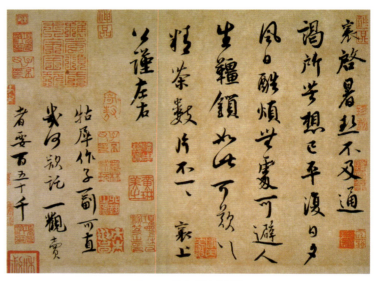

图4-4　蔡襄《精茶帖》

因为盛夏，天气炎热，"无处可避"，顿时生发出"人生缰锁如此"的感叹。帖中所云"精茶数片"，是送给"公谨"饮用的，以茶作为消暑清热的佳物，可谓恰逢其时。

《精茶帖》是行书写成，用笔时疾时徐，映带顿挫，随意而行，结构精严而神采奕奕。

第四节　宋元经典茶画

宋元时期与茶相关的绘画作品同样反映出强烈的时代特点。作品题材内容上，宫廷、文人的点茶艺术，以及与生活紧密相连的市井茶技共同奏响了宋代茶道的主旋律，而到了元代绘画中，则出现了文人茶艺质朴慕古、隐逸风雅的倾向。

一、文士点饮图

宋代是一个精致文化时代，茶饮进入文人生活的速度之快与形式之丰富，是一个典型的现象。茶在文人士大夫的生活中，不仅可以调节身体，更可以调节情调；不仅满足日常所用，更是满足风雅之物。尤其是茶与艺文相结合，在不同的艺术创作过程中，自觉或不自觉地把茶融入其中。因此，从茶的角度来看，宋代的茶饮，具有非常显著的文人意识和文人气息。

1. 赵佶《文会图》

宋徽宗赵佶（1083—1135），是宋朝第八位皇帝。

宋徽宗酷爱艺术，成立翰林书画院培养了一批杰出的画家，将画家的地位提到中国历史上最高的位置。宋徽宗还组织编撰了《宣和书谱》《宣和画谱》和《宣和博古图》等书，均成为美术史研究中的珍贵史籍，至今仍有极其重要的参考价值。

他的工笔花鸟画在中国美术史上享有极高声誉。他擅诗文，精书法，特别是"瘦金体"书法，在中国书法史上堪称独树一帜。同样，他在茶的研究与实践上，尤其在点茶方面，也表现出非凡的天赋。徽宗留给后世的遗产有两件最为著名，一是著作《大观茶论》，另一件就是工笔人物画《文会图》。该画收藏在台北故宫博物院，绢本设色，纵184.4厘米，宽123.9厘米。宋徽宗传世的画作不少，但反映茶饮的并不多。此画面中描绘了一个共有20人的盛大文人聚会场面。《文会图》被认为是一幅文人品茶图，又是一幅文人品酒图，《文会图》应是一幅君臣茶酒共饮图（图4-5）。

图4-5　宋徽宗《文会图》

赵佶《大观茶论》论及茶器时曾说："盏色贵青黑，玉毫条达者为上，取其焕发茶采色也。""茶筅以箸竹老者为之，身欲厚重，筅欲疏劲，本欲壮而末必眇，当如剑瘠之状。""瓶宜金银，小大之制，惟所裁给。""杓之大小，当以可受一盏茶为量。"文中所说这些器具，在《文会图》中能看到的只有"瓶"和"杓"，而并未看到青黑色的盏。在此画中，所有的盏均是浅色，可能是青瓷或白瓷，明显不是《大观茶论》所述的建盏。但有意思的是，托的色彩则有深浅两种。在大桌上已放置入座的盏与托均为浅色，而在操作区域正等待上奉的，却是浅色盏深色托。估计是用不同色彩的托，来区别两种不同的饮品。此外，我们似乎也没有看到击打泡沫的"茶筅"。因此，通过与《大观茶论》的文字相对比，可以推断，至少这里的茶，不是为了典型意义上的为斗茶而作的点茶。根据画面中用勺从小口瓶中舀茶分汤的动作来看，《文会图》从侧面向我们展示了茶会中的简易点茶或烹茶之法。此画创作如果有其现实依据的话，则有意无意间展示了宋代文人茶会中的新场景，此画具有很高的艺术欣赏和史料参考价值，除了表现宋代宫廷茶事之外，也丰富了我们对宋代点茶方式多样性的认知。

此外，宽大的案桌上，有各式丰盛的果品和整齐的杯盏碗箸。文士们围桌而坐，或举盏品饮、或互相交谈、或交首耳语、或独自凝思。操作区域的一个案几上，茶酒司的侍者们各司其职，有的正在炭盆炉上煨着壶具温酒烹水，有的正在瓮中取汤分酌。

从图中可以清晰地看到各种井然有序的器具，其中有炭盆、茶（酒）瓶壶、都篮、茶碗、盏托等。特别显眼处，在操作区域醒目的方桌下，还有一只酒坛。因此，名曰"文会"，显然是一次以茶酒宴会为形式的文人雅集。整个画面上的人物神态生动，饮酒谈艺，品茶解醒，场面气氛轻松雅致，而在这轻松的场面后面，则是主人的宏伟愿景。《文会图》的主题，由宋徽宗在画上的题诗点明："儒林华国古今同，吟咏飞毫醒醉中。多士作新知入彀，画图犹喜见文雄。"左上角则是宰相蔡京所题的和韵诗："明时不与有唐同，八表人归大道中。可笑当年十八士，经纶谁是出群雄。"赵佶所作《文会图》，予后人欣赏、了解宋代宫廷茶会的形式之外，其折射出来的内涵也有颇多耐人寻味之处。

2. 刘松年《撵茶图》

刘松年，生卒年不详。宋钱塘（今杭州）人，居清波门，俗呼为"暗门刘"。淳熙初画院学生，绍熙年（1190—1194）画院待诏。师张敦礼，工画人物、山水，神气精妙有过于师。

由于茶叶形制为紧压茶，唐人、宋人的饮茶方式主要是碾茶烹点法。即饮用前需将团饼状的茶块碾成粉末状后，再行煮烹或直接用沸水冲泡。藏于台北故宫博物院的南宋画家刘松年的《撵茶图》，真切地为我们再现了当时的碾茶情景。在画的左侧（图4-6），有一个碾工坐在矮几上，转动碾磨。这个碾子的质地应是石质，其形状正如《茶具图赞》中的"石转运"。另一个人站在桌边，一手执汤瓶，正在往茶瓯中注沸水，茶瓯旁是点茶用的茶筅，另一只手持着茶盏，桌上还有其他茶具，如茶罐、盏托等。桌旁火炉正在煮水。在画面的右侧，是一幅截然不同的场面，有三人，一僧伏

图4-6　刘松年《撵茶图》（局部）

案作书，一人相对面坐，另一人坐在旁边，双手展卷，而眼神却在欣赏僧人作书。左边的煮茶是劳役之作，与右边的文人生活，虽然是两个截然不同的领域，却示意着茶与文人生活须臾不离的时代特征，具有既生动而又不俗气的艺术美感。

二、市井斗品图

相对于文人士大夫阶层的用茶，宋代民间市井中的茶文化也是百花齐放，争奇斗艳。而最典型的是斗茶和茶百戏。但进入画家视野的，依然是斗茶活动。在他们的画笔下、构图中、形式上，通过人物器具和环境的刻画，表现出点茶、斗茶活动的驱动力往往是利益与风俗。

1. 刘松年《斗茶图》

宋代"斗茶"的场景和茶汤的美感，正如范仲淹诗中写到的"黄金碾畔绿尘飞，碧玉瓯中翠涛起。斗茶味兮轻醍醐，斗茶香兮薄兰芷"，表现了茶的色、香、味。后来，文人们便专注于这种美的比较和享受，而实用性已退居其次。斗茶在宋人的茶叶著作中有许多记载。如蔡襄《茶录》中所述，几乎都是"斗试品点"的要素：茶色，"黄白者受水昏重，青白者受水鲜明，故建安人斗试以青白胜黄白"；茶香，"建安民间试茶皆不入香，恐夺其真"；茶味，"主于甘滑""水泉不甘能损茶味"。在所用器具及其操作时也甚讲究，"茶匙要重，击拂有力"；汤瓶"要小者，易候汤，又点茶注汤有准……"；茶盏，"茶色白，宜黑盏""……其青白盏，斗试家自不用"。

图4-7　刘松年《斗茶图》（局部）

到了宋徽宗《大观茶论》里，点茶虽然依法如前，但是追求的效果和目的则不同，将观赏居于首位了，所谓"天下之士，励志清白，竞为闲暇修索之玩，莫不碎玉锵金，啜英咀华"。点茶更注重其艺术的表现力甚至成为修身养性的手段。而刘松年《斗茶图》（图4-7）笔下的斗茶，一赌一斗，分明与上述高层文人们作为游戏的斗茶有着明显的不同。画面中央有茶贩四人歇担路旁，两两相对，各自夸耀。茶担是竹制小茶桌架与货架的结合物，挑起为担，放下为桌，十分利于经营。当中两棵老树枝干刚劲，细叶初绽，是为早春时节，结合人物身份及器具、场景，画面彰显着浓浓的商业气氛。

2. 辽、金、元壁画

在20世纪70至80年代发现的一些辽、金、元墓道壁画中，绘有不少茶事的内容，十分形象地再现了当时的饮茶情景。壁画的内容具有很高的史料价值。画面里出现的许多茶具、点茶的动作和人物关系，都为我们提供了最真切可靠的研究资料。

1971年，河北宣化郊外下八里村相继发掘了数十座辽代墓葬。墓构于辽天庆七年（1117），时值中原北宋末年。由于宋辽互市，以茶易辽货，辽地茶风日趋盛行。墓中壁画（图4-8）所绘正是当时风俗的写照，其中有多幅反映不同茶事场面的壁画，包括点茶图、为点茶做准备工作的备茶图、妇人饮茶曲的娱乐场面图、向饮茶者进茶场面图和茶作坊中的茶具、碾茶、煮点、筛选等一系列工序图等。

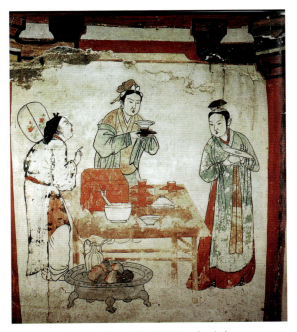

图4-8　河北宣化辽墓壁画（局部）

这些壁画生动地反映出北方辽代晚期有关茶饮的日常景观，也为唐宋茶文化史籍中提到的茶具和饮茶过程提供了有力的佐证。同时，对宋辽时期北方饮茶风俗，如茶食的使用、茶具的选择、煮饮方法的特殊性等，也有补阙之功。此外，从某些画面中的人物来看，是契丹人与汉人同时出现，似说明了如史料所载的两个民族间的融合，也说明了汉族文化对契丹文化的影响。

内蒙古自治区赤峰市分别于1982年和1987年在元宝山区沙子山清理了两座元代的墓葬，两墓内的壁画也都出现了饮茶的场面。《道童奉茶图》是山西大同冯道真墓壁画，高118厘米，宽152厘米。所绘画面形象逼真、准确。道童点茶已毕，执碗准备向主人奉茶。此画最为宝贵的一点是，在画面上，一张桌上有一套较完备的茶具，其中有敞口窄底的茶碗及煮水器具，更有一只覆盖茶瓮，上面的斜贴封签上，清楚地写有"茶末"二字。这个画面，十分清晰、明确地记录了当时的点茶、奉茶用具。

三、追慕古风图

宋末至元代，中国茶文化进入转型时期，由于社会政治更迭，主流的审美方向也随之嬗变，细腻精致逐渐为古朴大气所替代。文人士大夫对古人质朴生活的向往和对隐居生活的热衷，逐渐成为时尚。此时画家表现的内容中，时常以唐代卢仝、陆羽等著名茶人为题材，借古喻今，表达自己的审美思想。

1. 钱选《卢仝烹茶图》

钱选，字舜举，号玉潭，又号巽峰，浙江湖州人，生于南宋嘉熙三年（1239），卒于元大德六年（1302）。宋亡后，钱选隐居不仕，他与同乡赵孟頫等有"吴兴八俊"之称。后来，赵孟頫为元朝官，而钱选则依然隐居于乡间，以吟诗作画终其生。大概是其生世与卢仝有相似之处，所以他以"卢仝煮茶"为入画题材，似乎也流露出自己的一种隐逸思想。

《卢仝煮茶图》（图4-9）藏于台北故宫博物院，设色纸本，纵128.7厘米，横37.3厘米。钤白文印一"舜举"。图中卢仝身着白色衣衫，坐于山冈平石上，蕉林、太湖石旁有仆人烹茶。卢仝身边伫立者当为孟谏议（简）所遣送茶之人。主人、差人、仆人三者同现于画面，三人的目光都投向茶炉，表现了卢仝得到阳羡茶迫不及待地烹饮的惊喜心情，同时又将孟谏议赠茶、卢仝饮茶的过程完整地描摹出来。画面主题突出，人物生动形象，惟妙惟肖，给观者留下了生动的印象。

卢仝《走笔谢孟谏议寄新茶》在对饮茶时的各种感受进行描述的同时，表现了一种对"仙境"即对脱尽人

图4-9　钱选《卢仝烹茶图》（局部）

间尘俗和世态炎凉的太平世界的向往，极其明显地表露出"出世"之意。当理想实现不了，担负不起"救苍生平天下"的重任，又看不惯人间诸多的丑恶现象时，便遁世隐居，以洁身自好来做无声的反抗。卢仝茶诗之所以能引起元代画家们的共鸣，主要也是由于这一层因素。

2. 赵原《陆羽烹茶图》

表现饮茶环境和饮茶情志的茶画大多以山水为主，《陆羽烹茶图》虽然以人物命名，但表现的却是一种清远山水的幽静氛围，是一种比较曲折地反映作者内心世界的艺术形式。

元代以茶为主题的绘画作品不少，而且表现的旨趣也大致相似，反映出身处民族矛盾冲突中的士大夫、艺术家们一种消极抗争的归隐心态。赵原的《陆羽烹茶图》体现出茶饮在文人社会生活中的地位和审美取向。

赵原（?—1372），一作赵元，字善长，号丹林。山东人，寓姑苏（今江苏苏州），他的山水画主要师法五代董源。

《陆羽烹茶图》（图4-10）藏于台北故宫博物院。该图淡牙色纸本，淡着色。园亭山水，图作茂林茅舍，一轩宏敞，堂上一人，按膝而坐，旁有童子，拥炉烹茶。画上有七律一首，款"窥斑"。还有无名氏题七绝一首。"窥斑"诗为："睡起山垒渴思长，呼童剪茗涤枯肠。软尘落碾龙团绿，活水翻铛蟹眼黄。耳底雷鸣轻着韵，鼻端风过细闻香。一瓯洗得双瞳豁，饱玩苕溪云水乡。"

从书体笔法来看，那首无名氏所题的七绝似为赵原自题，诗曰："山中茅屋是谁家，兀坐闲吟到日斜。俗客不来山鸟散，呼童汲水煮新茶。"该图入大清内府后，乾隆皇帝也有"御笔"题诗于画上之端，诗云："古弁先坐茅屋闲，课僮煮茗雪云间。前溪不教浮烟艇，衡泌栖径绝住远。"结合图中多种元素来看，画家系借题发挥，以抒发对自由生活的向往。

图4-10　赵原《陆羽烹茶图》（局部）

第五章
宋代茶著作

宋代茶文化在唐代基础上各方面都更加丰富与活跃。特别是茶的制作日益精良，品类更加细分；同时，品饮方式上也有了比较便捷的操作方式，茶汤从单纯的饮品，延展增加了艺术性和观赏性，大大拓展了茶的应用范围和功能，也带动了相关行业的发展。在此背景下，与茶有关的理论研究和著述也具有特别浓厚的时代特色。

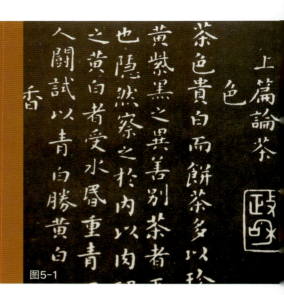

图5-1

第一节　宋代茶著作概况

宋、元两代有茶书30多种，现存《茶录》《大观茶论》等10多种。除了一如前代的综合性内容外，大多地域特色强，同时，专题性的内容也比唐代更多，总体上比较真实而全面地反映了宋代茶文化的实际情况。

一、综合性著作

宋代茶著作中，综合性著作以蔡襄的《茶录》和宋徽宗的《大观茶论》为代表。宋代蔡襄《茶录》以"论茶""论器"为主要内容，兼及点茶的标准与茶的鉴别方法，是一部有代表性的著作。其后宋徽宗赵佶的《大观茶论》是中国历史上唯一一部由皇帝写的茶书。《大观茶论》成书于北宋大观年间，共20篇，涉及产地、采制、鉴别、品种和点茶技艺等，特别是"点"一节，详细记录了宋代代表性的品茶技艺。

二、地域性著作

宋代建安贡茶异军突起，北苑的小龙凤团茶更是声名鹊起。以蔡襄《茶录》为发端，众多作者对宋代茶事，特别是建安东溪茶区和北苑贡茶做了研究，撰写了一批颇有地域特色的著作。其中，宋子安《东溪试茶录》、熊蕃《宣和北苑贡茶录》和赵汝砺《北苑别录》最为典型。从这些著作中，可以了解到宋代典型茶区的品种、产地、制作等详细情况，是研究宋代北苑地区茶事及至整个宋代茶文化不可或缺的宝贵资料。

三、专题性著作

宋代茶文化在唐代的基础上有了更多的探索和创新，研究也不断向纵深发展，各个方面研究的细分，形成了不少专题性更强的著作。如由于茶叶经济的发展，中唐之际颁布施行了茶法，但茶法专著的出现却是在宋代。沈括的《本朝茶法》以及沈立的《茶法易览》（已佚）可以说是中国茶文化史上最早的茶法专著。宋代贡茶制度的完善，为生产高品质的茶品提供保障，为进一步完善茶的品鉴技术，黄儒的《品茶要录》问世，此书是第一部茶的感官审评专著。宋代饮茶从"煮茶法"发展为"点茶法"，盛行"斗茶""分茶"，其茶汤的形质辨异、操作方法，以及用水、用具的选择等均引人关注，因此出现了陶谷《茗荈录》、唐庚《斗茶记》、叶清臣《述煮茶泉品》、审安老人《茶具图赞》等。总之，宋代茶著作中的专题性茶书具有时代特色。

第二节　宋代茶书选读

在古代茶书中，宋代茶书内容富有时代感和地域感。因此，选读有代表性的宋代茶书，是了解宋代茶文化最为有效和可靠的路径。特别是其中有关茶的品鉴、点茶技艺及所用器具的内容，对研究宋代点茶技艺具有重要作用。

一、蔡襄《茶录》节选

蔡襄《茶录》是一部开拓茶叶品饮艺术的茶艺专著，成书于1051年，全文约800字（图5-1）。

1. 蔡襄《茶录》提要

《茶录》的撰写目的是"昔陆羽茶经，不第建安之品；丁谓茶图，独论采造之本，至于烹试，曾未有闻。臣辄条数事，简而易明，勒成二篇，名曰茶录。伏惟清闲之宴，或赐观采"（《茶录序》）。《茶录》分上、下两篇，上篇论茶，论述茶的外形、汤色、香气的鉴别方法及标准，特别提到了以茶的外观、色泽判别茶的优劣和当时民间对茶叶真香的推崇，同时对藏茶方法、点茶方法都有详细论述；下篇论茶器，着重对煮茶所用饮具的质地、形制、原理进行论述。

2. 蔡襄《茶录》（节选）

色

茶色贵白。而饼茶多以珍膏油其面，故有青黄紫黑之异。善别茶者，正如相工之瞟人气色也，隐然察之于内。以肉理润者为上，既已末之，黄白者受水昏重，青白者受水鲜明，故建安人开试，以青白胜黄白。

香

茶有真香。而入贡者微以龙脑和膏，欲助其香。建安民间皆不入香，恐夺其真。若烹点之际，又杂珍果香草，其夺益甚，正当不用。

味

茶味主于甘滑。惟北苑凤凰山连属诸焙所产者味佳。隔溪诸山，虽及时加意制作，色味皆重，莫能及也。又有水泉不甘能损茶味。前世之论水品者以此。

茶盏

茶色白，宜黑盏，建安所造者绀黑，纹如兔毫，其坯微厚，熁之久热难冷，最为要用。出他处者，或薄或色紫，皆不及也。其青白盏，斗试家自不用。

二、赵佶《大观茶论》

《大观茶论》为赵佶（即宋徽宗）所作，成书于北宋大观年间，是一部具有较高价值的技术专著和茶文化经典。

1. 赵佶《大观茶论》提要

《大观茶论》共二十篇，是一部茶学的综合性著作，包括序、地产、天时、采择、蒸压、制造、鉴辨、白茶、罗碾、盏、筅、瓶、杓、水、点、味、香、色、藏焙、品名、外焙。书中某些章节一定程度地借鉴了陆羽《茶经》的观点，同时，也有自己独特的视角和论述特色。其中"白茶"一篇记录了特殊的茶树变异品种；"点"一篇尤为突出，详尽、细腻地记叙了宋代具有代表性的点茶手法和技艺。

2.《大观茶论》

序

尝谓首地而倒生所以供人求者，其类不一。谷粟之于饥，丝枲之于寒，虽庸人孺子皆知，常须而日用，不以岁时之舒迫而可以兴废也。

至若茶之为物，擅瓯闽之秀气，钟山川之灵禀，祛襟涤滞，致清导和，则非庸人孺子可得而知矣；冲澹简洁，韵高致静，则非遑遽之时可得而好尚矣。

本朝之兴，岁修建溪之贡，龙团凤饼，名冠天下，而壑源之品亦自此而盛。延及于今，百废俱兴，海内晏然，垂拱密勿，俱致无为。荐绅之士，韦布之流，沐浴膏泽，熏陶德化，咸以雅尚相推，从事茗饮。故近岁以来，采择之精，制作之工，品第之胜，烹点之妙，莫不咸造其极。且物之兴废，固自有然，亦系乎时之污隆。

时或遑遽，人怀劳悴，则向所谓常须而日用，犹且汲汲营求，惟恐不获，饮茶何暇议哉！

世既累洽，人恬物熙。则常须而日用者，因而厌饫狼藉。而天下之士，厉志清白，竞为闲暇修索之玩，莫不碎玉锵金，啜英咀华，校篚筥之精，争鉴裁之别，虽否士于此时，不以蓄茶为羞，可谓盛世之清尚也。

呜呼！至治之世，岂惟人得以尽其材，而草木之灵者，亦得以尽其用矣。偶因暇日，研究精微，所得之妙，人有不自知为利害者，叙本末列于二十篇，号曰《茶论》。

地产

植产之地，崖必阳，圃必阴。盖石之性寒，其叶抑以瘠，其味疏以薄，必资阳和以发之。土之性敷，其叶疏以暴，其味强以肆，必资阴以节之。今圃家皆植木，以资茶之阴。阴阳相济，则茶之滋长得其宜。

天时

茶工作于惊蛰，尤以得天时为急。轻寒，英华渐长；条达而不迫，茶工从容致力，故其色味两全。

若或时旸郁燠，芽奋甲暴，促工暴力随槁，晷刻所迫，有蒸而未及压，压而未及研，研而未及制，茶黄留渍，其色味所失已半。故焙人得茶天为庆。

采择

撷茶以黎明，见日则止。用爪断芽，不以指揉，虑气汗熏渍，茶不鲜洁。故茶工多以新汲水自随，得芽则投诸水。凡芽如雀舌、谷粒者为斗品，一枪一旗为拣芽，一枪二旗为次之，馀斯为下。茶之始芽萌，则有白合，既撷，则有乌蒂。白合不去，害茶味；乌蒂不去，害茶色。

蒸压

茶之美恶，尤系于蒸芽压黄之得失。蒸太生则芽滑，故色清而味烈；过熟，则芽烂，故茶色赤而不胶。压久则气竭味漓，不及则色暗味涩。蒸芽欲及熟而香，压黄欲膏尽亟止。如此，则制造之功十已得

七、八矣。

制造

涤芽惟洁，濯器惟净，蒸压惟其宜，研膏惟热，焙火惟良。饮而有少砂者，涤濯之不精也；文理燥赤者，焙火之过熟也。夫造茶，先度日晷之长短，均工力之众寡，会采择之多少，使一日造成，恐茶过宿，则害色味。

鉴辨

茶之范度不同，如人之有面首也。膏稀者，其肤蹙以文；膏稠者，其理敛以实。即日成者，其色则青紫；越宿制造者，其色则惨黑。有肥凝如赤蜡者，末虽白，受汤则黄；有缜密如苍玉者，末虽灰，受汤愈白。有光华外暴而中暗者，有明白内备而表质者。其首面之异同，难以概论。要之，色莹彻而不驳，质缜绎而不浮，举之则凝然，碾之则铿然，可验其为精品也。有得于言意之表者，可以心解。比又有贪利之民，购求外焙已采之芽，假以制造，研碎已成之饼，易以范模，虽名氏采制似之，其肤理色泽，何所逃于鉴赏哉。

白茶

白茶自为一种，与常茶不同。其条敷阐，其叶莹薄。崖林之间，偶然生出，虽非人力所可致。正焙之有者不过四、五家，生者不过一、二株，所造止于二、三胯而已。芽英不多，尤难蒸焙；汤火一失，则已变而为常品。须制造精微，运度得宜，则表里昭澈，如玉之在璞，它无与伦也。浅焙亦有之，但品格不及。

罗碾

碾以银为上，熟铁次之，生铁者，非淘炼槌磨所成，间有黑屑藏于隙穴，害茶之色尤甚。凡碾为制，槽欲深而峻，轮欲锐而薄。槽深而峻，则底有准而茶常聚；轮锐而薄，则运边中而槽不戛。罗欲细而面紧，则绢不泥而常透。碾必力而速，不欲久，恐铁之害色。罗必轻而平，不厌数，庶已细者不耗；惟再罗，则入汤轻泛，粥面光凝，尽茶色。

盏

盏色贵青黑，玉毫条达者为上，取其焕发茶采色也。底必差深而微宽。底深则茶直立，易以取乳；宽则运筅旋彻，不碍击拂。然须度茶之多少，用盏之小大。盏高茶少，则掩蔽茶色；茶多盏小，则受汤不尽。盏惟热，则茶发立耐久。

筅

茶筅以筋竹老者为之，身欲厚重，筅欲疏劲，本欲壮而末必眇，当如剑脊之状。盖身厚重，则操之有力而易于运用；筅疏劲如剑脊，则击拂虽过而浮沫不生。

瓶

瓶宜金银，小大之制，惟所裁给。注汤害利，独瓶之口觜而已。觜之口差大而宛直，则注汤力紧而不散；觜之末欲圆小而峻削，则用汤有节而不滴沥。盖汤力紧则发速有节，不滴沥，则茶面不破。

杓

杓之大小，当以可受一盏茶为量，过一盏则必归其馀，不及则必取其不足。倾勺烦数，茶必冰矣。

水

水以清轻甘洁为美。轻甘乃水之自然，独为难得。古人第水，虽曰中泠、惠山为上，然人相去之远近，似不常得。但当取山泉之清洁者。其次，则井水之常汲者为可用。若江河之水，则鱼鳖之腥，泥泞之污，虽轻甘无取。凡用汤以鱼目蟹眼连绎迸跃为度。过老，则以少新水投之，就火顷刻而后用。

点

点茶不一，而调膏继刻，以汤注之。手重笔轻，无粟文蟹眼者，谓之静面点。盖击拂无力，茶不发立，水乳未浃，又复增汤，色泽不尽，英华沦散，茶无立作矣。有随汤击拂，手笔俱重，立文泛泛，谓之一发点。盖用汤已故，指腕不圆，粥面未凝，茶力已尽，雾云虽泛，水脚易生。妙于此者，量茶受汤，调如融胶。环注盏畔，勿使侵茶。势不欲猛，先须搅动茶膏，渐加击拂，手轻笔重，指绕腕旋，上下透彻，如酵蘖之起面，疏星皎月，灿然而生，则茶面根本立矣。第二汤自茶面注之，周回一线，急注急止，茶面不动，击拂既力，色泽渐开，珠玑磊落。三汤多寡如前，击拂渐贵轻匀，周环旋复，表里洞彻，粟文蟹眼，泛结杂起，茶之色十已得其六七。四汤尚啬，笔欲转稍宽而勿速，其真精华彩，既已焕然，轻云渐生。五汤乃可稍纵，笔欲轻匀而透达，如发立未尽，则击以作之。发立已过，则拂以敛之，结浚霭，结凝雪，茶色尽矣。六汤以观立作，乳点勃然，则以笔著居，缓绕拂动而已。七汤以分轻清重浊，相稀稠得中，可欲则止。乳雾汹涌，溢盏而起，周回凝而不动，谓之咬盏，宜均其轻清浮合者饮之。《桐君录》曰："茗有饽，饮之宜人"，虽多不为过也。

味

夫茶以味为上，甘香重滑，为味之全，惟北苑壑源之品兼之。其味醇而乏风骨者，蒸压太过也。茶枪乃条之始萌者，木性酸，枪过长，则初甘重而终微涩。茶旗，乃叶之方敷者，叶味苦，旗过老，则初虽留舌而饮彻反甘矣。此则芽胯有之。若夫卓绝之品，真香灵味，自然不同。

香

茶有真香，非龙麝可拟。要须蒸及熟而压之，及干而研，研细而造，则和美具足。入盏则馨香四达，秋爽洒然。或蒸气如桃仁夹杂，则其气酸烈而恶。

色

点茶之色，以纯白为上真，青白为次，灰白次之，黄白又次之。天时得于上，人力尽于下，茶必纯白。天时暴暄，芽萌狂长，采造留积，虽白而黄矣。青白者，蒸压微生；灰白者，蒸压过熟。压膏不尽则色青暗，焙火太烈则色昏赤。

藏焙

焙数则首面干而香减，失焙则杂色剥而味散。要当新芽初生即焙，以去水陆风湿之气。焙用熟火置炉中，以静灰拥合七分，露火三分，亦以轻灰糁覆。良久，即置焙篓上，以逼散焙中润气。然后列茶于其中，尽展角焙之，未可蒙蔽，候火通彻覆之。火之多少，以焙之大小增减。探手炉中，火气虽热而不至逼人手者为良。时以手接茶体，虽甚热而无害，欲其火力通彻茶体耳。或曰，焙火如人体温，但能燥茶皮肤而已，内之湿润未尽，则复蒸暍矣。焙毕，即以用久竹漆器中缄藏之；阴润勿开，如此终年再焙，色常如新。

品名

名茶各以所产之地。如叶耕之平园、台星岩，叶刚之高峰、青凤髓，叶思纯之大岚，叶屿之眉山，叶五崇林之罗汉山水，叶芽、叶坚之碎石窠、石臼窠（一作突窠），叶琼、叶辉之秀皮林，叶师复、叶贶之虎岩，叶椿之无双岩芽，叶懋之老窠园。名擅其门，未尝混淆，不可概举。后相争相鬻，互为剥窃，参错无据。不知茶之美恶，在于制造之工拙而已，岂岗地之虚名所能增减哉！焙人之茶，固有前优而后劣者，昔负而今胜者，是亦园地之不常也。

外焙

世称外焙之茶，肉小而色驳，体好而味淡。方之正焙，昭然可别。近之好事者，箧笥之中，往往半之蓄外焙之品。盖外焙之家，久而益工；制造之妙，咸取则于壑源，效像规模，摹外为正。殊不知其肉虽等而蔑风骨，色泽虽润而无藏蓄，体虽实而膏理乏缜密之文，味虽重而涩滞乏馨香之美，何所逃乎外焙哉！虽然，有外焙者，有浅焙者。盖浅焙之茶，去壑源为未远，制之能工，则色亦莹白，击拂有度，则体亦立汤，惟甘重香滑之味，稍远于正焙耳。至于外焙，则迥然可辨。其有甚者，又至于采柿叶、桴榄之萌，相杂而造。时虽与茶相类，点时隐隐如轻絮泛然，茶面粟文不生，乃其验也。桑苎翁曰："杂以卉莽，饮之成病。"可不细鉴而熟辨之？

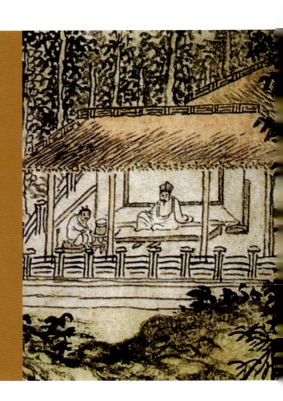

第六章
中国茶的精神世界

茶，百草精华，以其天地山川赋予的色、香、味、形给我们以感官享受，还以其人文化成的礼、俗、艺、道，润物细无声地给人以精神滋养和心灵体验。

茶叶自秦汉由药用、食用扩展至饮用，2000多年来，茶人在品茗中，精微地体察茶性，赋予其精神象征，把饮茶提到了"礼"的高度；随着岁月变迁，积聚乡俚风土，形成绚丽多彩的风情习俗；茶人在事茶、行茶中不断发现美、创造美，变革饮用方式，积淀了丰富的技能文化，把喝茶品茗升华为生活艺术，并创作出异彩纷呈的艺文作品；历代茶人还从茶礼、茶俗认知，技能体验，艺文鉴赏中，内向自省，得到"道"的体悟。

中国茶以礼、俗、艺、道为内涵的精神文化，是礼俗相依、雅俗互补，技中有艺、艺中有道，物我一体、互相渗透的；是自然、历史、人文的滋养和积淀；是民族、地域文化的汇聚和交融，在绵长的历史过程中未曾中断，显示出坚韧的生命力。

第一节 茶礼——事茶、行茶的伦常礼规

"夫礼之初，始诸饮食。"茶在饮用之初，便在解渴、醒酒、提神等实用功能之外，被赋予了更深层次的茶事礼规。在不同社会阶层，有各自的茶礼形式，大致可分为寺观茶礼、宫廷茶礼和民间茶礼。

一、寺观茶礼

佛寺、道观多建于洞天福地、名山大岳。佛家、道家与茶有一种天然亲缘，是最早种茶、制茶、饮茶的群体，并将茶作为修行的一部分，列入寺院礼仪制度中。唐百丈怀海禅师创制佛教禅宗首部《禅门规式》。"古规"文本早已散失，从元代德辉所编《敕修百丈清规》可见，茶汤礼仪是禅院清规制度中的一个重要组成部分。如寺院请新住持，有"专使特为新命煎点""新命辞众上堂茶汤""专使特为受请人煎点""受请人辞众升座茶汤"等礼仪。寺院两序新旧交替，有"方丈特为新旧两序汤""方丈特为新首座茶""新首座特为后堂大众茶""两序交代茶"等礼仪。

宋宗颐禅师继《百丈清规》编集《禅苑清规》。寺院供奉佛祖、祭祀祖师、接待宾客、结解四节、日常生活无不以茶为礼。而且对茶汤的行为举止、动作威仪都有礼规。如"赴茶汤"一节明示："院门特为茶汤，礼数殷重，受请之人，不宜慢易。""闻鼓板声，及时先到。""住持人揖，乃收袈裟，安详就坐。弃鞋不得参差，收足不得令椅子作声，正身端坐，不得背靠椅子。""吃茶不得吹茶，不得掉盏，不得呼呻作声。取放盏橐，不得敲磕。"食茶药时，须"左手请茶药擎之，候行遍相揖罢方吃。不得张口掷入，亦不得咬令作声"等。

南宋时，寺院饮茶之风更盛。列五山之首的余杭径山寺，点茶品饮已形成茶宴、茶汤会的规范程式和茶禅理念。淳熙十四年（1187年），宋孝宗招请日僧荣西到京师（今杭州）作"除灾和求雨祈祷"，竟"灵验显著，甘雨忽降，不日疫除"。孝宗在径山寺设大茶会，以示礼庆。嘉宝十六年（1223年），

径山寺住持浙翁如琰禅师在明月堂设茶宴，礼待远道来访的日僧道元。

明清以降，寺院供佛、祭祖、待客和日常饮茶都有制度礼规。杭州理安寺《箬庵禅师两序规约》："开山大师塔上上供时，跪献一茶果，二箬，三菜，四点心，五汤，六饭，七清茶。"《箬庵禅师禅堂规约》："客至，煮茗清谈；客去，焚香默坐。""监值打茶巡香，散钟子。茶毕鸣鱼两下。"杭州上天竺寺、净慈寺等都有茶会、茶宴，或煮茶清坐，或茶话论诗。

寺院在进行佛寺活动时，通过茶礼这种仪礼形式，沟通并谐和人与人、人与佛、佛与天地之间的关系（图6-1）。

图6-1　《萧翼赚兰亭图》（台北故宫博物院藏）

二、宫廷茶礼

茶初进入宫廷礼仪，是三国吴末代君王孙皓将茶荈入宴飨，"密赐茶荈以当酒"礼待大臣韦曜。后有南齐武帝萧赜，下遗诏以茶用于自己的祭祀。自唐宋专设贡茶院后，宫廷茶事礼仪逐渐成为定制。有帝王赐茶、赐茶汤礼、以茶祭天祀祖、宫廷茶会宴集等。

1. 帝王赐茶

唐代尚茶重礼，帝王常赐茶给近臣边将。大历十才子之一的韩翃曾为田神玉撰《谢茶表》，刘禹锡两次代武中丞（元衡）撰《谢赐新茶表》，柳宗元亦有《为武中丞谢赐新茶表》。白居易在主客郎中知制诰任上，荣获皇上赐予茶果梨脯等，作有《谢恩赐茶果等状》。宋代自蔡襄岁贡小龙团后，仁宗有赐龙凤茶之礼。据欧阳修所记，初时仁宗"尤所珍惜，虽辅相之臣，未尝辄赐，惟南郊大礼致斋之夕，中书枢密院各四人共赐一饼，宫人翦金为龙凤花草贴其上，两府八家分割以归，不敢碾试，但家藏以为宝，时有佳客，出而传玩尔。至嘉祐七年（1062年），亲亨明堂，斋夕，始人赐一饼，余亦忝预，至今藏之。余自以谏官，供奉仗内，至登二府，二十余年，才一获赐。"宋哲宗时期，赐尚书学士头纲龙团，苏轼元祐七年（1092）有诗云："乞郡三章字半斜，庙堂传笑眼昏花。上人问我迟留意，待赐头纲八饼茶。"帝王赐茶是宫廷大礼，体现君臣伦常。

唐宋还有赐茶汤礼。唐及五代时，宰相见天子，必命坐。有大政事，则面议之，常从容赐茶而退。宋代，有后殿为宰臣赐坐宣茶之仪，宋帝在延和殿任命新臣、迩英殿招见讲筵官均宣茶赐汤。亲王、使相、节度使至刺史、学士、台省官、诸军将校等，于相宜处所饮用茶酒。

2. 以茶祭天祀祖

唐代就有以茶宴祭祀泰山神的记载。泰山岱庙是古代帝王举行祭祀大典之地。宋大中祥符元年（1008），宋真宗东封泰山。辽代契丹每年春秋，皇帝、皇后率皇族三父房绕神树三匝，余族七匝，然后上香，再以酒、肉、茶、果、饼饵奠于天神地祇位。凡出征、战胜、平叛、班师或有异事吉兆等，都会相机祭祀。南宋高宗建帝王家庙，在景灵宫供奉历代宋帝、后的塑像，每岁行四孟之飨时，"以醴茗、蔬果麸酪飨之"。先皇、皇太后忌日，祭典奉慰在行香之外还要行奠茶仪。丧葬之礼中有奠茶酒致祭。明代皇陵以茶为祭，采取焚烧的形式。徐献忠《吴兴掌故集》记："我朝太祖皇帝喜顾渚茶，今定制，岁贡奉三十二斤，清明前二日，县官亲诣采造，进南京奉先殿焚香而已。"清朝历代皇帝对祖陵大祭都极为重视，庆典大祭均御驾亲临主持。茶性俭而圣洁，以茶祭献是向神灵、先祖和逝去之人表达虔敬之心的最佳方式。

3. 宫廷茶会宴集

唐德宗朝，宫廷有茶宴。鲍君徽《东亭茶宴》云："闲朝向晓出帘栊，茗宴东亭四望通。远眺城池山色里，俯聆弦管水声中。"至懿宗朝，后宫中每年举行清明茶宴已成定例。李郢《茶山贡焙歌》有句："驿骑鞭声砉流电，半夜驱夫谁复见。十日王程路四千，到时须及清明宴。"僖宗朝宫廷茶宴规制更高，法门寺地宫所藏系列茶具的优美型制、精良质地和完善配套，可见其庄重、豪华气派。宋代那位精于茶艺的徽宗皇帝，在政和、宣和年间，多次在太清楼、保和殿、延福宫、成平殿与近臣聚会，还命人端上茶具，亲手注汤击拂，赐诸臣观赏品饮（图6-2）。清康乾盛世，宫廷常

图6-2　传宋徽宗《十八学士图卷》局部

举办茶会、茶宴。康熙五十二年（1713），康熙的寿辰大庆在畅春园举行"千叟宴"，宴请退休老臣、官员等千余人。乾隆八年（1743）元宵，皇帝与诸臣在重华宫茶宴联句。此后成为清宫典礼之一，茶宴备三清茶和果盒。

三、民间茶礼

"礼义也者，人之大端也。"这些茶俗礼规将日常生活之茶，转化为文化生活之饮，涵养人的成长，陶铸人的品格。

1. 客来敬茶

以茶敬客之礼肇始于汉。约成书于东汉的《桐君录》有记：南方、交州、广州一带煮盐人，煮瓜芦木叶当茶饮，能使人通夜不眠，并"客来先设"。这是客来敬茶的最早记载。东晋清谈家王濛好饮茶，每有客至必以茶待客，可当时士大夫还不识茶之好，把敬茶反当作"水厄"，辜负了王濛的一片好心。到了宋代，客来敬茶成为常礼。杜耒有句："寒夜客来茶当酒，竹炉汤沸火初红。"不但客至设茶，送客还要点汤。

2. 婚庆茶礼

宋代把茶叶列入婚嫁聘礼，叫作"茶定"或称"下茶"。《梦粱录》记述：男女两亲相见后，若中意，男家以珠翠、首饰、金器、缎匹、茶饼等，往女家报定。明清时，形成缔结婚姻的"三茶六礼"，"三茶"是下茶、定茶、合茶，"六礼"为纳采、问名、纳吉、纳征、请期、亲迎。

3. 寄茶赠泉

唐宋以来，爱茶人之间常有寄赠新茶之礼，并同时有诗作唱和。唐宪宗间谏议大夫孟简寄月团茶赠诗人卢仝，此礼殷重，卢仝作《走笔谢孟谏议寄新茶》（图6-3）。宋代建安北苑置贡茶苑，欧阳修刚得建安太守所赠新茶，急寄好友梅尧臣，并赠诗《尝新茶呈圣俞》。梅尧臣尝新茶后即回《次韵和永叔尝新茶杂言》，诗中有"欧阳翰林最别识，品第高下无欹斜……石瓶煎汤银梗打，粟粒铺面人惊嗟"。还有互赠茶泉的，蔡襄为欧阳修书《集古录目序》，欧阳修以鼠须栗尾笔、铜绿笔格、大小龙茶、惠山泉等为润笔，显出文人之间酬答清而不俗。苏轼熙宁五年（1070）在杭州通守任上，得珍贵的紫饼团茶，竟以诗向无锡知州焦千之索讨惠山泉，有句"故人怜我病，蒻笼寄新馥""精品厌凡泉，愿子致一斛"。

第二节　茶俗——民间茶饮的风情旨趣

茶俗，是人们在事茶饮茶中形成、演变、发展并世代相袭、自然积累的民风民俗，是茶的精神旨趣与生产生活、日常交际的融合贯通，体现了集体和社会的意愿。茶俗异彩纷呈，有岁时茶俗、地域茶俗、少数民族茶俗，以及茶馆、茶会习俗等。

一、岁时茶俗

各地依时序节令都有相应的茶事或活动。农历新年，举家夙兴，长幼正衣冠，燃香烛，治酒馔、茶果，祭天地拜先祖。家设茶果、蒸糕，以待客至。贺客至，必敬以"元宝茶"，即在茶中放两颗青果（橄榄）及金橘，表示新春吉祥如意。

清明前出游为踏青，带香茶美果都成小集，必抵暮乃还。

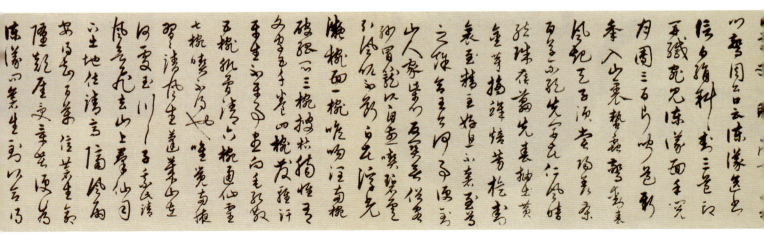

图6-3　明宋克草书《卢仝茶诗卷》

立夏之日，各烹新茶，配以朱樱、青梅等时鲜之果，杂以桂圆枣核诸果，间相馈送，谓之"立夏茶"，或曰"七家茶"，亦古八家同井之义。

五月至七月，三伏道路施茶，或有施痧药、太乙丹。

八月望日，小儿女醵钱具糖米、果茶环供月下，曰"拜月婆"。

除夕，用茶酒、果饼祀床神，以祈儿女安寝。

二、地域茶俗

千里不同风，百里不同俗。各地都有许多具有鲜明地域特色的饮茶风习。如杭州将虎跑水沏龙井茶誉为"西湖双绝"："谷雨前采茶旋焙，时激虎跑泉烹享，香清味冽，凉沁诗脾，每春当高卧山中，沉酣新茗一月。"

1. 潮汕茶俗

潮汕人习尚风雅，举措高超，无论嘉会盛宴、闲处寂居、商店工场，下至街边路侧、豆棚瓜下，每于百忙当中，抑或闲性逸致，无不借泥炉砂铫，擎杯提壶，长斟短酌，乐度人生。其茶具器皿之配备精良，以及闲情逸致之烹制，令人叹服不已。红泥火炉、枫溪砂铫、孟臣壶、若深（也作若琛）杯，件件品质珍贵；自治器、纳茶、候汤、冲点、刮沫、淋罐、烫杯到酾茶，道道工夫非凡。

2. 江南水乡茶俗

江南水乡，嫂嫂、婆婆轮番在家"打茶会"，邀请邻近的亲朋好友来家品茶聚会。自产自制的茶叶，还有桕子皮、野芝麻、烘青豆、蚕豆板、笋干、豆腐干、胡萝卜、花生米、咸桂花等，或泡茶或佐茶，边品茶续水，边拉家常，谈笑风生，热闹开心。

3. 福建等地的擂茶茶俗

福建将乐、湖南安化和江西赣南都有擂茶习俗。家家户户每天都要擂一钵擂茶，自饮或招待客人。虽同称擂茶，也同中有异。福建将乐以茶叶、芝麻、花生、橘皮、甘草为原料，盛夏加淡竹叶、金银花，凉秋寒冬加陈皮。湖南安化除茶叶外，有炒熟的大米、花生、绿豆、黄豆、玉米、黄瓜子、生姜、胡椒、食盐等，擂成粉后熬成粥样。安化婚庆嫁娶都有擂茶会。

三、少数民族茶俗

中华民族是一个多民族大家庭，中国茶文化是各族人民共同创造的。少数民族茶俗是宝贵的文化资源和鲜活的茶艺生活。每个少数民族都有自己独特的饮茶习俗和方式，拉祜族的陶罐烤茶，佤族的烧茶，白族先苦后甜三回味的三道茶，傣族的竹筒茶，布朗族常年吃的酸茶，纳西族治感冒的"龙虎斗"，傈僳族的雷响茶，侗族敬客礼数讲究的油茶，还有藏族的酥油茶，蒙古族的奶茶等。少数民族茶俗丰富独特，日常居家、敬迎客人、祭神祀祖等，茶俗无处不在，且都渗透了自己民族的精神。

四、茶馆习俗

历经千年演变的茶馆，是民情、民俗汇聚的地方，是世俗生活的窗口。茶馆之所以吸引人，首先是"有趣"，很多人到茶馆去，目标是茶客，包括老友和新朋。两三个谈得来的朋友共同品茶，享受一种人生稍稍放纵之乐。"有茶""有座"在家里也不难办到，而"有趣"则离不开茶馆内形形色色的人间众生相。茶馆中除有寻闹趣的，也有觅静趣的，他们择一僻静的茶馆，在那里看书写作。文人也假座酒店、楼阁举办茶话会。柳亚子当年不定期在上海新亚酒店办文艺茶话会。上海报界秦绿枝、林放、姚苏风等，20世纪50年代常在城隍庙春风得意楼相聚。秦绿枝回忆说：踞坐其中，纵谈一切，茶叶虽不属上品，但也够味。在这里领略一种"闲情"的意趣。许多茶馆还有曲艺演出。据梅兰芳先生说，最早北京的戏馆统称茶园，是朋友聚会喝茶谈话的地方，听戏只不过是附带的功能。当年的戏馆不卖门票，只收茶钱。20世纪20年代，相声搬进了天津等地茶馆。杭州茶馆开办书场，多数是晚上喝茶听说大书。在苏州茶馆是品茶听委婉曲折的评弹。在山水风光胜地或郊野有景之地的茶馆，喝茶人置身景中，品茗玩赏，以景佐茶，也是一种情趣。

五、茶会习俗

中华民族历来热心公益，有甘做奉献的优良传统。各地许多质直好义的民间人士，在主要交通线上乐善捐资，立茶会、建茶亭，为路人施茶水、解渴烦。清道光年间，浙江临安太阳镇创办茶会（图6-4），茶会碑序："……吾地太阳镇，上通徽歙，下达苏杭，肩挑贸易之络绎，农工商贾之流通，诚往来辐辏之所，董事等每见夫秋夏时，炎日可畏，烈日如火，人劳憔悴，路遥艰辛，跋涉奔驰，汗如雨淌。因纠众嘀议，设立茶会于东平庙前川堂下，四宇俱空，坐立宽广，炉火煎烹，行旅相接，庶几暂停以式饮也……"清乾隆年间，江山县民间集资施茶而会盟，在万福庵前设茶会施茶，有碑记之："第长途征迈，不免肠枯，况盛夏炎蒸""望卢全之七碗，谁给清浆，思陆羽之三篇，奚来佳茗""同心济急者，素修善果，广种福田，集来上下邻村，布施茶会，用慰行旌。一盏倾来，真觉味同甘露。"在江西婺源，早先每隔三五里，必有一个茶亭，供人休息，亭角上放着茶灶、竹杓，任人喝饮解渴。广西龙胜侗族旧时

图6-4　太阳镇茶会碑记

设立"茶亭田"，收获所得专供茶亭公用。茶亭田有三种：一是由寨子集资置买，二是从族姓祠堂田中拨给，三是村寨公有田中分出。

这些民间习俗，饱含淳朴、善良、乐生的精神，在长期的传承中，潜移默化地激发了人们的文化认同和价值认同。

第三节　茶艺——雅尚事茶的审美呈现

茶艺在中国有着悠久的历史传承。自两晋南北朝以来，饮茶得到文人的喜爱，他们不断地从中发现美、创造美。在唐代煮茶法、宋代点茶法、明清撮泡法的演变中，不断创新技艺，开创新的品饮艺术。

茶艺是茶人表情达意的方式，他们运用多种技艺，展开审美呈现。茶艺成为一种诗意的生活方式，是社会文化生活的一部分，不断为人们提供精神食粮。

一、茶艺是饮茶方式的历史传承

饮茶，大俗大雅共存共荣。

魏晋南北朝时，茶逐渐进入文人视野，他们在感受到茶给人们止渴消食、除痰少睡、明目益思、除烦去腻等诸多实用功效的同时，发现了茶中之美。杜育《荈赋》首次描绘茶汤沫饽的美妙："沫沉华浮，焕如积雪，晔若春敷。"并清晰梳理出这美妙茶汤得于"承丰壤之滋润，受甘灵之霄峰"的茶，"岷方之注，挹彼清流"的水，"出自东瓯"的陶器，以及公刘子的程式。《荈赋》称得上是最早的茶艺著作，亦是茶艺雅俗分野的开端。

陆羽著《茶经》，"由是分其源，制其具，教其造，设其器，命其煮饮之"，让"辨水煮茗而天下知饮"。蒸青制饼，煮茶清饮，唐代茶艺由此定制，王公朝士无不饮者。

唐末、五代间，末茶点饮法开始流行。陶谷《茗荈录》中"乳妖""生成盏""茶百戏""漏影春"数条所记，均是点茶之法。至宋，点茶渐行渐广。宋仁宗皇祐年间（1049—1054）蔡襄撰《茶录》，详细记述小龙团贡茶点饮技法及所需茶器，是宋代末茶点饮法的全面总结。宋徽宗大观年间（1107—1110）撰《茶论》，详细记述北苑茶的产地、生长、采制、存储，尤其对点茶的罗碾、盏、筅、瓶、勺、水及技法、品鉴，做了精辟独到的论述，把末茶点饮茶艺推到了顶峰，达到了一个前无古人、后无来者的高度。

宋代在盛行团片茶的同时，芽叶散茶已渐渐流行开来，时称"草茶""江茶"。散茶大多是磨末后点饮，直接撮泡品饮在南宋时已露头。陆游《安国院试茶》诗有自注："日铸则越茶矣，不团不饼而曰炒青，曰苍鹰爪，则撮泡矣。是撮泡者，对碾茶言之也。"这是撮泡茶艺的开端。

明代茶叶加工采制技术的大变革，促使了芽叶散茶撮泡技艺的迅速传播和日益完善。明代茶人返璞归真，追求自然。程用宾《茶录》云："茶有真乎，曰有，为香，为色、为味，是本来之真也。"罗廪《茶解》提出"茶须色、香、味三美具备"。撮泡法一瀹便饮，开千古茗饮之宗。自明中晚期至清代，开创并完善撮泡茶艺的主流人群中，有怀大志而无从施展的文人学子，有从仕途退隐的皇亲官宦，有自认"庙堂智虑，百无一能"的山人布衣。他们以在闲之身操持茶艺，用心把自己的精神、才情、趣味融于其间。如朱权、唐寅、冯梦祯、屠隆、许次纾、高廉、闵汶水、陈师、张岱、李渔、袁枚、郑板桥等，他们的茶艺生活中都点染上了个人的风格，见出个人的情韵（图6-5）。

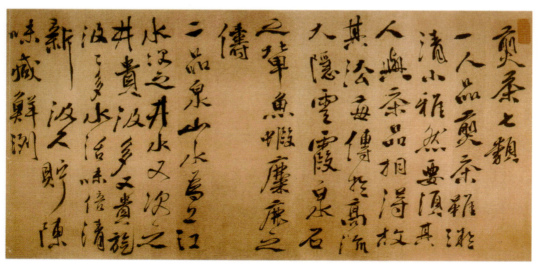

图6-5　明徐渭《煎茶七类》（局部）

二、茶艺是艺术人文的综合载体

雅尚精致的行茶，讲究的是水与火、器与技、人与境。自两晋以来，尽管茶的采制方法、品饮方式不断在改革演变，这几个艺术人文元素没有变，只是在不断地传承、创新和完善。

1. 水与火

水，陆羽《茶经》以山泉为上，评出宜茶二十水，并明确指出"茶烹于所产处，无不佳也，盖水土之宜"。宋唐庚直言"水不问江井，要之贵活"。宋徽宗在《大观茶论》中说："水以清轻甘洁为美，轻甘乃水之自然，独为难得。"清高宗乾隆"制一银斗以品通国之水，则以质之轻重分水之上下，乃遂定京师海淀镇西之玉泉为第一，而中泠次之，无锡之惠泉、杭州之虎跑又次之。"

煮水的火，陆羽说："其火用炭，次用劲薪。谓桑、槐、桐、枥之类也。其炭，曾经燔炙，为膻腻所及，及膏木、败器不用之。"苏东坡有诗"贵从活火发新泉""活水还须活火烹"。其实煮水最难的是水熟程度的把握。蔡襄称："候汤最难，水熟则沫浮，过熟则茶沉。前世谓之'蟹眼'者，过熟汤也，况瓶中煮之，不可辩，故曰候汤最难。"清代宫廷还有冷水点沸之说："烹时须活火。活火者，有焰之炭火也。既沸，以冷水点住，再沸再点，如此三次，色味俱进。"

2. 器与技

不同的茶叶品饮方式对茶器有不同要求。唐代煮茶，陆羽置炉、碾、则、碗等二十四器，讲究质朴与规矩。器物材质取铜、铁、竹、木、海贝、匏瓠等；器物形状及大小尺寸等都有定规，陆羽对这些茶器讲究实用，还追求美观。他评价茶碗以"越州上"。因越瓷青，类玉似冰，青则益茶。宋代点茶茶具，蔡襄《茶录》列茶焙、茶笼、砧椎、茶钤、茶碾、茶罗、茶盏、茶匙、汤瓶九种。宋徽宗《大观茶论》扼要举罗、碾、盏、筅、瓶、勺六种（击拂茶汤的茶匙，这里改用筅）。南宋审安老人《茶具图赞》列茶具十二种，依功能和材质，冠以名号，配以官职，理趣横生。较之《茶录》，《大观茶论》多出木待制（茶槌）、石转运（茶磨），前者替代砧椎，后者为碾磨散茶新置。可见，同在宋代，同为点茶，茶具亦在不断更新变化。宋代斗茶重建安黑釉盏，"茶色白，宜黑盏。建安所造者绀黑，纹如兔毫，其坯微厚，熁之久热难冷，最为要用"。明代散茶撮泡，茶具大大简化，省掉了烤茶、碾茶、罗茶等步骤，一般只置一壶数杯。明清茶具使用的主要特点：一是壶被引入了饮茶器具，即用壶直接来泡茶，宋时壶称"汤提点""汤瓶"，只作煮水用；二是茶瓯、茶盏比之宋代更趋小巧，尤其广东、福建民间工夫茶的兴起，瓯小如胡桃，壶小如香橼；三是紫砂茶器异军突起，虽然紫砂器宋时已有被采用，但直接用来沏茶、喝茶始于明代；四是明清时流行的茶具以"纯白为佳"。炒青茶色青翠如新，汤色青碧，白色茶盏，使茶叶和茶汤更现原色宝光。唐宋茶艺重沫饽，陆羽说："沫饽，汤之华也。"是用煮的技法"育其华"。宋代点茶，主要是用茶筅击拂，点出"乳雾汹涌，溢盏而起"的沫饽。明清撮泡是要用沏泡的技法，呈现茶的本色、真香、原味（图6-6）。

图6-6　清乾隆 描红青花三清诗茶碗（台北故宫博物院藏）

3. 人与境

唐诗人元稹杂言诗《茶》有句："茶。香叶，嫩芽。慕诗客，爱僧家。"诗客、僧家是最爱慕茶的人群。在《全唐诗》《全唐诗补编》中有187位诗人作有茶诗或咏及茶的诗，共665首。在《全宋诗》《全金诗》中有971位诗人作有茶诗或咏及茶的诗，共5414首。明人陆树声提出人品需与茶品相得，"故其法每传于高流隐逸，有云霞泉石、磊块胸次间者"。屠隆说："使佳茗而饮非其人，尤汲乳泉以灌蒿莱，罪莫大焉。"饮茶场所、环境的选择与营造亦为历代茶人所费力经营。陆羽《茶经·九之略》特为高雅之士在室外煮茶品饮简化茶器，所举室外之地有"松间石上""瞰泉临河"，或"援藟跻岩""引絙之洞"。许次纾《茶疏·饮时》列宜茶之环境有：小桥画航、茂林修竹、荷亭避暑、小院焚香、清幽寺观、名泉怪石等。黄龙德《茶说·九之饮》列四季宜茶之所："明窗净几，花喷柳舒，饮于春也；凉亭水阁，松风萝月，饮于夏也；金风玉露，蕉畔桐荫，饮于秋也；暖阁红炉，梅开雪积，饮于冬也"。许次纾还主张"小斋之外，别置茶寮。高燥明爽，勿令闭塞"。屠隆也持同样主张："构一斗相傍书斋，内设茶具，教一童子专主茶役，以供长日清谈，寒宵兀坐，幽人首务不可少废者。"

茶与艺的结缘融合，使茶事技艺通过心手的表意，产生诸多情趣和灵气，给人审美愉悦。在闲适无拘的喝茶品茗中，自我释放，回归自然，回归本性。

第四节　茶事艺文——精神内核的文艺呈现

茶事艺文是以采茶、制茶、烹茶、品茶等各项茶事活动为题材而创作的文学艺术形式，包括咏茶诗词、楹联、曲赋、茶画、茶书法、茶金石碑刻、戏曲、茶书等。我国古代文人留下了一笔巨大的茶事艺文财富，有的既是价值不菲的艺文作品、又是茶文化研究的文献史料，是茶文化的重要组成部分。

一、古代茶诗词表达哲学思想

余悦等对唐宋茶诗中的哲理追求进行分析梳理，指出唐代的茶诗所表现志趣大多建立在儒家中庸之道的前提下，寓教于饮，寓教于乐，欢快奔放、亲和包容。蔡晓楠研究认为，宋代文人的茶诗创作受宋代儒、释、道三家文化浸染，体现出道家的虚静自然、佛家的淡泊顿悟以及儒家的中和雅致等独有特点。

二、古代茶画体现审美价值

裴纪平《中国茶画》收录了从唐代至民国的茶画379幅。唐代、五代茶画细腻地展示了品茶生活的内容和意义。宋代茶画文人意趣逐渐显露，人们借茶来内省，探求人生美的理想。元代文人们以水墨山水画表达心境，品茗成为一种人生寄托。明清文人们将特有趣味融入画中，追求雅趣，天人合一，茶画中山水与人物相结合，出现了题材绘画创作的繁荣兴盛。

三、古代茶书承载精神要核

现代学者统计，目前所知古代茶书188种，其中完整的茶书96种。对古代茶书的研究主要集中在几本著名茶书，如陆羽的《茶经》、宋徽宗的《大观茶论》、蔡襄的《茶录》、张源的《茶录》等，以及著名的小说如《红楼梦》《水浒传》、散文论说《茶酒论》等。

蔡定益、黄志浩等对古代茶书的哲学思想、美学思想进行研究，发现中国古代茶书的作者大部分崇奉儒学，他们会有意无意将中庸和谐思想、礼仪思想、人格思想和入世精神等儒家哲学理念体现在茶书中。陆羽倡导的"精行俭德"，宋徽宗崇尚的"致清导和"，张源提出的"精、燥、洁"等茶道思想，为中华茶文化的精神内核奠定了基调。

咏茶唐诗宋词、古代茶画、古籍茶书等茶事艺文记录古代人们的生活，表达人们的人生态度和价值取向，体现"和谐、虚静、淡泊、宁静、本真、自然、中和、雅致"等审美意象和审美情操。

第五节　中华茶文化的精神内核

茶，有"形而下"看得见的一个层次，还有"形而上"看不见的另一个层次，若隐若现，却无所不在，且兼容并蓄儒、释、道的思想精髓。茶人谓之"茶道"。

茶道，是在茶的品饮生活中，由礼仪遵行、习俗认知、技能体验和艺术鉴赏而内向自省所感悟到的精神哲思，是人生历练的生命智慧。

"茶道"一说出于中唐。皎然《饮茶歌诮崔石使君》中有"一饮涤昏寐，情思爽朗满天地。再饮清我神，忽如飞雨洒轻尘。三饮便得道，何须苦心破烦恼。""孰知茶道全尔真，唯有丹丘得如此。"历代茶人由饮茶而得感悟，常见于他们的诗文中，或叙茶谈理，或寓道于茶。唐人赞誉茶为"清高之物"，宋人譬喻茶如"贤人君子"，明清文人则把茶纳入"文房佳品"。茶已不只是茶，其中蕴含着丰富的哲学思想、人文情怀、价值观念和道德规范。

一、儒、释、道诸家之茶道

中国文化大传统中的儒、释、道诸家，都在茶的品饮生活中渗透进各家的精神理念和茶修途径。

1. 儒家以茶尚德

晋代吴兴太守陆纳以茶示俭，比儒家清素之德。卫将军谢安造访，陆纳"所设唯茶果而已"。陆羽《茶经》开篇即明示"茶之为用，味至寒。为饮，最宜精行俭德之人。"茶与有德行之人最相宜，事茶中可践行人的品德。颜真卿咏茶"流华净肌骨，疏瀹涤心源。"欧阳修借有人追捧新品双井茶而冷落杭州西湖的宝云茶和会稽日铸（注）山茶，针砭世风喜新厌旧："宝云日注非不精，争新弃旧世人情。岂知君子有常德，至宝不随时变易。"苏轼在与司马光论茶与墨的异同时说："奇茶妙墨皆香，是其德同也；皆坚，是其性同也。譬如贤人君子妍丑黔晳之不同，其德操韫藏实无以异。"宋徽宗《大观茶论》中，把茶与谷粟、丝枲做对比，茶除了日用功能之外，还有致清导和的精神功能。元代杨维桢称茶为"清苦先生"，为其作传，称"先生之为人芬馥而爽朗，磊落而疏豁，不媚于世，不阿于俗"。茶是明清文人的共同爱好，他们寄情于茶，以茶砺节，以茶砥名，在茶中抒发自己的素心、品洁和清苦的心志。朱权追求在品茗间"与客清谈款话，探虚玄而参造化，清心神而出尘表"。许次纾篝火酌水，唯求茶友"素心同调，彼此畅适，清言雄辩，脱略形骸"。李贽作《茶夹铭》："我老无朋，朝夕唯汝，世间清苦，谁能及子……子不姓汤，我不姓李。总之一味，清苦到底。"

2. 释家以茶悟禅

僧人主张一切众生自性圆满具足，想要照见自性，需要向内探寻，而不是向外去探求。晚唐柏林禅寺赵州和尚将"吃茶去"作为明心见性的途径和体验方式（图6-7）。"遇茶吃茶，遇饭吃饭"，将心态调和到平常自然，是参禅悟道的第一步。在中国茶文化生成史上，禅僧是一群特殊的茶人，他们种山茶、讲茶艺、创茶宴、究茶道，迥异于世俗之人。他们最早把行茶、喝茶列入礼规，最先提出"茶道"一说，"茶宴"这种形式亦始于禅寺。历代诸多禅僧，既是诗僧，又是茶僧。他们的诗词中蕴含着茶道禅理。唐灵默有偈颂："寂寂不持律，滔滔不坐禅。酽茶两三碗，意在镢头边。"寒山有诗："石室地炉砂鼎沸，松黄柏茗乳香瓯。饥餐一粒伽陀药，心地调和倚石头。"宋僧释了元有《题茶诗与东坡》："穿云摘尽社前春，一两平分半与君。遇客不须容易点，点茶须是吃茶人。"以茶悟禅也成为在家衲子的处世修为。苏东坡有诗云："示病维

图6-7 宋林庭珪、周季常《五百罗汉图·喫茶》（局部）

摩元不病，在家灵运已忘家。何须魏帝一丸药，且尽卢全七碗茶。"清代杭州理安寺曾有一个僧俗共订的"澹社"。社员吴之鲸《澹社序》记："余每月与师踞坐地上，竟日无一言。神气凄肃，不复知尘世，亦不愿世人闻声杂至。因共订澹社，为无言清坐之会……每月一会，茗供寂寞，随意谈《楞严言》诸经，教外别传之旨。"社员卓尔昌有诗："香茗尘堪涤，伊蒲澹作供。慈根新得雨，应自日过从。"

3. 道家事茶隐逸

无为隐逸，体现老庄"被褐怀玉"的人生哲学。道家追求空灵自然、天人合一的智慧，通过饮茶，感悟天道、人道，融入茶道精神。历史上著名的茶人都是儒、释、道三家兼容的。唐陆羽、陆龟蒙一生幽居，事茶为隐，是高洁自守的高隐。宋结庐杭州西湖孤山的林逋，他的隐居生活中常与茶、琴相伴："破殿静披庵白古，斋房闲试酪奴春。""画共药材悬屋壁，琴兼茶具入船扉。"白居易主张以隐逸之法求在朝之位，他在《中隐》诗中陈述："大隐住朝市，小隐入丘樊。丘樊太冷落，朝市太喧嚣。不如作中隐，隐在留司官。似出复似处，非忙亦作闲。"茶是白居易中隐生活中不可或缺之物："起尝一瓯茗，行读一卷书。""尽日一餐茶两碗，更无所要到明朝。"苏轼有"空羡苏杭养乐天"之叹，并自称"家居仙"："未成小隐聊中隐，可得长闲胜暂闲""山中幽绝不可久，要作平地家居仙。"他的中隐生活同样离不开茶："食罢茶瓯未要深，清风一榻值千金。腹摇鼻息庭花落，还尽平生未足心。"

二、历代茶家的茶道思想

茶的礼、俗、艺、文，汇成中国茶的精神世界。它的核心精神，历代茶家在诗文中多有论及。

唐陆羽《茶经》提出："精行俭德。"

裴汶《茶述》中说：（茶）"其性精清，其味浩洁，其用涤烦，其功致和。"

宋范仲淹《和章岷从事斗茶歌》有诗："众人之浊我可清，千日之醉我可醒。"

宋徽宗《大观茶论》概述茶之功在"祛襟涤滞，致清导和。"

苏轼《和钱安道寄惠建茶》赞茶云："森然可爱不可慢，骨清肉腻和且正。"

杨万里《谢木韫之舍人分送讲筵赐茶》云："故人气味茶样清，故人风骨茶样明。"

明李贽《茶夹铭》云："我老无朋，朝夕唯汝。世间清苦，谁能及子。""子不姓汤，我不姓李。总之一味，清苦到底。"

清"扬州八怪"之郑板桥有一首题画诗："不风不雨正清和，翠竹亭亭好节柯。最爱晚凉佳客至，一壶新茗泡松萝。"

当代茶学家庄晚芳提出："中国茶德：廉、美、和、敬。"

台湾茶学家吴振铎概括茶的精神为"清、敬、怡、真"。

柏林禅寺净慧长老说："禅茶文化的精神是正、清、和、雅，这一精神决定了禅茶文化具有不同于哲学和伦理学的独特的社会化育功能。"

画家刘旦宅为颜真卿、陆羽、皎然等在湖州竹山联句创作《瀹茗联吟图》，有跋语云："予素仰鲁公之高致，公以显秩崇封而居贫，常啜粥，有《乞米帖》，其清可知。公字清臣，字以表德。嗜茶之德清，联句亦各神清调雅，岂偶然哉！"

中国国际茶文化研究会会长周国富提出，当代茶文化核心价值是：清、敬、和、美。

三、唐诗宋词中的"茶道"

"茶道"在唐宋诗词中有集中体现。整理《全唐诗》与茶相关诗作615首，《全宋词》涉茶作品305首，诗词共计920首，其中关于茶精神内涵的描述主要集中于"清""和""敬""明""正""俭""廉""美""雅""静""怡""真""精"等词语（表6-1）。

表6-1　涉茶高频词主要描述范围

Table 6-1 The main description scope of tea related high frequency words

高频词 High frequency words	人与人的关系 Relationship between people	人与社会的关系 Relationship between people and society	人与自然的关系 Relationship between people and nature
和、敬、美 Harmony, respect, beauty	✓	✓	✓
清、真 Rectitude, reality	✓	✓	
雅、静 Elegance, calmness			✓
正、怡、精 Integrity, joyfulness, spiritedness	✓		
俭、廉、明 Simplicity, honesty, lucidity		✓	

按关键词出现频率由高至低排序，"清"为31%，"明"为19%，"和"为14%，"静"为10%，"正"为8%，"真"为7%，"美"为4%，"精"为3%，"雅"为2%，"敬""怡"为1%，"廉""俭"小于1%。将这些高频词按其作用进行归类，大致又可归入解决哲学基本问题的三个方向，即人类生产发展过程必须正确处理人与人、人与社会、人与自然关系的问题。

四、中华茶文化的精神内核

中华茶道有丰厚的历史积淀，承载了历代茶人的理想情怀，展现茶人的智慧和品格。但它不是静态的，具有鲜明的时代特征。就某一个历史阶段来说，既承继于前代，又融于当代并通向未来。魏晋时代，茶被赋予"俭约""素业"的精神，引导社会的价值取向。唐代茶人承袭前代的"俭"，同时提出"德"与"和"的精神。宋代传承唐人"致和"的观念，提出"致清导和"之说。明清茶人多颂扬茶的"清""明""精""真"精神。当代茶人重提茶德，崇尚以敬为礼、以和为贵、以清为德，美真康乐。

因此，纵观古今茶道形成与发展，并结合时代需求，综合凝练出"和、敬、清、美、真"为中华茶文化的精神内核。

"和"是人与人、人与自然及人们自我身心灵的和谐。儒、释、道三家各自独立，自成一体，又相辅相成，但在主旨于"和"这一点上，三家却高度一致，也体现了儒、释、道三家的圆通融合。中国历代以"和"为美的思想，在茶的诗歌、绘画等各种艺术作品中得到充分的展现和阐释。"和"作为审美对象的价值，它的实现需要审美主体的交融。从主体的审美感受来说，内心的和谐引导了外界的和谐，由此产生的美感，形成主客体交融的和谐境界。

"敬"是茶之于礼的价值和人行于世的守则。敬含有诚敬、尊敬、敬畏、敬爱之情。一是人对自然、对规律的敬畏之心；二是人与人之间互相敬重、互怀敬意、相敬如宾的友好关系；三是人所应该具有的敬祖尊老的敬爱之情。

"清"来自茶的自然本性。清暗示清明、俭德、淡泊、清廉、清正、清平、清心、清静之意。一是清茶一杯，两袖清风，清正廉洁；二是淡泊、清心，持有平常心；三是俭朴、勤劳，不忘初心。

"美"是天地人在"天人合一"哲学境界上的共同升华。一是茶之美；二是品茶之美；三是茶道之美；四是人生圆融的大美之境。

"真""其精甚真，其中有信"，含有本原、本真，精行悟真、返璞归真，精诚之至、道法自然之义。一是指人的本性，事物的本原。蔡襄《茶录》云"茶有真香，而入贡者微以龙脑和膏，欲助其香。建安民间试茶，皆不入香，恐夺其真也"。蔡襄强调真茶、真香、真味。二是指"精行"求真，探究与追求本真的自然之道。陆羽倡导的"精行俭德"之"精行"思想，可以理解为精准、精益求精，"精行"后才"俭德"。《庄子·秋水》："谨守而勿失，是谓反其真"。三是指精诚之至，实事求是，待人诚恳，守信。用真水泡真茶，还要用真心、真我、真情，才能求得茶的真味。道家称悟真的人为"真人"，儒家称之为"圣人"，释家称之为"佛"。行茶动作自然得法，如"风行水上，自然成纹"。摒弃功名利禄的念头，排除得到别人赞赏的愿望，设法超越自己的身体，这就是庄子所说的"心斋"。心先斋戒，由虚至静，由静至明，心若澄明，宇宙万物皆在心中，真我呈现，真相呈现，真美也呈现。以茶修身，寻回本我。

在经历百年未有之大变局，建设中国特色社会主义的今天，我们在打造物质大国的同时，要不忘构筑精神家园，在茶的品饮中，追求精神的滋养，令更多人有所向往。

第七章
茶与饮食文化

茶是饮食文化的组成部分，更是"饮"的主要内容之一。"柴米油盐酱醋茶"的说法非常形象地表明茶在中国人饮食中的地位。本章从茶与酒、茶与汤、茶与食物等方面，介绍茶与饮食文化的关系。

第一节　茶与酒

　　茶与酒都是嗜好饮料，但是饮用之后具有沉静与激奋的迥异效果。《茶经·六之饮》中道："至若救渴，饮之以浆；蠲忧忿，饮之以酒；荡昏寐，饮之以茶。"正是这个差异，使得茶与酒在饮料本身没有对立，但是在从茶与酒出发分别打造的文化上却曾经有过冲突。

一、茶饮对酒礼的吸收

　　战国末期的政治统一为茶从巴蜀走向全国铺平了道路。作为后兴起的茶文化，早期对于已经高度发达的酒文化有着全面的吸收。商朝（约公元前1600—前1046）盛行酗酒，在生产力水平有限的时代，饮酒是非常奢侈的事情，酗酒对于社会经济更具有破坏性。周朝（前1046—前256）在建立之初颁布了《酒诰》，也被视为中国最早的禁酒令。《酒诰》以周公告诫被封为卫君的康叔的形式出现，其中规定不许经常饮酒，不许聚众饮酒，更不许酗酒，只能在祭祀时饮酒。酒是人神沟通的媒介这一点，周与商是一致的，不过与商人敬天相比，周人更强调尚德，而且建立起礼制。本来饮酒的机会就大幅度减少，再纳入礼的规范，酒的负面作用就被充分制约。所以孔子在说饮食制度时详细说明了各种食物的规定，而"惟酒无量"，但是"不及乱"。礼制的作用得到充分的发挥和认可。

　　魏晋南北朝时（220—589），饮茶习俗被儒家文化中心的北方地区接受，标志着中国茶文化的萌芽。西晋杜育在《荈赋》直接指出饮茶吸收了酒礼，即"器择陶简，出自东隅。酌之以匏，式取《公刘》。"（《艺文类聚》）

　　周文王的祖先公刘率领周人部落在豳定居下来，发展农业生产，过上了富足的生活。人们感戴公刘，于是有了这首周人的史诗《公刘》，其中一段讲到宴会："笃公刘，于京斯依。跄跄济济，俾筵俾几。既登乃依，乃造其曹。执豕于牢，酌之用匏。食之饮之，君之宗之。"（《毛诗正义》）

　　忠厚的公刘，定都京师。群臣威风凛凛，从容不迫，赴宴入席。依次入座，先祭猪神。圈里抓猪，瓢酌美酒。酒足饭饱，以公刘为君。郑玄解释使用匏来酌酒的含义是"俭且质也"，即瓢的使用象征着节俭、质朴，因为"匏是自然之物"（孔颖达疏）。孔颖达在解释《礼记》中使用陶匏为祭器时说："'器用陶匏尚礼然也'者，谓共牢之时，俎以外其器但用陶匏而已，此乃贵尚古之礼自然也。陶是无饰之物，匏非人功所为，皆是天质而自然也。"班固也把"器用陶匏"作为"昭节俭，示太素"的手段。《公刘》所描述的是一场酒宴，"式取《公刘》"一语道破饮茶在短期之内从内容到形式全面具备的天机，即饮茶全面充分吸收、消化了酒礼。

二、茶与酒的对抗

魏晋是继商代之后的又一个饮酒之风盛行的时代，饮酒恐怕是"竹林七贤"最容易令人产生联想的共同点，他们每个人都有关于酒的逸闻传世，因此最早研究魏晋风度（风流）的鲁迅也把酒作为着重探讨的议题之一，著有《魏晋风度及文章与药及酒的关系》。如果说"竹林七贤"尚酒是为了借酒避世，后代则多是把酒作为穷奢极欲的媒介，用王荟的话来说就是"酒正自引人箸胜地"（《世说新语笺疏》）。在由酒引入的"胜地"里，奢侈荒淫、无社会责任感与之相表里，更为严重的是，这些在正常的社会中不被认可的行为、风尚，在当时反而得到高度评价。《世说新语》中的一个实例："张季鹰纵任不拘，时人号为江东步兵。或谓之曰：'卿乃可纵适一时，独不为身后名邪？'答曰：'使我有身后名，不如实时一桮酒！'"

阮籍以醉逃避残酷的政治倾轧，由此留给后人酗酒的印象。而张翰在两晋之交逃亡到江东之后，一如既往不顾民族国家安危，放荡不羁，在酒里寻求寄托。把这样一个人称为"江东的阮籍"，实在是对阮籍的误解乃至污蔑。而《文士传》却做了如下的评价："翰任性自适，无求当世，时人贵其旷达。""旷达"为当时人所推崇，可以说是最高的评价。

同样，《世说新语》中，名士毕卓在太兴（318—321）中"为吏部郎，尝饮酒废职"。因酗酒而不理政事不仅不会受到上司的处罚、社会的批评，反而成为自我标榜的手段。难怪王恭说："名士不必须奇才，但使常得无事，痛饮酒，熟读《离骚》，便可称名士。"

更有甚者，连将军也在醉生梦死。永嘉三年（309），（山简）出为征南将军、都督荆湘交广四州军事、假节，镇襄阳。于时四方寇乱，天下分崩，王威不振，朝野危惧。简优游卒岁，惟酒是耽。诸习氏，荆土豪族，有佳园池，简每出嬉游，多之池上，置酒辄醉，名之曰高阳池（《晋书》）。

面对内忧外患，务实的呼声日渐高涨，桓温就是这样的官僚。他在标榜自己"性俭"时选择了茶："温性俭，每宴惟下七奠柈茶果而已。"在这种社会背景之下，形成了茶的俭德，茶作为酒的对抗性饮品而被提倡。陆纳、陆俶叔侄的史料直接反映了用茶对抗酒以分清浊的心理。

"谢安尝欲诣纳，而纳殊无供办。其兄子俶不敢问之，乃密为之具。安既至，纳所设唯茶果而已。俶遂陈盛馔，珍羞毕具。客罢，纳大怒曰：'汝不能光益父叔，乃复秽我素业邪。'于是杖之四十。"（《晋书》）。这段话是说，贵族谢安要来拜访陆纳，陆纳没有特别准备什么饮食。陆纳的侄子陆俶有些担心，又不敢确认，于是私下准备了丰盛的酒宴。谢安到后，陆纳拿出家里平时贮备的茶果。这时的陆俶自以为是地铺陈准备好的丰富饮食，珍贵菜肴应有尽有。可是宴会之后，陆纳叫来侄子，打了他四十棍。理由是这场丰盛的酒宴，玷污了陆纳朴素的事业。

由此可以看出，茶、酒的冲突不在饮品本身，而是选择饮用者俭与奢价值观的冲突，这个价值观通过茶与酒体现。

三、茶对酒的接纳

在饮料市场上，酒是绝对的主流。这个绝对高的市场份额也带来负面的影响——因为普及而显得通俗，进而庸俗。本来茶、酒就是嗜好品，是自我标榜的标签，一旦普及，标签的意义就没有了，于是有些群体另立门户，举起茶的大旗，抑酒扬茶。僧人皎然《九日与陆处士羽饮茶》说："俗人多泛酒，谁解助茶香。"高适《同群公宿开善寺，赠陈十六所居》说："读书不及经，饮酒不胜茶。"张谓《麓州精舍送莫侍御归宁》说："饮茶胜饮酒，聊以送将归。"

不过执市场牛耳的酒，似乎并没有把茶"放在眼里"，采取了无视的态度，并没有陷入混战的泥潭，二者迅速找到了各自的位置。唐诗中大量茶酒相提并论的作品，说明茶酒并重的观点被普遍接受。其中施肩吾"茶为涤烦子，酒为忘忧君"（《全唐诗》）总结得最为贴切。在现实生活中，茶与酒也往往成双出现在社交生活中，柳宗元"劝策扶危杖，邀持当酒茶"，姚合"酒用林花酿，茶将野水煎。"均是饮食生活中茶酒并重的真实写照。白居易兼收并蓄更加典型，《自题新昌居止》中说："看风小溢三升酒，寒食深炉一碗茶。"《和杨同州寒食坑会》中也道："举头中酒后，引手索茶时。"《萧庶子相过》说访客"半日停车马，何人在白家。殷勤萧庶子，爱酒不厌茶"。

《茶酒论》做了最后的总结，给茶酒之争画上了句号。它戏剧性地通过茶酒各自摆功与相互批评，把它们的优、缺点都展示在世人面前，说明它们都有存在的价值而无法相互取代，最后通过共同的媒介水之口点明它们完全可以共生同存。这些史料的共同之处是处于劣势的茶主动"攻击"处于绝对优势的酒，由此取得社会的关注与认可，得到自己的市场份额。茶酒之争的结束也从一个角度说明茶在饮料世界的地位确立了，茶找到了自己的位置。三国时期（220—280），魏国的张揖撰《广雅》总结茶的功效说，"其饮醒酒"。可见茶酒本来就没有根本性冲突，甚至可以说是相得益彰。

第二节　茶与汤

茶与汤同属非酒精类饮料，但是茶是大宗商品，而汤的原材料丰富多彩，无法落实在某一种原料上，拥有很强的不确定性，无法形成茶那样的影响力。

一、什么是汤

汤最初的意思是热水、开水。《孟子》里有"冬日则饮汤，夏日则饮水"之说，热汤冷水就是最一般的饮品。

从饮料整体上看，在先秦时代，谷物的饮料，尤其是谷物的发酵饮料一统天下，品种异常丰富，可分成齐、酒、饮三大类。此外还有"浆人掌共王之六饮"之说，增加了惟一与谷物无缘的水和以水兑酒的凉（《周礼注疏》）。五齐为五种带糟的酒，三酒为三种滤去糟的酒，四饮为四种煮或短期发酵的谷物的加工品。《黄帝内经素问》还记载了它们作为药物的使用情况。容色见上下左右，各在其要。其色见浅者，汤液主治，十日已。其色见深者，必齐主治，二十日已。其见大深者，醪酒主治，百日已。

这段话的意思是治疗短时期内可治愈的疾病用汤液，针对需要长期疗养的疾病使用醪酒，在这两者之间的话则用火齐。可见以上汤、齐、酒三种饮料均曾当作药物被利用。不过《周礼》的齐、酒、饮的分类法，在汉代已经不复存在，火齐合并进了酒醪类。医药学用语的火齐在饮料中即属于齐类。

汤剂的原始形态有三种：一与现代汤剂无异，二为酒及醋，三为谷物的粥。就是说所有的草木类浸出液和谷物饮料均与药物有关。而汉代之前的嗜好饮料，主要是用谷物加工的饮料。尽管其中也不时地使用植物的花实等，如《楚辞》的"桂酒""椒浆""桂浆"，不过这些植物性原料充其量只在谷物的饮料中起调味作用。根据以上可以看出，提取植物中的有效成分饮用的饮料制作方法，从汉代开始逐渐出现在文献中，并且以驱邪避病的药物的名目粉墨登场。暗示着提取植物中的有效成分饮用的技术均起源于药用，即所有的草木类饮料均起源于药用。这里所说的汤是嗜好品化的中药汤剂。最终发展成中国饮料的一个种类，茶、汤之外，还有渴水、熟水、浆水。

二、历史上的汤品

用草木类药材加工的中药汤剂的嗜好化过程就是汤的打造过程。《说文解字》说："药，治病草。"药最早指的就是具有治疗作用的植物，其利用远比金丹等金石类药饵的服用历史久远，加工技术比较成熟、发达，服用经验也比较丰富。伴随着科学技术水平的提高，金石类药物的加工、制造已经成为现实。就像工业革命给人类带来科学技术无所不能的信念一样，人们对于这种新兴的药物寄托了无限的希望。然而一方面由于价格昂贵绝大多数人只能望洋兴叹，另一方面由于在技术上无法有效地控制药性，服食金石药饵的危险性让人望而却步。药饵制作技术仅仅成为近代化学的先驱，历经了数百年的繁荣。草木类药饵却一如既往地发展并进一步得到普及。在长期的服用过程中，一部分草木类药饵的服食逐渐日常化、嗜好化。被固定在岁时饮食中是这些刚刚日常化、嗜好化的食品的一个比较突出的特点，反射出原先在时令祭祀中作为辟邪养生的药饵被饮用的状况。

东汉应劭著《风俗通义》中有"元日饮桃汤及柏叶汤"的记载。南北朝梁宗懔《荆楚岁时记》说在元旦"进椒柏酒，饮桃汤，进屠苏酒，胶牙饧，下五辛盘，进敷于散，服却鬼丸"。非酒精类饮品的汤在时令饮食中地位逐渐提升，并且遍及长江南北、黄河上下。

三、茶与汤的组合

在唐代，茶药一词频繁出现在正史里，皇帝给有功的将士赐茶药以资鼓励。这里的药就是与茶为伍的嗜好饮料——汤的材料，"药"已经成为与茶相提并论的饮料。

日本僧人圆仁随遣唐使到中国学习，他在《入唐求法巡礼行记》中记载，开成五年（840）三月二十二日到达青州的次日，圆仁前往官衙办理牒文、礼节性访问。"廿三日早朝，赴萧判官请，到宅吃粥，汤药茗茶周足。判官解佛法，有道心，爱论义，见远僧，殷勤慰问。欲斋时，节度副使差一行官唤入州进奏院斋。官人六七人，饭食如法。"在饮用茗茶的同时，还有汤药，显然这里的汤药不是中药汤剂，而是嗜好饮料的汤药。

而到了宋代，茶与汤都更加丰富多彩，首都汴梁的元宵节上，游人摩肩接踵，尽情游乐，其中也少不了茶汤消费。《梦粱录》中有："更兼家家灯火，处处管弦。如清河坊蒋检阅家，奇茶异汤，随索随应。点月色大泡灯，光辉满屋。过者莫不驻足而观。"

茶与汤的品种丰富也可见一斑。而且茶与汤搭配形成了"先茶后汤"的习俗成为生活规范。北宋的朱彧在《萍洲可谈》中对于"先茶后汤"习俗的广泛分布做了总结："茶见于唐时，味苦而转甘，晚采者为茗。今世俗客至则啜茶，去则啜汤。汤取药材甘香者屑之，或温或凉，未有不用甘草者。此俗遍天下。先公使辽，辽人相见，其俗先点汤，后点茶。至饮会亦先水饮，然后品味以进。"

宋朝有先茶后汤的习俗，这个习俗传播到辽国，在不愿永远追随在宋朝之后的心理背景下，改为先汤后茶，之后的金国继承了辽国的习俗。

同时，在寺院还形成了茶汤礼仪。以"受法衣"中接待专使的茶汤礼仪为例，其过程：金襕衣是传法信物，《受法衣》中的"法衣"就是指金襕衣。送金襕衣的专使到来之后，侍者令客头行者报告并请两序执事僧前来。专使按礼仪要求插香，行茶礼，专使谢茶，再次插香，行两展三礼，如被免礼就行触礼，说："我家和尚请您继承大法，以此法衣为信物，专此奉上。"用衬着垫布的盘子托着法衣信物呈上，然后入座。两序执事僧作陪，茶礼结束后献汤。汤礼结束后两序执事僧一同送出安顿下来，侍者陪伴去各寮拜会。这是第一天的活动内容，使用了完整的茶汤礼仪。次日，向住持呈上法衣。

《敕修百丈清规》撰写于元代，直接反映了宋元以来的寺院生活状态，也折射了宋元社会生活。明清以来，严格的茶汤搭配习俗不复存在，但是茶与汤的饮用日益普及。宋诩所撰《竹屿山房杂部》对于明代的汤做了比较完整的介绍，清代虽然有些简化，总体上还是继承了明代。今天伴随着工业化，诸如酸梅汤等都有瓶装饮料，而生活中各种汤其实也无所不在，只是更多的场合被统称为"茶"，在茶界被称为"非茶之茶"的菊花茶、枸杞茶、人参茶等比比皆是，汤深深扎根在中国人的生活中。

第三节　茶与佐茶食品

就食材种类来看，除了水果都要加工后食用，加工的核心是加热，此外是发酵。这就是列维-施特劳斯"烹饪三角形"的最基本的观点。

一、佐茶食品

佐茶食品是指饮茶时食用的食物。历史上对于佐茶食品有各种各样的称呼，最早是茶果，然后出现了茶菜，广泛使用的名称是茶食，现代常用的是茶点。由于这些名称有时具体指某一类佐茶食品，有时又成为点心的代称，所以本书使用佐茶食品的概念。

由于茶与酒共为嗜好性饮品，且茶种类的丰富，在很多场合，人们围绕着同一张餐桌，喝着茶、酒以及其他饮品，吃着同样的食物。不过，伴随着茶在生活中扮演的角色越来越重要，在悠久的饮茶历史上，也逐渐形成了适合饮茶的系列特色食品，也就是佐茶食品。尤其是在饮品选择上具有一定排他性的茶馆的发展，更促成了佐茶食品的形成与发展。无论佐茶食品多么丰富，它的地位都是从属于茶，换句话说，茶的特质决定佐茶食品的特质。

二、佐茶食品的必要性

茶除了作为日常的功能性饮品以外，其非日常的休闲媒介的特质也较为突出。在茶被作为功能性饮品为消渴而饮用时，佐茶食品往往被省略；当茶出现在休闲生活中时，佐茶食品的休闲特征就充分表现出来了。

美国学者托马斯·古德尔和杰佛瑞·戈比指出："许多种休闲活动的目的在于消费某些物质商品，例如吃饭，或与消费相关的某些活动如购物"。吃饭饮茶都是饮食行为，与吃饭相比，饮茶的休闲意义更加普遍。李仲广、卢昌崇从各种休闲定义中抽象出的休闲的两个最本质的特征就是最有力的证据：第一，休闲是一种自由活动，不存在任何强制性，这一点与生理必需和工作行为等截然不同；第二，休闲活动本身就是目的。

另外，即便没有任何休闲学理论知识的人都可以感受到，饮茶的时间长度远远超过吃饭饮酒。胃对于食物的容纳是有限的，身体对于酒精不仅分解能力有限，而且充分摄入之后还会导致思维障碍甚至昏睡，休闲活动也就不得不结束。而茶馆的消费历来就有"泡茶馆""孵茶馆"的说法，强调的就是时间的长度。在清代就出现了对于这种在茶馆长时间消费的批评，徐珂在《清稗类钞》中记载道："怀献侯尝曰：吾人劳心劳力，终日勤苦，偶于暇日，一至茶肆，与二三知己瀹茗深谈，固无不可。乃竟有日夕流连，乐而忘返，不以废时失业为可惜者，诚可慨也！"

在这段时间中，食物就成了必需之物，何况茶叶的内含物质还会对肠胃产生刺激，食物可以发挥缓和的作用。

第八章
佐茶食品的演变
及其文化性格

佐茶食品主要来源于现有的各种食物，但需要从琳琅满目的食物中选择适合茶、适合特定品种的茶的食物。佐茶食品从饮茶生活产生之初就具备了良好的产生条件，伴随着饮茶生活的发展，逐渐专门化，形成自己的特色。

第一节　佐茶食品的演变

晋代佐茶食品被称为茶果。《晋书》记载："（桓）温性俭，每宴惟下七奠柈茶果而已。"佐茶食品的种类在延续魏晋南北朝的传统的同时，具体的品目也有了很大的发展，工艺日益复杂，品种日益丰富。

一、唐代佐茶食品

唐代饮茶达到"比屋之饮"的普及程度，饮食文化也进一步发展，很多情况下的佐茶食品继续沿用茶果的名称。茶果受到高度的重视，甚至出现在《旧唐书·礼仪志》中。

大太监鱼朝恩深受唐肃宗信任，唐代宗永泰二年（766）八月二十五日，敕封"可行内侍监，判国子监事，充鸿胪礼宾等使，封郑国公，食邑三千户"。鱼朝恩推辞："宰相引就食。奏乐，中使送酒及茶果，赐充宴乐，竟日而罢。"

在韦应物《简寂观西涧瀑布下作》中，茶果成为款待道士的食物：

> 淙流绝壁散，虚烟翠涧深。
>
> 丛际松风起，飘来洒尘襟。
>
> 窥萝玩猿鸟，解组傲云林。
>
> 茶果邀真侣，觞酌洽同心。
>
> 旷岁怀兹赏，行春始重寻。
>
> 聊将横吹曲，一写山水音。

简寂观在庐山南麓金鸡峰下，是南朝著名道士陆修静创建的著名道观。简寂观后有东、西两条瀑布。韦应物游春时，在西涧瀑布下与道士茶果应酬，一幅山林隐居的图卷。

李白在《陪族叔当涂宰游化城寺升公清风亭》中提到在陪族叔游览饮茶时食用了雕梅：

化城若化出，金榜天宫开。

疑是海上云，飞空结楼台。

升公湖上秀，粲然有辩才。

济人不利己，立俗无嫌猜。

了见水中月，青莲出尘埃。

闲居清风亭，左右清风来。

当暑阴广殿，太阳为裴回。

茗酌待幽客，珍盘荐雕梅。

飞文何洒落，万象为之摧。

季父拥鸣琴，德声布云雷。

虽游道林室，亦举陶潜杯。

清乐动诸天，长松自吟哀。

留欢若可尽，劫石乃成灰。

天宝十四年（755）仲夏，李白三游当涂时作此诗。茶作为款待幽客的饮品，佐饮的食物是雕梅（今天雕梅是大理地区的特产果脯）。

唐代的佐茶食品还没有形成固定的名称，同时代的杜甫《巳上人茅斋》则使用了茶瓜的说法，直白地表达了以瓜果待客佐茶：

巳公茅屋下，可以赋新诗。

枕簟入林僻，茶瓜留客迟。

江莲摇白羽，天棘蔓青丝。

空忝许询辈，难酬支遁词。

这三首诗的共通之处除了茶果之外，还有一个更重要的文化特征——隐逸，它是唐代茶文化的重要特征。

二、宋代佐茶食品

王安石总结宋代的饮茶说："夫茶之为民用等于米盐，不可一日以无。"形成全民饮茶的风气，所谓"君子小人靡不嗜也，富贵贫贱靡不用也"。相应地，佐茶食品也更加丰富多彩。名称上也使用茶果的说法，同时出现了茶食的名称。宋曾敏行《独醒杂志》中记载：

谢民师名举廉，新涂人。博学工词章，远从之者尝数百人。民师于其家置讲席，每日登座讲书。一通既毕，诸生各以所疑来问。民师随问应答，未尝少倦。日办时果两盘，讲罢，诸生啜茶食果而退。

显然谢民师给学生准备的果是时令水果。而陆游因为牙病无法和客人一起吃栗子和梨（鸭脚）。陆游《听雪为客置茶果》：

病齿已两旬，日夜事医药。

对食不能举，况复议杯酌。

平生外形骸，尝恐堕贪着。

时时邻曲来，尚不废笑谑。

青灯耿窗户，设茗听雪落。

不钉栗与梨，犹能烹鸭脚。

皇族也同样注重佐茶食品的配置，《武林旧事》详细记录了"皇后归谒家庙"时的饮食状况，其中就有"茶果十盒"，可见种类之丰富。除了水果、坚果，点心类也在其中。据《夷坚丙志》记载："青城道会时，会者万计。县民往往旋结屋山下，以鬻茶果。有卖饼家得一店。"饼是茶果的组成部分，在道会时设摊制作、销售。在水上娱乐中，也有茶果的身影：

杭州左江右湖，最为奇特。湖中大小船只不下数百舫，船有一千料者，约长二十余丈，可容百人。五百料者约长十余丈，亦可容三五十人。亦有二三百料者，亦长数丈，可容三二十人。皆精巧创造，雕栏画栱，行如平地。（《梦粱录》）

这么多的游客需要各种服务，于是"湖中南北搬载小船甚伙"，其中就有小船专门"点茶供茶果"。

西湖的这种繁荣局面在元代也没有什么变化，睢玄明《咏西湖》提到了丰富的茶食：

步芳茵近柳洲，选湖船觅总宜，绣铺陈更有金妆饰。

紫金罂满注琼花酿，碧玉瓶偏宜琥珀杯。

排荤桌随时置，有百十等异名按酒，数千般官样茶食。

三、明代佐茶食品

明代制茶技术、饮茶方式都发生了根本的变化，但是佐茶食品不仅一如既往地丰富，而且得到比较系统的总结。

《金瓶梅》中对于各种茶食的种类、食用场合等有非常具体的描写。比如，从吴月娘在家中摆茶的席面上可以反映出茶果多么丰富：

须臾，前边卷棚内安放四张桌席摆茶。每桌四十碟，都是各样茶果、细巧油酥之类。吃了茶，月娘就引去后边山子花园中，游玩了一回下来。

李瓶儿善制酥油泡螺儿，她死后月姐也曾送给西门庆品尝。应伯爵与温秀才的一番话道出了酥油泡螺儿的珍贵香美：

西门庆问："是什么？"郑春道："小的姐姐月姐，知道昨日爹与六娘念经辛苦了，没甚么，送这两盒而茶食儿来与爹赏人。"揭开，一盒果馅顶皮酥，一盒酥油泡螺儿。郑春道："此是月姐亲手拣的，知道爹好吃此物，敬来孝顺爹。"西门庆道："昨日多谢你家送茶，今日你月姐费心又送这个来。"伯爵道："好呀，拿过来，我正要尝尝！死了我一个女儿会拣泡螺儿，如今又是一个女儿会拣了。"先捏了一个放在口内，又去捏一个递与温秀才，说道："老先儿你也尝尝！吃了牙老重生，抽胎换骨，眼见希奇物，胜活十年人。"温秀才呷在口内，入口而化，说道："此物出于西域，非人间可有。沃肺融心，实上方之佳味。"

四、清代佐茶食品

清代至今，各地的佐茶食品种类没有什么变化，一些名店也是由清代发展而来。"俗于热点心之外，称饼饵之属为茶食。盖源于金代旧俗，媵纳币皆先期拜门，戚属偕行，男女异行而坐，进大软脂、小软脂蜜糕人一盘，曰茶食。"（《清稗类钞》）

《清稗类钞》中对茶食的记载还有不少，如：

茗饮时食肴：镇江人之啜茶也，必佐以肴。肴，即馔也。凡馔，皆可曰肴，而此特假之以为专名。肴以猪豚为之。先数日，渍以盐，使其味略咸，色白如水晶，切之成块，于茗饮时佐之，甚可口，不觉其有脂肪也。

茗饮时食干丝：……盖扬州啜茶，例有干丝以佐饮，亦可充饥。干丝者，缕切豆腐干以为丝，煮之，加虾米于中，调以酱油，麻油也。食时，蒸以热水，得不冷。

茗饮时食盐姜莱菔：长沙茶肆，凡饮茶者既入座，茶博士即以小碟置盐姜、莱菔各一二片以饷客。客于茶赏之外，必别有所酬。

镇江肴肉、扬州煮干丝都是淮扬名菜。江苏作为中国富庶的地区之一，消费活动异常活跃，佐茶食品也得到更多的关注，一些茶馆还以特色茶食闻名遐迩：清李斗《扬州画舫录》中记载："（扬州）城外占湖山之胜，双虹楼为最，其点心各据一方之盛。双虹楼烧饼开风气之先，有糖馅、肉馅、干菜馅、苋菜馅之分。宜兴丁四官开蕙芳、集芳以糟窖馒头得名，二梅轩以灌汤包子得名，雨莲以春饼得名，文杏园以稍麦得名，谓之鬼蓬头，品陆轩以淮饺得名，小方壶以菜饺得名，各极其盛。而城内外小茶肆或为油旋饼，或为甑儿糕，或为松毛包子，茆檐荜门，每旦络绎不绝。"

第二节　佐茶食物的种类

中国饮食文化非常发达，又有现成的下酒菜借鉴、转用，因此，饮茶习俗一旦确立，马上就出现了佐茶食品，佐茶食品主要有果实类、蔬菜类、点心类等。

一、果实类

"果"的本意是木本植物的果实，意为草本植物果实的"蓏"字很少使用，"果"字实际上就是植物果实的总称。在采集狩猎时代，果实是重要的采集食物。随着农业园艺的发展，果实的嗜好食品色彩日益浓厚。果实含有丰富的糖类、蛋白质、脂肪等营养成分，从"谷不熟为饥，蔬不熟为馑，果不熟为荒"（《尔雅义疏》）的认识上可以看出，果实在中国人的饮食结构中具有不可或缺的地位，在马王堆汉墓里就随葬有枣、梨、郁李、梅、杨梅等果实。

果实一般分为"液果"和"干果"两大类，液果的特征是果皮多肉、汁液丰富，内部有种子，就是日常所说的水果。干果在成熟之后果皮干燥、木质化。液果除了干燥加工外，经常用蜂蜜、饴糖、砂糖等腌渍，而干果则适合于各种制法。在魏晋南北朝时期有干制、蜜渍、盐渍、加工成粉末、煮制、煎制、蒸制、鲜果粉碎、发酵等加工方法。

二、蔬菜类

蔬菜类包括果菜和蔬菜。果菜是指可以作为蔬菜食用的未成熟的果实，中国的果菜种类特别丰富。中国古代的果菜在很多场合被作为果实与蔬菜的总称。果菜的利用方法多种多样，未成熟的果实烹饪，成熟的甜味果实是生食水果。大多数的果菜品种不仅在现代农业中被忽视，就是在果菜一词出现不久的汉代也是指园艺蔬菜以外的品种，《史记》中所谓"果菜谓杂果菜，于山野采取之。"在南北朝，果菜还被作为素食的别称，《陈书》记载，南朝姚察在安排自己死后的供品时说"六斋日设斋食果菜"。果实的加工法已如上述，蔬菜的加工以腌渍最为常见，还有蒸、煎、煮、炸、煨等烹饪法。因为蔬菜是最日常的菜肴，不被重视，所以文献记载非常简单。

三、点心类

谷物加工的食品也称为果。按照《齐民要术》，可以把谷物加工的果分成饼饵、粽糭、煮糜、醴酪、飧饭和饧铺等六类。面食为饼，粉食为饵，现在统称糕点。剂子的加工除了现代一般使用的发酵、水调、油酥、蛋粉、米粉以外，还使用牛羊乳汁拌和，带有北方游牧民族风格。粽糭是粽子类的食品。煮糜是一种在米饭上浇搅拌出泡沫的米汤后食用的食品。醴酪包括麦芽糖、杏仁粥等。飧饭是往米饭里兑入浆后食用的食品。饧铺指饴糖及其加工品。

以上三大类的茶果虽然得不到魏晋南北朝茶宴史料的直接证实，却可以从宋、明、清乃至日本的史料中得到旁证。无论是在中国，还是在日本，古今的佐茶食品都主要由果实、蔬菜和点心构成。

图8-1　佐茶食物

第三节　佐茶食品的文化性格

尽管制茶技术在历史上发生了翻天覆地的变化，但是茶在生活中的地位、作用没有根本性变化，丰富饮茶生活的佐茶食品的基本属性也没有变化，因此可以说古今中外佐茶食品具有很强的共通性，而决定古今中外佐茶食品共通性的根本原因是茶的共通性。

一、中国佐茶食品的特点

中国佐茶食品的特点是轻、淡、美。

饮茶的零食特点决定了佐茶食品"轻"的特点。作为正餐的补充，佐茶食品的质量不能过高。轻，首先是质上的低热量。佐茶食品虽然没有宗教禁忌般的要求，却具有明显的素食取向，至少不用大鱼、大肉。果实、蔬菜不言而喻，点心类中肉的比例首先就下降了，也很少使用动物性原料。此外，"轻"在数量上是少。也许桓温茶宴的七盘茶果的绝对数量不少，但是与酒宴的"食前方丈"相比，其数量上的悬殊一目了然。

茶叶的口味特征决定佐茶食品"淡"的特点。淡是指口味清淡。与酒等其他饮料相比，茶汤口味清淡，于是佐茶食品的口味也比较清淡。中国绿茶滋味清淡，而中国茶客以品鉴茶叶精微、幽雅的滋味为目的，不妨碍品鉴成为佐茶食品的前提，清淡就成为顺理成章的口味选择。茶汤浓度对于佐茶食品口味的影响非常明显，在中、日、英三国的佐茶食品中，中国最清淡，日本单纯的高糖，而英国除了高糖还有重香料的特点，原因就是中国绿茶、日本抹茶、英国红茶的茶汤浓度不同。相对于茶的苦涩，甜味成为更多茶客的诉求，甜点本身也是干点心的主流，佐茶食品的甜度与茶叶的苦涩程度成相关正比。

茶叶的嗜好品性质对于佐茶食品提出了休闲娱乐的要求，于是佐茶食品的美丽特征也凸显了出来。佐茶食品的小巧精致在满足审美诉求的同时，还实现了减少数量的要求。

二、佐茶食品的文化性格

茶食的选择标准与茶俭素的精神也是相通的。茶食以果实、蔬菜和谷物为基本素材，虽然不是绝对的素食，但是鲜明的素食取向有目共睹。战国尸佼在《尸子》中提出"木食之人，多为仁者"的命题，把人性与饮食联系起来，从《中庸》可以看出其思考脉络。汉郑玄注"天命之谓性"曰："木神则仁"，孔颖达进一步解释说："皇氏云，东方春，春主施生，仁亦主施生。"（《礼记》）根据五行思想，仁在季节是春，在方位是东，在五行是木。人在食用植物之后，植物的仁性随之转移到人的身上。即清汪继培所谓："木性仁，故木食之人亦为仁者。"（《尸子》）

于是素食的"木食"拥有了清高脱俗的文化意义。晋葛洪就说："然时移俗异，世务不拘，故木食山栖，外物遗累者，古之清高，今之逋逃也。"《抱朴子外篇》葛洪在此虽然持否定观点，却将"木食"与"山栖""清高"联系起来。而且这种观点在魏晋南北朝时也得到支持，从邱珍孙劝导吴郡郡守王僧达放还褚伯玉隐居瀑布山的信里也可以看到同样的观点：闻褚先生出居贵馆，此子灭景云栖，不事王侯，抗高木食，有年载矣……夫却粒之士，餐霞之人，乃可暂致，不宜久羁。君当思遂其高步，成其羽化。"（《南齐书·高逸传》）

有所不同的是，邱珍孙把一般的清高换成羽化登仙，在当时更具说服力。道教服食流行是魏晋南北朝社会的一大特征，前面论述了其对于饮茶习俗的影响，在此则可看出道教观念对于茶食构成的影响。

至今为止，关于茶的俭的文化意蕴的研究均以陆羽的论述为基础，布目潮沨在其《中国吃茶文化史》中总结说："茶'最宜精行俭德之人''茶性俭'，表明茶是最适合于品行优异之人饮用的饮料。另外，与从法门寺出土的宫廷豪华茶器相比，将庶民的日常饮食器皿略做调整，便形成陆羽茶道所使用的茶器，俭的含义即由此产生。这与千利休的'侘茶'的精神相通。"

但是从以上的论述可以看出，布目所指出的茶器的选择原则以及由此而表现出来的俭的精神在晋代已经具备，并延续到现代乃至日本。"俭素""素业""俭"等观念固然少不了节俭的含义，但是更加主要的意义在于针对荒淫放纵、奢侈无度，强调自我约束，反映了一种人生观。"俭，约也。""约者，缠束也。俭者不敢放侈之意。"（《说文解字》）这种人生观直接影响到审美情趣，于是在茶的世界里，较之华丽，淡雅一直是崇尚的更高境界。这种价值观对于茶食的选择与构成也有直接的影响。

三、中国茶食与日本和果子的比较

日本作为后起国家，在各个方面都深受中国影响，佐茶食品也不例外。遣唐使时代从中国带到日本的"唐果子"中有梅枝、桃子、桂心、餲餬、黏脐、饆饠、锤子、团喜等品种。室町时代的茶会上提供了点心。之后，又传入了西班牙、葡萄牙的"南蛮果子"。日本早期的佐茶食品也由果实、蔬菜、点心构成。伴随着茶道的发展，和果子崛起，日本的民族文化特色更加充分地表现出来。江户时代是和果子飞速发展的时代，今天的和果子便诞生于此时。

和果子有各种分类方法，根据含水量可以分为以下三类。

第一，生果子，包括以糯米、大米及其加工品为主材料加工的饼果子；面团成型蒸制的蒸果子；烤果子可以再分为平锅果子和烤箱果子；寒天注入模具包馅成型的流果子；以豆沙、糯米为主材料，加糖充分揉和成面团成型的炼果子；炸果子。

第二，半生果子，包括包馅的馅果子；特定半成品组成的不再加热的冈果子；烤果子；流果子；炼果子。

第三，干果子，包括熟糯米粉、炒面粉、栗子粉、豆粉等的粉类里加入黏合剂拌和，用木模具成型后敲打出来，稍微蒸一下使表面凝结，干燥后即为打果子；用打果子的材料，配合炼馅、赋予特征的配料等押成不至于破碎的形状就是押果子；以炒豆、饼干、糖块、啫喱、栗子等为基础，浇上糖浆、巧克力，或者再着色、焙烤而成挂果子；用生果子、半生果子的烤物的材料，适当配合酵母、揉面团，调整成型，烤到松脆就成为烤果子；还可以分为以砂糖为主料稍微加一些饴糖，或者以饴糖为主料稍微加些砂糖两种，煎煮后冷却，成为透明状的东西，或者冷却到一定程度后不断拉抻，成为白色饴糖状后着色的糖果子。

各种和果子都可以佐茶，浓茶配生果子，薄茶配干果子。

第九章
茶与宴

茶介入宴会是必然的。社会发展趋势决定了宴会的开放性，并使它不会拒绝任何优秀饮食的介入。

第一节　宴

茶宴的根本是"宴"，宴的社会意义直接制约着茶宴的发展走向。

一、什么是宴

东汉许慎在《说文解字》里释"宴，安也"，即宴的基本意义是安逸、安乐。而宴饮是安逸、安乐的重要表现形式，所以宴"引申为宴飨"。而所谓飨者，"乡人饮酒也"，因此宴也就是酒宴。这里的酒宴并非仅仅满足人们的安乐欲望，而是具有非常丰富的文化内涵，《论语》中记载了孔子在乡人饮酒中的表现：

乡人饮酒，杖者出，斯出矣。乡人傩，朝服而立于阼阶。

孔子居乡之时参加乡人饮酒的礼仪，紧随在拥有执杖权利的六十岁以上的老人之后。在乡人举行驱逐疫鬼的活动傩时，尽管傩已经在从古代礼仪向戏剧演变，孔子还是朝服而往。孔子的举动充分表现了他对于先祖、五祀之神的诚敬之心。可见宴会本来是与先祖、神灵的共飨。宴会的安乐不仅体现在饮食上，也体现在通过祈福的宗教行为而获得的灵魂慰藉上，就是所谓的"恐其惊先祖五祀之神，欲其依己而安也"。（宋朱熹《论语集注》）春秋时代礼崩乐坏，无论是宴，还是傩，都开始世俗化，这也是历史发展的必然。

二、宴会的特点

文化人类学家对于神人共飨的宴会有更加具体的解说：

一般来说，宴是对于神者（神、尊者、宾、客）的礼拜，是神人共飨，也是人与人的共飨，是人与人的社交场所。也许是在祭祀当中、祭祀末尾、祭祀结束后举行的共同饮食。在这个共同饮食中，处于中心地位的是设酒，也就是宴，是随意的休息，是行乐。

根据具体内容，可以使用"飨宴"（招待客人的宴会，共同饮食）、"祭宴"（伴随着祭祀的宴会），以及"祝宴""酒宴""葬宴"等语言来表现各种不同的宴会，反映了宴会的多样性。（《宴》）

文化人类学者所探讨的其他社会中的宴同样也是酒宴，超越时空。尤其在传统社会里，宴的宗教性更加强烈，在原始宗教里被普遍、频繁使用。而在文化高度发达的社会里，经典宗教也毫不例外，基督教的葡萄酒与面包就是最典型的例子。

　　尽管宴会的形式、内容丰富多彩，但是以酒为中心的特征是一致的，因此一提起宴会，人们马上就会联想到酒宴。古今宴会根本的变化是，最初宴是出于敬神的目的，而现在绝大多数是人自己的享乐，甚至是一个人的享乐。比如《汉语大词典》在释"讌"时就说："聚会在一起吃酒饭；请人吃酒饭"，以及"酒席""酒宴"。

　　当饮茶习俗形成以后，茶被宴吸收，甚至成为宴的主角，于是宴不再理所当然地就是酒宴，酒宴、茶宴之类主副结构专用词汇应运而生。茶宴与酒宴具有同样的基本性质，即具有超日常、非日常的特征。与宴相对应的是日常的饮食——吃饭，吃饭的目的不是逸乐，而是维持生命、维持体力。在宗教界，佛教因为酒的禁忌，茶的使用更加普遍，宗教的仪式感特征使得佛教茶宴具有更强的礼节性，以致把佛教的行茶特称为茶礼。因此，无论是在世俗社会还是在宗教世界，茶宴就是以茶为中心的超日常或非日常的饮食活动。

第二节　宴会中的茶

　　茶宴不仅体现在酒宴形式的借用、馔品的选择上，甚至还有茶直接出现在酒宴中。当然，为了最大限度地共同饮食，至今仍然普遍存在酒宴中饮茶的现象。

一、宴会上偶然出现的茶

　　与酒相比，茶是新兴饮料，最初出现在宴会上有其偶然性。《三国志·吴书·韦曜传》中有饮茶记载："皓每飨宴，无不竟日，坐席无能否率以七升为限，虽不悉入口，皆浇灌取尽。曜素饮酒不过二升，初见礼异时，常为裁减，或密赐茶荈以当酒，至于宠衰，更见偪彊，辄以为罪。"

　　吴国末代皇帝孙皓的皇家宴会上，规定与会者必须饮用七升酒，合计1400毫升，可是老臣韦曜只有两升的酒量，约400毫升。当时的孙皓登上皇位不久，出于对韦曜的尊重与关心，网开一面，暗中让他以茶代酒，以维护酒宴的秩序，也是维护礼的权威性。这里有意无意地强调了茶与酒的互补关系，这个关系也反映了它们在性质上的高度一致。

二、宴会上选择的茶

　　在东晋初年，吴中的豪门大族聚集在亭子里宴会，提到的饮品是茶。《世说新语笺疏》记载：

　　褚太傅初渡江，尝入东，至金昌亭。吴中豪右，燕集亭中。褚公虽素有重名，于时造次不相识别。敕左右多与茗汁，少著粽，汁尽辄益，使终不得食。褚公饮讫，徐举手共语云："褚季野！"于是四座惊散，无不狼狈。

　　南北士族的隔阂由来已久，正是出于这个原因，南方豪族导演了一场作弄褚裒的恶作剧。他们不知道这位为避难刚刚来到江南的人就是大名鼎鼎的褚裒，利用宴会不喝完碗里的茶就不能吃食物——"粽"的规矩，不断地给褚裒斟茶，使他到宴会结束也没能吃上食物。最后褚裒的自我介绍，使在座的南方豪族大吃一惊，狼狈收场。

　　太和十八年（494），孝文帝出于汉化、南下统一中国以及经济政策的考虑，以南伐为名，离开平城，迁都洛阳。进而通过鲜卑贵族与中原士族联姻、鲜卑人改汉姓、禁止在朝廷使用鲜卑语和穿鲜卑民族服装等措施，加速了鲜卑族的汉化。鲜卑人刘缟仰慕南朝逃亡贵族王肃的风流，因此模仿、学习饮茶。《洛阳伽蓝记校注》中记载：

时给事中刘缟慕肃之风，专习茗饮，彭城王谓缟曰："卿不慕王侯八珍，好苍头水厄。海上有逐臭之夫，里内有学颦之妇，以卿言之，即是也。"其彭城王家有吴奴，以此言戏之。自是朝贵宴会，虽设茗饮，皆耻不复食，唯江表残民远来降者好之。

彭城王元勰是支持孝文帝政策的重要鲜卑贵族。然而放弃自己的民族传统，恐怕对于绝大多数人来说都是一件痛苦的事情，出现一些情绪化的指责也不足为奇。事实上，元勰的嘲讽仅仅是制造一种舆论而已，根本没有法律的约束力，刘缟还是我行我素，倒是那些既对汉文化不甚了解，又有鲜卑民族文化自卑感的鲜卑人受到了影响，至少在官宴上不喝茶。即便如此，北魏的宫廷宴会上还是提供茶水。

三、宴会中出现茶的必然性

茶介入宴会是必然的。尽管宴会有着宗教的意义（所谓的神人共飨），但是具体操办的人是现实的存在，具有决定权。齐武帝以帝王的身份，本着节俭的原则而建立全民性的茶祭标准；本着生前嗜好的原则，用茶等祭祀、纪念自己的妃子。其实，这些原则本是中国人的传统，尤其是随着饮茶习俗的普及，其可行性日益加强。世俗化的社会发展趋势更不会遗忘高度发达的茶，宴会的开放性使它不会拒绝任何优秀的饮食的介入。张载描绘的白菟楼的茶宴非常盛大而奢侈，与当时的酒宴并没有区别，其中盛赞"芳茶冠六清，溢味播九区"。海纳百川，有容乃大，宴会就是饮食的集合体，自然不会遗漏广受欢迎的茶。

除了因为茶的滋味优异而被吸收进宴会以外，茶的个性柔弱也是重要的原因。茶的滋味、香气都比较弱，淡寡本应该是食品的缺点，可是茶的适度淡寡使得它在理论上可以无限畅饮，针对中国人两三个小时的宴会，茶是再合适不过的饮料。柔弱的个性使得它有强烈的包容性，无论什么宗教信仰、什么政治主张，都找不到排斥它的理由。再加上茶令人清醒的特征，进一步扩大了消费机会。不仅完全的休息状态可以饮茶，就是紧张的工作状态也同样适合饮茶，于是促成了茶宴的小型化甚至微型化（个人化）以及日常化，最典型的定位就是零食。

第三节　茶宴的诞生

茶宴就是饮茶贯穿始终的社交性饮食聚会。

一、个人的茶宴会

宴会的基本属性之一就是社交，可是茶宴的社交性比较弱。明陈继儒在《岩幽栖事》中说："品茶一人得神，二人得趣，三人得味，七八人是名施茶。"

饮茶推崇较少人数的活动，甚至一个人喝茶更是常态，这点与酒有很大的差别。这个特点也增加了茶宴的小型化、微型化特征。

在茶宴形成之前，嗜茶者在酒宴上饮茶是典型的个人的茶宴会。韦曜的以茶代酒就是典型事例。在众人饮酒的同时，他独自一人饮茶。

另外也有更多的人因为没有酒量或不能饮酒而不得不饮茶。众所周知苏东坡爱茶，同时，他还没有酒量。《苏轼集》中载：

吾兄子明，旧能饮酒，至二十蕉叶，乃稍醉。与之同游者，眉之蟆颐山观侯老道士，歌讴而饮。方是时，其豪气逸韵，岂知天地之大秋毫之小耶？不见十五年，乃以刑名政事著闻于蜀，非复昔日之子明也。任安节自蜀来，云子明饮酒不过三蕉叶。吾少年望见酒盏而醉，今亦能三蕉叶矣。然旧学消亡，凤心扫地，枵然为世之废物矣。乃知二者有得必有丧，未有两获者也。

对于苏轼自称能喝三杯酒，苏门四学士之一的黄庭坚却不留情面戳穿了他：

老道士，盖子瞻之从叔苏慎言也。今年有孙汝楫，登进士第。东坡自云饮三蕉叶，亦是醉中语。余往与东坡饮一人家，不能一大觥，醉眠矣。鲁直题。

这样的苏东坡在宴会上恐怕只能喝茶了。其实在酒宴上喝茶的现象在今天也屡见不鲜。

二、众人的茶宴会

众人的茶宴会的著名事例要首推西晋时在成都白菟楼举行的宴会。西晋张载在去成都探望蜀郡太守的父亲张收时，写下了《登成都白菟楼》一诗，具体描绘了这场宴会：

重城结曲阿，飞宇起层楼。

累栋出云表，忠甸临太虚。

高轩启朱扉，回望畅八隅。

西瞻岷山岭，嵯峨似荆巫。

蹲鸱蔽地生，原隰殖佳蔬。

虽遇汤尧世，民食恒有余。

郁郁少城中，岌岌百族居。

街术纷绮错，高甍夹长衢。

借问扬子宅，想见长卿庐。

程卓累千金，骄侈拟五侯。

门有连骑客，翠带腰吴钩。

鼎食随时进，百和妙且殊。

披林采秋橘，临江钓春鱼。

黑子过龙醢，果馔逾蟹胥。

芳茶冠六清，溢味播九区。

人生苟安乐，兹土聊可娱。

这次在四川举行的宴会，具体的地点是成都少城的白菟楼。建在山上的白菟楼是多层建筑，高大雄伟，直插云间。登楼俯瞰八方，不仅能看到西面象荆山和巫山那样高峻的岷山，还有遍地生长着的被称为"蹲鸱"的大芋头和原野上遍植的美味蔬菜。甚至可以看到清明的政治，人民过着富裕的生活。在繁荣的少城里，居住着许多百姓，街道纵横交错，四通八达的道路两旁是高耸的屋脊，扬雄的旧邸和司马相如的房舍，蜀卓氏、程郑骄横奢侈似权贵豪门。门前罗列着为随从所簇拥的客人，青绿色的腰带上挂着吴钩。在这个商业市镇上，既有兴隆的买卖，也有悠久的文化遗迹；既有历史上的巨商，也有当世的豪右。至于这里的宴会，列鼎而食的豪宴随时设置，丰盛的菜肴美味而特别。秋天到果园采橘子，春天去江边钓鱼。胡椒胜过龙醢，果馔超出蟹珈。香茶名冠六清，洋溢的美味传播到了九州。如果要追求安逸快乐的人生，这块土地上就充满了欢娱。

诗中提到的饮料有芳茶和六清。《周礼》中关于王之饮食有"饮用六清"之说。六清即六饮，指水、浆、醴、凉、医、酏六种饮料。尽管其中也有使用曲的制品，然而在中国古代的饮料分类中不属于酒类。制造三酒是酒人的职责，制造六清则是浆人的职责。先秦等时代有酒与浆搭配饮用的习惯。《管子》在提到老师用餐时说"左酒右浆"，汉代郑玄在注《礼记》的"酒浆处右"时说："处羹之右。此言若酒若浆耳，两有之则左酒右浆。此士大夫与宾客燕食之礼。"《焦氏易林》则说："巽，登阶上堂，见吾父兄。左酒右浆，与福相迎。"从这些描述上看，酒、浆搭配的宴会具有高档次的特征。在这种传统的作用下，当茶在一定程度上被广泛接受之后，宴会吸收茶也就是自然而然的事情。事实上魏晋的宴会就吸收了茶，甚至不是无奈地吸收，《登成都白菟楼》所描写的宴会只字未提酒，而茶已经成为绝对的主角，张载对于茶的定位至高无上。因此这场在白菟楼举行的宴会事实上是茶宴，只是不管是张载，还是宴会主人——他的父亲及其宾客都没有意识到这一点。

三、茶宴诞生

由此看来，西晋时代茶宴的客观条件就已经具备了，不仅茶出现在宴饮中，甚至取代酒成为宴会的主角并因此动摇了宴的意义，而独缺"茶宴"的意识。茶宴的意识是借助酒宴建立起来的。

《晋书》中："（桓）温性俭，每燕惟下七奠柈茶果而已。""安既至，纳所设唯茶果而已。"这两例宴会都以茶为中心，并且配备了不同于酒宴的馔品——茶果，标志着独具特色的茶宴的形成。每逢宴会，桓温经常设"七奠柈茶果"款待来客。数量上的七奠柈和性质上的茶果，决定了桓温所设茶宴的节约特征。而陆纳以茶果待客的事实本身就反映了他俭约的品性，表明一般的茶果不是奢侈的食品。桓温和陆纳选择以茶果款待客人，都是在有意识地向社会表明自己迥异于当时奢侈的社会习尚的价值取向，与韦曜出于无奈在酒宴里偷偷摸摸地饮茶有本质的区别。

与在白菟楼举行的豪华的茶宴相比，桓温、陆纳所举行的以俭约为特征的茶宴更具特色。桓温以茶宴表明俭约的价值观，陆纳视举行茶宴为他的"素业"的组成部分。南朝梁的任昉在《为范尚书让吏部封侯第一表》中写道："臣来自诸生，家承素业，门无富贵，易农而仕。"张铣注："素（业），谓朴素之业。"

桓温、陆纳所设的茶宴有两个特征，一是与酒对抗，二是以俭约为号召。因为酒往往与奢侈的生活态度相联系，茶宴的俭约就更与酒宴的奢侈针锋相对。因此，茶宴更多的是文化的产物。

在中国历史上，魏晋是酗酒问题最严重的时代之一，魏晋风流第一阶段的竹林风流更是以酗酒为特征，酒俨然成了时代象征。险恶的社会环境逼迫社会精英沉溺于酒海，进而刺激了整个社会的酗酒之风愈演愈烈。不过"竹林七贤"以后的酗酒成了穷奢极欲的媒介，酒徒们除了酒以外无所追求，用王荟的话来说，就是"酒正自引人箸胜地"（《世说新语笺疏》）。以酗酒废职为荣、以勤恳工作为耻的社会价值尺度所带来的恶劣影响，通过外族入侵的形式给中原士人以惨痛的教训。面对异族的入侵，南渡的政权需要睿智之士来维持局面。脚踏实地的工作精神得以褒奖，酗酒背后的"废职"转而受到指责，价值取向发生变化已经是大势所趋。从魏晋风流的大背景上看，这时，已经进入第三阶段的"东渡风流"，风流与为政之矛盾开始调和。代表性人物桓温、陶侃、庾亮颇为突出的共同点就是都想在政治上有所作为，在当时就是恢复中原，统一中国。茶宴就是在这个背景下产生的。

不过"茶宴"或"茶䜩"一词出现在唐代，从盛唐开始被频繁使用，从《全唐诗》中可以看到，有李嘉祐《秋晓招隐寺东峰茶宴，送内弟阎伯均归江州》、武元衡《资圣寺贲法师晚春茶会》、刘长卿《惠福寺与陈留诸官茶会》、钱起《过长孙宅与朗上人茶会》《与赵莒茶宴》等。

第十章
中式茶美学的特征与范畴

现代茶艺的职能不仅限于冲泡茶汤，更应当引领大众在饮茶时体验传统文化的美感，由一杯茶开始，在典雅、清静的氛围中感受绵延于历史中的传统文化精神。

第一节　东方美学特征

西方美学属于哲学思想的一部分，来源于柏拉图、亚里士多德等大哲学家的思想体系，强调人与自然的和谐性，从而造就了西方美学着重感性、体会真实世界万物真、善的美学风格。以中国为主的东方美学思想，源自中国哲学思想和文人意识的实践，并不断总结升华为美学思想，再反过来影响艺术实践的发展。

中国的传统艺术，包括音乐、书法、戏剧、绘画、诗文、建筑等都自己生发着独特的体系，但又往往互相影响、互相包容。以中国为发源的东方审美，存在错彩镂金和芙蓉出水两种不同风格的美感，这是中国美学史上的两种美感或美的理想，也是茶艺美的真实写照。

一、中国式芙蓉出水、错彩镂金审美的起源

讨论中国美学思想，研究魏晋六朝蓬勃发展的各种艺术理论是关键点。诸如陆机《文赋》、刘勰《文心雕龙》、钟嵘《诗品》、谢赫《古画品录》里的"绘画六法"，当时的美感探索、审美体系建立为后来中国美学、艺术理论的发展奠定了基础。不过审美体系并非一夕之间形成，从先秦社会当中就隐约可见其形。中国士人从日常生活中总结、积累大量美感观点，诸如《诗经》《易》《论语》《道德经》《庄子》《礼记》《淮南子》《吕氏春秋》《史记》《汉书》等都见其影，这些思想的美学特点滋养了六朝美学，影响了中式审美的建立。

现代美学大师宗白华指出《诗品》所述"汤惠休曰'谢诗如芙蓉出水，颜诗如错彩镂金'"，代表中国美学史上两种不同的美感或美的理想。谢灵运的芙蓉出水代表的是重视神韵，追求平淡自然，以及艺术个体的浑然天成，背后有道家思想提倡自然、反对人为的理念支持；颜延之错彩镂金风格所体现的是重视形态繁复雕饰，强调艺术当中人为追求的极致，如此观点与儒家提倡入世，强调主观努力、得到盛世繁华的气象有所关联。

二、中国式芙蓉出水、错彩镂金审美的呈现与互补

普遍来说，芙蓉出水、错彩镂金于文学创作而言即言不尽意、言在尽意两种追求方向，对应的即是艺术中的虚实关系。艺术品中芙蓉出水审美所影响的创作更重视思想性，以眼见质朴得出背后的思想蕴含；错彩镂金追求则影响艺术性的极致，以雍容华贵彰显大国尊贵气象。然而片面强调美，必然走向唯美主义的华而不实，而过度强调虚，又走向自然主义的寡淡无味，因此，中国审美当中巧妙结合二者，形神互补、虚实相融才能构成中国艺术意境。

三、茶艺中所体现的芙蓉出水、错彩镂金

中国传统生活正是审美观念体现的场域，饮茶亦是如此，可以繁可以简。《大观茶论》当中所称"采择之精，制作之工，品第之胜，烹点之妙，莫不咸造其极"，体现倾全力的极致追求，羡煞海外的精巧妙事。

但茶不仅如此，也能淡薄、玄远，因此，亦有林语堂的只要一壶茶，走到哪里都是快乐。张弛之间茶艺体现传统中国绵延的美感体验与代代祖先的智慧。

第二节　民族特征

不同地区、不同风土及民族造就不同国家的文化，对于美感观念、审美判断、审美价值的认识大有不同，促成相异的美学现象。茶文化与中国文化相辅相成地成长，因此中国茶艺（道）极富中华意象，而东亚各国以至欧洲，因为自己原生文化的特殊性，在接受中国茶文化后也发展出各自独特的茶艺（道）审美系统。

一、中国茶艺（道）

饮茶作为中国本土生发的独特文化，反映中国不同阶层的日常生活形态。茶由民间生活中的"柴米油盐酱醋茶"里提升艺术性质，使之有更高的思想文化内涵产生。中国文人、士大夫群体对于品茗精神的提炼有着举足轻重的作用。唐代卢仝"柴门反关无俗客，纱帽笼头自煎吃"，所展现的正是中国茶艺（道）中惬意自适，兼之能寄托心绪的活动状态，并无刻意雕琢，举动之间承载中国传统文化深厚的底蕴，使得品饮茶水这看似简单的活动，也能带出中国艺（道）中审美精神的发散。

正由于中国茶艺（道）所承载的丰富文化内涵，使得茶作为饮品、药物向东、西方传播以后，各自在不同的地区产生各有特色的文化成果。同时，通过比对外传之后茶艺（道）的种种面貌，更能清楚了解中国茶艺（道）自身的特点与优势。

二、东方茶艺（道）

茶文化由中国南方向各地辐射，经陆路、海运交通往北传播，到达朝鲜、日本以及蒙古，向西则从西藏一路延伸至孟加拉国、北印度、中东以及东欧的部分国家。

朝鲜半岛与日本作为受中国文化影响甚深之地，各自接受茶文化并融入当地独有的风俗传统，形成与中国不同的茶艺（道）形式。由于陆地接壤，朝鲜半岛最早受到茶文化影响，至9世纪已经出现小规模的茶叶饮用，不过直到高丽时代，当地才有成熟的制茶技术，饮茶成为宫廷礼仪的一部分。在每年的

两大节日中必行茶礼，即二月二十五的燃灯会和十一月十五的大型祭祀，由国王出面向神佛献礼。高丽时代之后，朝鲜时代不仅保留了茶礼仪式，又接受了从中国明代兴起的散茶、壶泡等新兴形态的品茗方式，并在精神层面出现诸如《东茶颂》《茶神传》等探讨、歌咏茶文化的文学作品，至此朝鲜半岛茶艺（道）逐渐形成、丰满并影响至今。

日本茶艺（道）由唐宋时期的遣唐使、僧侣传入，最初也仅流传于贵族阶层，由贵族、武士、僧侣所垄断，后来逐渐才普及于民间。经过几个世纪的演变，与当地传统艺术、美学、宗教、哲学相融合，由饮茶提升到道的追求，形成专门的茶道艺术，体现"和、敬、清、寂"的精神境界。

三、西方下午茶文化

茶叶自16世纪大量经由海运进入欧洲，西方国家逐步接触茶叶，一开始多因其药用价值，而后形成欧陆风格下不同于亚洲的品茶文化。不过相比多数地区，西方国家中仅有英国形成鲜明的饮茶习俗，即其以红茶为主的下午茶。

17世纪中期，茶叶由英国商人带入，当时对英国人而言是小众的亚洲商品。直到国王查理二世的妻子凯瑟琳的喜爱及推广，茶叶方风行于贵族社会当中。17世纪末期，工业革命开启，英国累积大量财富后由中国进口数量庞大的茶叶，普通家庭也成为茶叶的消费群体，其饮茶习惯自此逐步确立。从早茶到上午茶、下午茶，茶叶充斥在英国人的生活当中，英国女性发展出自身带有烦琐仪式的品茶礼仪，以下午茶最为代表。其主要体现的是英国绅士、淑女做派，并且强调自我精神和享受。因而形成英国下午茶以茶会友、用茶说事、借茶抒情的传统。

第三节　时代特征

审美取向、审美目的会随着时代的变迁以及物质条件的变化而改变，同时茶叶的加工、品饮、艺术表现也与大环境有相当大的关系。然而不管审美、工艺如何变化，都有其内在脉络可循，也是其传承与再创的过程。

一、传统茶艺（道）的传承

古代社会中呈现茶艺的场合、目的，决定其所表现的美感取向。茶艺常见于士人自宅宴饮、招待亲友。宅中茶艺作为身份的标志，体现主人的风雅审美，是凸显自我性情和追求的表现。因此，虽然有一定的仪式化流程，但巧思妙趣往往充斥其间，配合宅院园庭景致、山水走势表现个人独特的审美追求。作为待客所用，茶艺风格虽然千变但不离大气、适宜观赏等特点。

与之相对的则是出家人以茶悟道、以茶怡情。历来佛门、道观中有茶汤会供修行者进行审美移情的发挥，以茶寄情于邈远，讨论内心安适问题。修道者所进行的茶艺活动注重美感体验触发思想，立象以尽意，从而生发神思。如此感应实有之物的修行之法，艺术行动节奏稍缓，留白更多，供给修道者生成感悟的空间。

宫廷茶宴则主要是贵族聚会、饮茶作诗的场合，代表的是皇家所给予的荣耀，形式以华贵为主，茶艺内容也多彰显皇家气派，凸显天、民差距。

　　至于市坊间以卖茶为主的清茶馆、茶艺馆，大多以清简为美，环境宜人、造景优美、布置雅致，适合文人雅士、商贾品茗谈话。点缀字画、盆景皆崇尚文人雅趣，气象以清幽为主。

　　由于目的不同，茶艺所呈现的审美追求便有所差异，然而不论是以茶聚会，还是以茶发心、体会自然等目的，都立足于优美、细致、气象万千的特色，呈现包容整体气韵的生动之美，是对生命追求的美学诠释。

二、现代茶艺（道）的创新

　　现代茶艺进行的目的以宣传茶饮习惯、普及茶知识、传播传统文化美感、修身养性为大宗。在文化符号上，茶艺（道）使大众有传统美学的联想，因此当代茶艺展示场地往往可见典雅复古的布置倾向。正是茶所代表的符号与中式传统审美接轨，在表现心理中承袭古典喜好，与传统文化一脉相承。不过因应新式茶艺表现场地，诸如文化教室、茶业博览会等，在大规模展示茶产品的基础上，通过具有观赏价值的茶艺演示吸引大众目光。这与斗茶娱乐等有所不同，受众对于茶饮以及茶艺较过去的熟悉度、依赖性更低，茶艺演示需要拉近民众与茶的距离，满足其好奇心，呼唤观众对茶艺、美学产生亲近心理，达到推广目的。

此外，当代茶艺馆、茶会当中的茶艺也因为时代革新与过去有所区别。诸如过去茶艺演示多集中于政治经济中心，其审美艺术特点也偏向政经中心的风格。现代交通网络的革新，各地茶文化、审美的交流使得各地人民不同文化渲染，造就新的融合特质，消除不同地方茶文化之间的隔阂，并增加不同地区的茶艺元素。

总而言之，无论古今茶艺都是双向感受的活动，其目标是既令人拥有愉快的审美形式，又实现作品存在的意义，并获得欣赏者的认同。

第四节 审美客体

茶艺的审美客体，指茶艺审美活动中能够引起审美意识的茶艺特质，也就是说，茶艺活动当中无数静态、动态环节中触发美感联想的部分，都属于茶艺的审美客体。

茶艺审美主要有两个层面。一是侧重精神想象的部分，透过茶艺行为使审美主体对于茶叶所代表的自然清新山林进行关联想象，以及对于当下茶艺空间人情交流、自我修身、陶冶性情的心灵美感的探索，当侧重精神抒发时茶艺发挥其生活艺术的特性。

二是侧重实物体验的部分，由茶艺进行时所接触到的器具，看到茶艺演示者将茶、器、水互相调度的技艺之美，产生对于五感的美感体验。与其他艺术相比，茶艺具有其特殊、无可取代的审美组成，是美感经验特质的累积，从而形成庞大多变的茶艺审美体系。

一、自然之美

明代之后散茶的盛行，改变了制茶、饮茶方式，提倡自然简单的概念，给人留白，让人有更多自我发挥的空间，因而产生返璞归真的空灵审美寄托。饮茶时精神、美感运作超越了对品茶动作本身的关注，使人在茶艺行为进行时更享受天人合一、妙思妙语的审美情趣。透过茶汤感受茶叶在山野中、泉石间、松竹下的生长状态，茶山的云雾缭绕、清新自然之感。客观上拉近人与自然的距离，并想象采茶女的朴实、欢欣工作，使饮茶增添人文情怀。

二、生活之美

茶可以修身养性、陶冶性情，都是由于茶叶冲泡时不仅给人们以实物的感受，对于精神层面的激发同时具有不可忽略的意义。茶艺演示的进行过程中，天人合一等传统哲学理论观点影响整个茶叶冲泡的流程。透过茶人将茶、器、水、火等具象物体融于一起，经过将心灵感悟投入茶汤的过程，以形象化的动作提炼出人生情感理想，促发接受者体会情物合一、物我两忘的境界，这就是茶艺在日常生活中所能升华生活感悟的生活之美。

三、器具之美

茶叶冲泡时茶、器、水三者合一的配合调度，构筑起茶叶转变为茶汤的审美过程。其中涉及五感的审美体验，包含视、听、嗅、味、触的感官刺激，达到审美愉悦的境界。对此茶人设计茶具的使用不仅要关照味觉的经验、辨别茶的滋味，还要注意注汤时水击容器之声，关乎听觉审美；在嗅觉方面设计适于闻香的茶具，能持香、聚香，将嗅觉记忆调动，与花果草木联结；在视觉体验上茶碗或饮杯的色泽关乎欣赏茶汤的颜色，另外犹重器具的神形，器与茶汤配合以达到美感统一的境界。

四、技术之美

　　茶艺中的技术是茶艺中最直接的表现形式，由日常生活的行为提炼仪式化的动作。茶人组织茶叶的各种元素进行动作，从展示到茶汤冲泡以及分享、品鉴茶汤，形成一系列完整的被审美的客体。

　　茶艺的技术之美有两种表现类型。一是日常生活艺术，日常饮茶的过程中加入艺术的手法，进行富有美感的规律性、固定化操作，使茶汤的形成富有人格化的色彩，使茶人对茶的理解与意识展现在茶汤产生的过程中，让生活得到艺术的升华。二是舞台艺术，将茶艺技艺客体作为表现的产品，强调茶人所创造的产品意识，并通过具象与自然的手法将多样的文化元素结合于茶艺之中，以艺术的形式展现茶艺的多样魅力。

第五节　审美主体

　　茶艺的审美主体是人，也就是茶艺活动的欣赏者，可以是茶艺活动进行者本人，亦可以是他者。只有有意识的欣赏者存在，茶艺审美活动方能完整展开。

一、人的审美心理

　　当人们对客体进行观察时，会对事物产生美丑维度的判断，这是审美需要所呈现的价值属性。人们收到的美丑感受是主观情感与客体属性相作用的结果。就主体而言，美感体验是受客体刺激而产生的，并引起连串的审美期待，从而满足人类的审美需求。

　　然而并非所有主体都具备受客体刺激而产生的审美经验，主体必须具有一定的条件与能力才能拥有审美能力。一般而言，需要有健全的审美感官，美的体验源自五感对客体的接触反应，能够判别差异的嗅觉、味觉，以及辨识颜色、感受和声音的视觉、听觉等，对于审美主体弥足重要；此外良好的心境亦是体验美感不可或缺的部分，心境是长时段中影响人们对外在体验的情绪状态，在良好的心境下，方能对客体有所体验，由互动中得到美感认识；再者需要具备积极的审美观点，部分人习惯从过往的经验中提取相对稳定的美感认识，此美感认识指导人们在下一次欣赏事物时有所参照，得到印证，养成审美习惯。

二、人与茶的美感互动

袁枚《随园食单》"茶酒单"中写到"先嗅其香，再试其味，徐徐咀嚼而体贴之，果然清芳扑鼻，舌有余甘。一杯之后再试一二杯，令人释躁、移情悦性"。人们通过感官感受，建立大脑对茶的整体性认知和人、茶之间的关系反应，在感觉基础上形成对茶理解的完整反应，即人们的品茶审美知觉。就如同袁枚所描述的品饮经过，嗅觉、味觉先行，甚至先前还有对于器型的视觉体验。综合感官经验之后，影响心理活动，得到舒缓烦躁，寄托心绪的心灵反应，正是茶艺促发人们的审美知觉。

然而对于同一审美对象，也就是茶艺整体，往往因为不同欣赏者情感或情绪有不同的审美知觉。茶作为包含多元想象的载体，能够触发不同人群差异甚大的不同情感，基于相异的想象和理解，多元的审美心理活动而展开。

在多元的个人主观想象的基础上，茶艺欣赏同时具有社会普遍的有效性，人们往往能够认同茶艺活动中美感的呈现，是由于社会意识中审美理想的凝聚、生成。茶艺与诸多中国传统文化产物相同，与古代中国文化相辅相成地发展。在漫长岁月中，人们历经无数代的仿效与继承，已然形成对精致的日常生活的想象与实践。茶艺通过有节奏的礼仪、规定的流程等具有仪式感的活动，将具有文化意识的日常生活想象具象化地凸显出来，能让人们既感受到特殊的仪式感，又因为共同文化审美的累积而产生熟悉与认同感。

第六节　审美活动

审美活动是审美主体、客体相遇时的产物，是两者皆具时共同缔造审美价值的人类实践活动。此时人们经验体系中的理性和感性相互作用，形成一定规律的审美认知。茶艺即是在主体、客体美感欣赏规律中打磨形成的人的审美活动。

一、行茶者与欣赏者的审美关系

审美关系当中主体和客体是互相依存的关系，当一方存在另一方才具有存在的依据和理由。茶艺当中不论作为欣赏者的主体是茶艺进行者本人，或是观赏者，当欣赏茶艺的主体存在时，此次茶艺的美感才能被感知、捕捉。因此，如同其他艺术茶艺审美关系当中，主体肩负着抱持审美意识、审美态度的责任，而客体也就是行茶者则要对主体进行审美诱导，诱发主体得到美的体验。

茶艺作为日常生活的延伸，要引起观赏者的美感意识时，动作节奏感，都是提示观赏者进入审美领域的方法。而观赏者进入茶人所带领的环境氛围中，同样对于演示者有激励作用，认可其带领有效。

茶艺与日常饮用茶水的区别就在于，行茶者将观赏者带入一个与日常经验有距离的审美体验中，就某部分而言，观赏者对于茶或水是熟悉的，但行茶者运用行为、环境创造与真实的日常经验有距离的体验，从而达到满足人们求新的好奇心理的作用。

当主客体同时进入茶艺进行者所创造的审美情境中，也就是一种新的意象出现，可以是不同茶人想体现的氛围或情调。茶本身的文化蕴含异常丰富，所以，能给主客体无限的创造可能，达到客体美的诱导的多元性和主体审美想象的无穷发散。

二、审美活动对茶艺产生的效果

茶艺是一种特殊的审美活动。茶人作为创作者，并非把作品完整表达后，创作过程便能完成。茶艺活动需要主、客体双方高度的呼应与配合，茶艺进行者所进行的活动、节奏都能被欣赏者从中影响或打断。因此，行茶者使欣赏者与自己感知类似的文化符号、审美知觉相当重要。主、客体能够有相近的审美想象，茶艺活动才能完整地进行。

追求行茶者与受众审美法则的一致性，茶人需对作品所展现的节奏、韵律、氛围、色彩、张弛有十足的把控力，才能通过欣赏者对于茶艺内容的检验。当茶艺内容超出欣赏者对于日常审美生活的想象时，往往没有如欣赏电影、现代画作那么多的宽容度，因此，把握双方共同感知的文化符号相当重要。

普遍而言，行茶者在进行茶艺活动时，要考虑到欣赏者的定位，以及当地风俗、文化氛围，对于场地、环境等客观条件都需要进行全面的评估。在此基础上对于茶艺活动内容做出调整，配合不同的人、事、物，进行相应的茶艺内容展现，方能在不同的审美想象中取得平衡，成功地完成茶艺活动。

技能篇

第十一章
黑茶审评

黑茶是我国特有的茶类。黑茶产区广，以云南、湖南、湖北、四川、浙江、广西、贵州、陕西产量居多，且品类各有侧重。

第一节　黑茶审评方法

　　黑茶成品包括紧压茶和散茶两种，主要包括黑砖茶、花砖茶、茯砖茶、湘尖茶、青砖茶、康砖茶、金尖茶、方包茶、六堡茶、普洱茶（熟茶）、圆茶、紧茶等。按销区可分为边销茶和侨销茶。黑茶为便于贮运，常加工紧压成砖（沱或饼），加上包装方式多样，故有其独特性和多样性。各品类黑茶的感官审评方法和内容大体相同。

一、操作方法

1. 黑茶散茶

　　外形审评与其他茶类相似，审评时首先应查对样茶、判别品类、花色、名称、产地等，然后扦取有代表性的样茶100～250克，通过把盘审评干茶外形。因品类、花色不同，不同黑茶外在的形状、色泽不同。

　　内质审评时，称取有代表性的茶样3克或5克，按茶水比（质量体积比）1∶50，置于相应的审评杯中，注满沸水，加盖浸泡2分钟，按冲泡次序依次等速将茶汤沥入评茶碗中，审评汤色、嗅杯中叶底香气、尝滋味后，进行第二次冲泡，时间5分钟，沥出茶汤，依次审评汤色、香气、滋味、叶底。汤色评判以第一泡为主，香气、滋味评判以第二泡为主（图11-1）。

图11-1　六堡茶

2. 黑茶紧压茶

称取有代表性的茶样3克或5克，茶水比（质量体积比）为1∶50，置于相应的审评杯中，注满沸水，依紧压程度加盖浸泡2～5分钟，按冲泡次序，依次、等速将茶汤沥入评茶碗中，审评汤色、嗅杯中叶底香气、尝滋味后，进行第二次冲泡，时间5～8分钟，沥出茶汤后依次审评汤色、香气、滋味、叶底。结果以第二泡为主，综合第一泡进行评判（图11-2）。

图11-2　普洱茶（熟茶）紧压茶

二、品质评定评分方法

黑茶品质评分方法是根据审评知识与品质标准要求，审评人员按外形、汤色、香气、滋味和叶底五因子审评，采用百分制，对每个茶样每项因子进行评分，并加注评语，评语引用GB/T 14487—2017《茶叶感官审评术语》。再将各单项因子的得分与该因子的评分系数相乘，并将各个乘积值相加，即为该茶样审评的总分，依照总分的高低，完成对不同茶样品质的排序。评分系数依照GB/T 23776—2018《茶叶感官审评方法》设定，黑茶散茶的系数分别为外形20%、汤色15%、香气25%、滋味30%、叶底10%；紧压茶的系数是外形20%、汤色10%、香气30%、滋味35%、叶底5%。

第二节　黑茶品质要求

黑茶品类多，感官品质表现各有不同，审评时需要有针对性地进行评判。

传统黑茶初加工所需原料较为粗老，一般一级黑毛茶与三级红毛茶嫩度相当，通常于立夏前后采制一芽四五叶新梢制成，叶大梗粗，但毛茶香气纯和不涩，汤色橙黄，风味不同于绿茶，亦有别于黄茶。黑毛茶再经存贮、整理、压制等处理，成为精制的产品，相应的色、香、味、形特点也会有所变化。

一、外形

在黑茶的外形审评中，散茶与篓装茶看干茶的条索（嫩度）、色泽、整碎、净度，紧压茶还要加评形态。需要注意的是黑茶中的砖茶，包括分里茶、面茶（面茶又有"洒面""洒底"的区别）和不分里茶、面茶两类。青砖、茯砖、黑砖、花砖、紧茶、康砖、饼茶按品质标准含有一定比例当年生嫩梗，不得含有隔年老梗。

1. 分里茶、面茶

包括青砖、米砖、康砖、紧茶、圆茶、饼茶、沱茶等。审评整个（块）外形的匀整度、松紧度和洒面三项因子。

匀整度，看形态是否端正、棱角是否整齐、压模纹理是否清晰。

松紧度，看厚薄、大小是否一致，紧厚是否适度。

洒面，看是否包心外露，起层落面，洒面茶应分布均匀；再将个体分开，检视茶梗嫩度，里茶或面茶有无腐烂、夹杂物等情况。

2. 不分里茶、面茶

筑制成篓装的成包或成封产品有湘尖、六堡茶，其外形评比梗叶老嫩及色泽，有的需要评比条索和净度。

压制成砖形的产品有黑砖、茯砖、金尖，外形审评匀整、松紧、嫩度、色泽、净度等项。

匀整，即形态端正，棱角整齐，模纹清晰，厚薄、大小一致，有无起层脱面。

嫩度，看梗叶老嫩。

色泽，看油黑程度。

净度，看筋梗、片、末、朴、籽的含量以及其他夹杂物。

条索如湘尖、六堡茶评是否成条。

茯砖加评"发花"状况，以金花茂盛、普遍、颗粒大的为好。

审评外形的松紧度时，黑砖、青砖、米砖、花砖是蒸压越紧越好，茯砖、饼茶、沱茶就不宜过紧，松紧要适度。

审评色泽，金尖要求猪肝色，紧茶要求乌黑油润，饼茶要求黑褐色油润，茯砖要求黄褐色，康砖要求棕褐色。

二、汤色

黑茶类的汤色评颜色种类与色度、亮度、清浊度。黑茶汤色以橙红或橙黄为佳，汤色要求明亮，忌浊，汤浊且香味不纯正，或馊或酸，多视为劣变。普洱沱茶、七子饼茶等呈橙红、琥珀、深红色。普洱紧茶（熟茶）茶汤呈红浓色，普洱散茶高级茶呈橙红色，中低级茶要求红亮；湖南"三尖"汤色橙黄，"三砖"中茯砖要求橙红，花砖、黑砖要求橙黄带红为主；康砖要求橙红；青砖要求汤色黄红；方包为深红色；金尖以色红带褐为正常。

三、香气

砖茶及篓装散茶均具陈香，因黑茶经过渥堆处理，散失毛茶香气，又因原料较粗老、工艺特殊，不具红茶、青茶的甜香花香。黑茶的陈香不应有陈霉气味。有些传统的湘尖、六堡、方包茶风味具松烟香。

四、滋味

黑茶滋味要求醇而不涩。普洱茶（熟茶）滋味醇浓；康砖茶醇厚；六堡茶具槟榔香味；湖南天尖醇厚；贡尖醇和；黑砖醇和微涩。大部分黑茶由于原料的成熟度相对很高，在加工后会带有粗老茶的特征。但在正常的存贮条件下，经过长期或者深度的陈化，风味品质会提升改变，滋味转为醇和回甘而深受消费者喜爱。

五、叶底

黑茶除篓装茶要求黄褐、普洱茶（熟茶）叶底红褐亮匀较软外，其他砖茶的叶底一般黑褐较粗。这主要是长时间在微生物活动或高温高湿的环境下形成的，黑毛茶叶底还要察看有无"丝瓜瓤"，即叶肉与叶脉分离，这是渥堆过度的结果。

第三节　黑茶常用审评术语

与其他茶类相比，黑茶审评中部分涉及风味的术语，具有特定的品质评价意义，部分术语与评分之间的对应度是有别于其他茶类的。

一、外形审评术语

泥鳅条：指紧卷圆直的茶条，壮如泥鳅。

折叠条：呈折叠状条。

全白梗：是黑茶中较嫩的梗子。

花白梗：梗半白半红，较白梗为老。

红梗：全部木质化的梗子。

红叶：叶色暗红无光。

端正：砖身形态完整，砖面平整，棱角分明。

纹理清晰：指砖面花纹、商标、文字等标记清晰。

紧度适合：压制松紧适度。

金花茂盛：茯砖带有的金黄色子囊孢子俗称"金花"，以发花茂盛的品质为佳。

乌黑：乌黑而油润，为米砖的色泽。

猪肝色：红而带暗似猪肝色，为金尖的色泽。

黑褐：褐中泛黑，为黑砖色泽。

青褐：褐中带青，为青砖的色泽。

褐棕：棕黄带褐，是康砖的色泽。

黄褐：褐中显黄，是茯砖的色泽。

褐黑：黑中泛黄，是特制茯砖的色泽。

青黄：黄中带青，新茯砖多为此色。

铁黑：色黑似铁，为湘尖的正常色泽。

青黑色润：黑中隐青而油润，为沱茶的色泽。

半筒黄：色泽花杂，叶尖黑色，柄端黄黑色。

二、汤色审评术语

橙黄：黄中略泛红。

橙红：红中泛橙色。

深红：红较深，无光亮。

暗红：红而深暗。

棕红：红中泛棕，似咖啡色。

棕黄：黄中带棕。

黄明：黄而明亮。

黑褐：褐中带黑。

棕褐：褐中泛棕。

红褐：褐中泛红。

三、香气审评术语

陈香：香气纯陈，无霉气。

松烟香：因松柴熏焙带有松烟香。

烟焦气：茶叶焦灼生烟产生的烟焦气。

菌花香：发花正常的茯砖茶所散发出的特殊香气。

四、滋味审评术语

醇正：味尚浓正常。

醇浓：醇中感浓。

回甘：经过长期或深度的陈化，滋味出现后味甘甜的味感。

五、叶底审评术语

薄硬：叶质老、瘦薄较硬。

青褐：褐中泛青。

黄褐：褐中泛黄。

黑褐：褐中带黑。

红褐：褐中泛红。

第四节　常见黑茶品质弊病

大部分黑茶由于原料的成熟度相对很高，在加工后会带有粗老茶的特征。因此在色泽、风味的评价中品质要求会有别于其他茶类。同时，因为这一茶类有微生物参与发酵，故对品质的缺陷更需要认真分辨。

一、外形品质缺陷

丝瓜瓤：渥堆过度，干茶外形或叶底叶脉和叶肉分离。

铁板色：色乌暗、呆滞不活。

起层落面：指面张茶翘起并脱落。

包心外露：指里茶显露于砖茶表面。

缺口：指砖面、饼面及边缘有残缺现象。

龟裂：指砖面裂缝。

烧心：指压制茶中心部分发黑或发红。

脱面：指饼茶盖面脱落。

斧头形：砖身一端厚、一端薄，形似斧头状。

黑（白）霉滋生：茯砖茶内部出现黑霉或白霉的菌丝体。

二、汤色品质缺陷

浑浊：茶汤中杂质多，透明度、清洁感差。

三、香气品质缺陷

酸馊气：渥堆过度产生的馊味。

霉气（味）：霉变的气味。

四、滋味品质缺陷

杂味：异常的味道，破坏茶叶的滋味协调感，多因茶叶吸附异味物或变质所致。

五、叶底品质缺陷

硬杂：叶质粗老、坚硬、多梗、色泽驳杂。

第十二章
茶叶专业英语

本章介绍茶叶专业英语，包括茶叶分类、茶叶加工、茶叶感官审评与品质、茶叶冲泡等专业词汇和术语，以及具有代表性的茶艺演示英文解说案例。

Dark tea

第一节　茶叶加工和分类

　　通常所指的茶叶是由茶树（*Camellia sinensis*）的幼嫩新梢加工而成。加工工艺是决定茶叶品质的重要因素之一，不同的加工方法，使茶叶的形状和品质大相径庭。按加工方法和茶叶发酵程度，可将我国茶叶分为绿茶（Green tea）、红茶（Black tea）、青茶（乌龙茶）（Oolong tea）、黄茶（Yellow tea）、白茶（White tea）、黑茶（Dark tea）等六大类，每一类中根据工艺的差异可以进行细分（图12-1）。

Green tea　　　　Yellow tea　　　　White tea

Oolong tea　　　　Black tea　　　　Dark tea

图12-1　Six types of tea（六大茶类）

一、茶树

茶树 Tea plant

山茶科 family Theaceae

山茶属 genus *Camellia*

茶组 section *Thea*

茶园 Tea garden / Tea plantation

茶青/鲜叶 Fresh leaves

一芽二叶 One bud with two leaves / Two leaves and a bud / Two and a bud

茶叶产区 Tea producing area

二、茶叶加工

茶叶加工 Tea processing

加工工艺 Processing technology

加工设备 Processing equipment

手工采摘 Hand harvesting

机器采摘 Machine harvesting

手工茶 Handmade tea

机制茶 Machine-made tea

多酚氧化酶 Polyphenol oxidase

萎凋 Withering

杀青 Fixation

揉捻 Rolling

干燥 Drying

摇青 Tossing Green-making

发酵 Fermentation Oxidation

闷黄 Yellowing

渥堆 Piling / Pile fermentation

焙火 Roasting

陈放 Aging

精制 Refining

筛分 Screening

剪切 Cutting

拔梗 De-stemming

整形 Shaping

风选 Winnowing

拼配 Blending

紧压 Compressing

复火 Re-drying

窨花 Scenting

调味 Spicing

包装 Packaging

三、茶叶分类

茶叶分类 Tea classification

六大茶类 Six types of tea

不发酵茶 Non-fermented tea

半发酵茶 Semi-fermented tea

全发酵茶 Fermented tea

后发酵茶 Post-fermented tea

蒸青绿茶 Steamed green tea

烘青绿茶 Baked green tea

炒青绿茶 Pan-fried green tea

晒青绿茶 Sun-dried green tea

小种红茶 Souchong

工夫红茶 Congou

红碎茶 Broken black tea/CTC (Crush, Tear, Curl) tea

生普 Raw Pu'er tea

熟普 Ripe Pu'er tea

原叶茶 Loose leaf tea

拼配茶 Blended tea

香料茶 Spiced tea

即饮茶 Ready-to-drink tea

粉茶 Tea powder

第二节　茶叶品质

茶叶品质的鉴定评价通常使用感官审评方法（Sensory evaluation / tests），是指运用视觉、嗅觉、味觉、触觉等感官的辨别能力，对茶叶的外形、汤色、香气、滋味和叶底等品质因子进行审评，并使用专用术语进行描述。

一、茶叶感官审评术语

国家标准GB/T 14487—2017《茶叶感官审评术语》界定了茶叶感官审评的通用术语、专用术语和定义。描述茶叶品质的常用术语包括：

1. 干茶形状 Shape

披毫 Tippy	扭曲 Twisted
匀整 Even	盘花 Spiral
挺直 Straight	紧结 Tight and heavy
扁平 Flat	圆结 Round and tight
卷曲 Curly	粗松 Coarse and loose
弯曲 Bent	

2. 干茶色泽 Color

光洁 Smooth and clean	深绿 Deep green
翠绿 Jade green	青褐 Blueish auburn
嫩绿 Tender green	灰褐 Greyish auburn
黄绿 Yellowish green	棕褐 Brownish auburn
墨绿 Dark green	乌褐 Black auburn

3. 汤色 Infusion color

清澈 Clear	红艳 Red and brilliant
明亮 Bright	红亮 Red and bright
浅绿 Light green	红明 Red and clear
浅黄 Light yellow	棕红色 Brownish red
黄亮 Bright yellow	深红 Deep red
杏黄 Apricot	紫红 Purple red
橙黄 Orange	浑浊 Suspension
姜黄 Ginger yellow	沉淀物 Precipitate
橙红 Orange red	

4. 香气 Aroma

高香 High aroma	清纯 Clean and pure
嫩香 Tender aroma	馥郁 Fragrant and lasting
清高 Clean and high	纯正 Pure and normal
清鲜 Clean and fresh	甜香 Sweet aroma

奶香 Milky aroma

板栗香 Chestnut aroma

花香 Flowery aroma

花蜜香 Flowery and honey aroma

果香 Fruity aroma

木香 Woody aroma

陈香 Aroma after aging

陈味 Stale

高火 High-fired

松烟香 Smoky pine aroma

5. 滋味 Taste

浓 Strong

醇 Mellow

滑 Smooth

甘鲜 Sweet and fresh

鲜醇 Fresh and mellow

醇爽 Mellow and brisk

浓醇 Strong and mellow

醇厚 Mellow and thick

醇正 Mellow and pure

回甘 Sweet aftertaste

苦 Bitter

涩 Astringent

淡薄 Plain and thin

岩韵 Yan flavour

音韵 Yin flavour

陈韵 Aged flavor

6. 叶底 Infused leaves

细嫩 Plump and tender

肥嫩 Fat and tender

嫩匀 Tender and even

软亮 Soft and bright

二、茶叶品质描述示例

西湖龙井茶简介

西湖龙井是中国的传统历史名茶，因产自杭州西湖得名。西湖龙井茶有1200多年的历史，是中国最有名的茶叶之一，被誉为绿茶皇后。西湖龙井茶是以"色绿、香郁、味醇、形美"而闻名的炒青绿茶，其主要品质特征为外形扁平、光滑、挺直，色泽翠绿，汤色嫩绿明亮，香气馥郁持久，滋味醇厚甘鲜，叶底嫩匀软亮。

Brief introduction to the West Lake Longjing tea

The West Lake Longjing tea is a traditional and historic Chinese tea named for being produced in the Longjing tea area in West Lake of Hangzhou, China. It has a history of more than 1200 years and is one of the top famous tea in China, known as the Queen of green tea. The West Lake Longjing tea is one kind of pan-fried green tea, and well known for its green color, delicate aroma, mellow taste and beautiful shape. The high grade West Lake Longjing tea is characterized by the straight flat （spear-like） and smooth body and jade green color of dry tea. It brews up to a tender green and bright liquor with a fragrant and lasting aroma, mellow and thick，sweet and fresh taste. The infused leaves are tender and even, soft and bright.

第三节 茶叶功能性成分

　　茶叶中经分离鉴定的已知化合物有1000多种，包括初级代谢产物（primary metabolites），例如蛋白质（proteins）、糖类（saccharides）、脂类（lipids）等，以及丰富的次生代谢产物（secondary metabolites）。这些化合物不仅赋予茶叶独特风味，同时一些化合物对人体还具有重要的生理保健功能（beneficial effects on human health），使得茶叶成为深受消费者喜爱的健康饮品。

一、茶叶的主要功能性成分

功能性成分 Functional compound

茶多酚 Tea polyphenol

类黄酮 Flavonoid

儿茶素 Catechin

表儿茶素 Epicatechin (EC)

表没食子儿茶素 Epigallocatechin (EGC)

表儿茶素没食子酸酯 Epicatechingallate (ECG)

表没食子儿茶素没食子酸酯 Epigallocatechin gallate (EGCG)

游离氨基酸 Free amino acids

茶氨酸 Theanine

咖啡碱 Caffeine

可可碱 Theobromine

茶叶碱 Theophylline

苦茶碱 Theacrine

茶多糖 Tea polysaccharide

茶黄素 Theaflavin

茶红素 Thearubigin

茶褐素 Theabrownin

花青素 Anthocyanin

二、茶叶功能成分作用

保健作用 Health promoting property

抗癌 Anticarcinogenic property / Anit-cancer function

抗氧化 Antioxidant property

抗菌 Antibacterial property

抗过敏 Antiallergic property

抗病毒 Antiviral property

抗衰老 Anti-aging property

抗炎 Anti-inflammation activity

抗辐射 Anti-radiation function

抗肥胖 Anti-obesity effect

增强免疫 Improving immunity

降血压 Decreasing blood pressure

降血糖 Decreasing blood sugar

降血脂 Decreasing blood lipid

兴奋 Stimulant property

提神 Alertness

利尿 Increasing urination

第四节　茶叶冲泡

茶叶冲泡是影响茶叶品鉴的重要因素。选择合适的泡茶用水、器具和冲泡方法才能充分展现茶叶的品质特点。

一、泡茶用水

日常的饮用水种类包括：自来水、泉水、井水、矿泉水、纯净水、蒸馏水、气泡水（苏打水）等。冲泡茶叶时选用天然泉水、矿泉水和纯净水为宜。水的硬度是指水中钙、镁离子的总浓度。每升水中钙、镁离子含量超过8毫克称为硬水，反之为软水。使用硬水冲泡茶叶时，茶叶成分溶解度可能降低，导致茶味偏淡，如果硬水中的铁离子含量过高，会影响茶汤颜色和滋味。

自来水 Tap water

泉水 Spring water

井水 Well water

矿泉水 Mineral water

纯净水 Purified water

蒸馏水 Distilled water

气泡水/苏打水 Sparkling water / Soda water

软水 Soft water

硬水 Hard water

钙离子 Calcium ion

镁离子 Magnesium ion

二、泡茶方法

茶叶冲泡方法因茶类和使用的茶具而异。例如绿茶通常使用玻璃杯或盖碗，乌龙茶和普洱茶使用紫砂壶和工夫茶泡法。冲泡名优绿茶时茶水比为1：50，水温80～90℃，时间2～3分钟；冲泡乌龙茶使用沸水，茶水比为1：30～1：20，时间1分钟以内。茶叶用量（茶水比）、水温、冲泡时间是泡茶的三要素，各类茶叶的冲泡方法和要点如下：

Tea Type	Ratio of tea: water	Temperature/℃	Time/min
Superior grade Green/Yellow/Black tea	1：50	80～90	2～3
Normal grade Green/Yellow/Black tea	1：80～1：60	95～100	2～3
White tea	1：30～1：20	100	2 (Each brewing)
Dark tea	1：30～1：20	100	0.5～1.0 (Each brewing)
Oolong tea	1：30～1：20	100	0.5～1.0 (Each brewing)

茶叶种类 Tea types

工夫茶泡法 Gongfu brewing method

茶叶用量 Weight of tea

茶水比 Ratio of tea：water

水温 Water temperature

沸水 Boiling water

冲泡时间 Steeping time

冲泡次数 Brewing times

冲泡时间过长 Over-infusing / Over-steeping / Over-brewing

第五节　茶艺演示英文解说

西湖龙井茶盖碗冲泡法	Brewing instructions of West Lake Longjing tea in a Gaiwan (lidded bowl)
用茶壶将水烧开	Boil the water in the teakettle
用热水温杯润盏。倒入约半碗热水，倾斜碗壁并慢慢转动，使热水逐渐浸润碗壁；将杯盖竖立放置于盖碗上方，用热水冲洗。然后将碗中的水倒掉	Pre-heat the Gaiwan (lidded bowl) with hot water. Fill the bowl about half with hot water. Tilt the bowl a bit and rotate it slowly, so that the inside gets wet and warmed up. Place the lid vertically over the bowl and rinse it with hot water. Then pour the water out
将西湖龙井茶投入盖碗中，使茶叶浅覆碗底（约3克）。可以根据个人喜好添加茶叶用量	Put the West Lake Longjing tea into the bowl until covering the bottom with a thin layer (about 3 grams). The volume of tea leaves depends on your preference
待水温降至约80℃，向盖碗中倒入约三分之一热水。倾斜碗壁并慢慢转动，使热水完全浸润茶叶，然后将水加至九成满	Cool the water to around 80℃. Fill the bowl about one third full with hot water. Tilt the bowl a bit and rotate it slowly, so that the leaves get wet all over. Then add more water until the bowl is 90% full
将杯盖放在盖碗上，留一个口散发热气，避免茶叶焖黄。浸泡2～3分钟后，待大部分茶叶沉入碗底即可品尝	Place the lid on the bowl with an opening to emit steam, for avoiding leaves turning yellow. Steep for 2～3 minutes, and it's ready to drink when most of leaves have sunk to the bottom
当茶汤剩余四分之一时进行第二次冲泡，向盖碗中加入相同温度的热水，浸泡3分钟	Refill when the bowl is still one quarter full with hot water of the same temperature as before, and steep for 3 minutes
西湖龙井通常可以冲泡3～5次，每次的冲泡时间在前次的基础上增加30秒至1分钟	Most West Lake Longjing tea can produce 3～5 infusions. Gradually increase the steeping time 30 seconds to one minute for subsequent brewing

第十三章
仿古茶道

中国茶道有着深厚的历史积淀，自唐代起，每个时代的饮茶方式、茶器具等都具有鲜明的时代特色。

第一节　唐代茶道

　　饮茶在唐代逐渐深入社会日常生活，尤其是陆羽《茶经》的传播，极大地助推饮茶之风。中唐时，"两都并荆渝间，以为比屋之饮。""滂时浸俗，盛于国朝"，许多城市开设起专卖茶水的茶肆、茶坊。

　　综合唐代茶书、咏茶诗文、茶事书画、煮饮器物所蕴含的信息，唐代茶道大致可分为三种类型，即寺院茶礼、文人茶道、宫廷茶道。本节重点介绍文人茶道和宫廷茶道的器具与流程。

一、文人茶道

　　唐代文人茶道更注重情趣和氛围，注重以茶为媒的内省自悟的修养过程。他们的茶事活动大多与诗歌吟咏联唱相结合，注重物质和精神双重享受。

　　煮茶之水选用山中的泉水，在山水中取钟乳石下渗流出来的水为最好，并经漉水囊过滤方可。

　　茶品是唐代最高等级的饼茶，有圆形、方形、花形，经"采之、蒸之、捣之、拍之、焙之、穿之、封之"七道工序精制而成。

　　煮茶一般酌分三碗或五碗，并趁热品饮，若人多就加炉煮。

　　① 器具。陆羽在《茶经·四之器》中详细介绍了煮茶所用的二十四器：风炉、筥、炭挝、火筴、鍑、交床、夹、纸囊、碾（拂末）、罗合、则、水方、漉水囊、瓢、竹筴、鹾簋（揭）、熟盂、碗、畚、札、涤方、巾、具列、都篮。

　　② 流程。陆羽《茶经·五之煮》中，详细叙述煮茶的流程为：炙茶、碾罗、取火、择水、候汤、煮茶、酌茶、啜饮。

二、宫廷茶道

　　1987年4月，陕西省扶风县法门寺秘葬地宫出土了一套唐代皇室宫廷使用的金银、琉璃、秘色瓷等烹、饮茶具实物。这是我国乃至世界迄今为止留存于世的唯一一套唐代宫廷系列茶器，它证实了我国唐代辉煌灿烂的饮茶文化。在此基础上，通过分析、研究历史文献、诗词以及唐代流传下来的壁画，尽可能地复原唐代宫廷茶礼，力图反映出茶道在宫廷生活、宫廷礼仪中的作用，以展示唐风茶韵之魅力。

（一）器具

根据法门寺唐代地宫出土的《监送真身使随真身供养道具及恩赐金银宝器衣物帐》石碑，这套由唐僖宗为迎送法门寺佛骨舍利而供奉的茶具主要包括烘焙、碾罗、贮藏茶和盐、烹煮、饮茶器具等类别，配套完整且数量丰富。本节内容通过展示仿制法门寺出土的鎏金银宫廷系列茶器，以使人们对唐代宫廷饮茶过程的认识更为具象化。

1. 烘茶器

飞鸿毬路纹鎏金银笼子（图13-1），呈桶形，带隆面盖，倒"品"字形足，带提梁且顶带圆铰环，一银链与笼体相系，皇家用银制成，称其为银笼子。蔡襄《茶录》记载："茶焙，编竹为之，裹以叶，盖其上，以收火也。隔其中，以有察也。纳火其下，去茶尺许，常温然所以养茶色香味也。"宋庞元英《文昌杂录》卷四："叔文魏国公，不甚喜茶，无精粗共置一笼，每尺取碾。"以笼装茶，用温火慢烤，一方面，可以使茶饼内外都干透，不致造成外干内潮；另一方面，可以保持茶色香味的纯正。

图13-1　飞鸿毬路纹鎏金银笼子

2. 碾茶器

鎏金鸿雁纹银茶槽子（图13-2），通体为长方形，纵截面成"Ⅱ"形，由碾槽、辖板、槽身、槽座四部分组成。槽成半月弧形，上可抽出推进的辖板来保持槽内的卫生，与现在的中药碾槽相似，与民间方形碾不同。

鎏金团花银碾轴（图13-3），由执手和圆饼组成，纹饰鎏金，圆饼边薄带齿口，中厚带圆孔，套接一段执手。它与碾槽配套使用。在宫廷里用茶量少，轻推慢拉，讲究细节与品质，因此碾轴显得小巧别致。

图13-2　鎏金鸿雁纹银茶槽子

图13-3　鎏金团花银碾轴

3. 罗茶器

鎏金仙人驾鹤纹壶门座茶罗子（图13-4），通体呈长方形，由盖、罗、屉、罗架、器座组成，纹饰鎏金，四周饰驾鹤仙人及流云纹。罗茶器，即茶粉筛子，团茶碾末后过罗用，罗下的粉末才能用于煮茶。罗框长度比罗内壁长度短约2厘米，用作罗框罗茶粉时前后往复摆动的空间。罗框下设一抽屉盒子，用以盛放罗下的细茶粉。

4. 贮物器

（1）三足架盐台

三足架盐台（图13-5），由盖、台盘、三足架及附件组成。盘面放盐，上罩叶盖。法门寺出土的盐台盖顶为一联置的莲蕾蕊，莲蕊中空，分上下对半开，蕊内用于放椒粉。在唐代，宫廷煮茶需要加食盐和椒粉调味，陆羽《茶经·四之器》中只有"鹾簋"（盐罐），"贮盐花"用，没提及盐台。所以，此三足架盐台是为皇室烹茶方便取盐、椒等调味品专门制作的彰显宫廷富丽堂皇之物。

（2）鎏金人物画银坛子

鎏金人物画银坛子（图13-6），坛子直口、深腹、平底、有盖，是用来贮放烹茶使用的茶食之类的容器。法门寺地宫出土的银坛子，腹壁分为四个壶门，分别錾有仙人对弈、伯牙捧琴、萧史吹箫、金蛇吐珠，展现了中国古代精湛的画技和制作工艺。

5. 量茶器

银匙，形似长柄汤匙，用以茶汤击拂（搅拌），柄部有两个竹节状的凸起栏界，以利击拂时握牢匙柄，防滑。地宫出土的鎏金飞鸿纹银匙，柄上段饰流云纹，柄中部刻有"重二两"三字。

银则为唐代烹茶时取用茶粉入锅中烹煮的工具，也是取茶粉的量具。陆羽《茶经·四之器》中记载："则，以海贝、蛎蛤之属，或以铜、铁、竹匕策之类。则者，量也，准也，度也。凡煮水一升，用末方寸匕。若好薄者，减之；嗜浓者，增之，故云则也。"地宫出土的鎏金飞鸿纹银则（图13-7），也是匙形，柄长短于银匙，匙柄有两段錾花金纹饰，上段为飞鸿纹，下段为菱形图案纹。

图13-4 鎏金仙人驾鹤纹壶门座茶罗子

图13-5 三足架盐台

图13-6 鎏金人物画银坛子

图13-7　鎏金飞鸿纹银匙

上述两个形似汤匙的器具，短柄银则是取干茶粉的量具，平时放于末茶盒内，所以柄短；而长柄银匙用于茶汤的击拂，防烫手，所以柄长。两匙（则）分用，一用于干，一用于湿，也可以看出唐代宫廷烹茶的考究精细之处。

（二）流程

炙茶→碾茶→煮水→煮茶→分茶→奉茶。

三、仿唐代煮茶法演示

法门寺地宫出土的唐代皇室宫廷系列茶器，华贵精巧，无处不彰显唐代宫廷茶礼的精细、雅致。张文规诗："凤辇寻春半醉归，仙娥进水御帘开。牡丹花笑金钿动，传奏吴兴紫笋来。"这首《湖州贡焙新茶》描述宫女们听到新茶运抵皇宫时的欢快、喜悦心情，充分体现出茶在宫廷生活中的重要性。大唐宫廷茶宴，在一定程度上体现了我国茶文化的盛唐景象。

1. 入场行礼

演示者身体放松，挺胸收腹，目光平视，双手五指并拢，前后相搭（男士左手在外、女士右手在外）放于胸前正中，高度与心齐平。行礼时，前臂自然向前推，端平成圆形，头背成一条直线，以腰为中心身体前倾，停顿后恢复到站姿（以下"行礼"同此）。

2. 炙茶

用夹子夹着茶饼，在火上翻烤直至透出茶香，趁热用纸包好，以防茶香散失，并放置在茶笼中冷却。

3. 碾茶

将冷却后的茶饼先用锤敲碎，再放进茶碾之中碾成细茶粒，然后将细茶粒倒入茶罗中罗筛出末茶。

通常需要碾罗两次以上，才可达到细茶粉状态。

4. 煮水

先将净炭放在炉子中点燃并充分燃烧，茶镁中加入山泉水，置于炉上烧煮。

5. 煮茶

当煮水至微有声，气泡如鱼目，一沸时加入适量的盐调味。

当煮水至"缘边如涌泉连珠"，二沸时，舀出一瓢水备用。

从茶罗舀出末茶，同时，用竹夹环激汤心，让锅中之水形成旋涡，将适量的末茶倒入旋涡中。

煮水至锅中腾波鼓浪三沸时，将二沸舀出的水倒入锅中止沸，以育茶汤精华沫饽。

6. 分茶

陆羽《茶经·六之饮》记载："夫珍鲜馥烈者，其碗数三；次之者，碗数五。若坐客数至五，行三碗；至七，行五碗。"因此，煮一锅茶一般分三碗或者五碗最为适宜。

7. 奉茶

奉茶共分为三部分：奉前礼、奉中礼、奉后礼。

手端茶盘行至品茗者前，行奉前礼。然后，以蹲姿将茶盘放在桌子一侧。

双手将茶放至品茗者前，起身，然后行奉中礼。

端起茶盘，起身，再行奉后礼。转身离开品茗者的视线，调整盘内茶碗位置至均匀分布。然后，准备向下一位品茗者奉茶。

8. 行礼退场

回到桌前，然后行礼退场。

第二节　宋代茶道

点茶法是在中国两宋时期占据主导地位的烹茶技法。点茶技法在宋以前已初现，在宋代得到普及、归纳与升华，成为中国茶文化历史发展的一个重要标杆。

一、点茶技艺

宋代点茶在中国茶文化历史上起到承上启下的作用，区别于唐代茶在釜中烹煮的形式，演变为在茶盏中注水点茶。点茶法流传到日本，被日本历代茶人学习、吸收、改造，成为日本抹茶道的源头。

点茶法在两宋时期得到普及，上至皇族，下至百姓都将其视为日常生活的一部分，随之演变出不同的点茶技法。在众多古史文献中，都能窥见宋代点茶法的不同技法。其中较为典型的是北宋蔡襄《茶录》"论茶"一篇中描述的民间点茶，可称为"基本点茶法"；而北宋皇帝宋徽宗赵佶的《大观茶论》"点茶"一篇，首次出现了以七次注水点就一盏茶的技法，称之为"七汤点茶法"。

（一）蔡襄之基本点茶法

蔡襄的基本点茶法程序可归纳为：炙茶—碾茶—罗茶—候汤—熁盏—点茶。要求"钞茶一钱匕，先注汤，调令极匀，又添注之，环回击拂。汤上盏可四分则止，视其面色鲜白、著盏无水痕为绝佳。"

蔡襄认为茶少水多会让茶汤沫饽稀少，容易云脚散；茶多水少则会向粥面一样黏糊难搅。最合适的是先将茶膏调至均匀，注水后，来回击拂。如此出来的茶汤"面色鲜白""味主甘滑"。

（二）宋徽宗之七汤点茶法

宋徽宗赵佶七次注水点茶的方式称为"七汤点茶法"。宋徽宗的"七汤法"不是仅停留在茶道技法的单纯实践上，更是上升到了精神的高度。从点茶的程序，每一汤的表现，注水握筅的姿态和力度以及呈现出的浪漫情趣都让操作者与观者感受到点茶的愉悦与美好。

"一汤"是立茶之本，注水要沿着盏壁环注，不能直接浇注在茶上。搅动茶膏，逐渐加力加速，手轻筅重，指绕腕旋，将上下搅匀，茶沫初现。"二汤"从茶面注水，来回一圈，急注急停，不破坏上一汤的汤面，再用茶筅有力击拂，"色泽渐开"。"三汤"水量与二汤一致，茶筅匀速击拂汤面，使二汤出现的"珠玑"变成"粟文蟹眼"，茶汤追求的颜色在这一汤已现六七成。"四汤"水略少一些，茶筅的幅度要大但速度要缓，精华之态出现。"五汤"根据茶汤的状态调整，未达状态则继续击拂，若沫饽都已显现就轻抚收沫，点完五汤，茶沫应如凝雪一般。"六汤"时若沫饽已成乳沫状，就只需轻轻拂动，沫饽的效果已成。"七汤"最后调整浓淡、茶色，促使茶汤达到最佳状态。这时盏内呈现的应是"乳雾汹涌，溢盏而起，周回旋而不动"。

整个点茶过程应一手执瓶一手执筅，左右开弓，动作流畅，如行云流水，情趣盎然。点完的茶汤"馨香四达、秋爽洒然"。

二、点茶用具

宋代点茶法的点茶器具根据功能可分为水用具类、火用具类、茶汤用具类、匙置用具类、碾罗用具类、盛贮用具类、其他用具类等七类茶具。

南宋审安老人在咸淳五年（1269）撰写《茶具图赞》，记载了点茶用具十二种，称之为"十二先生"，概括了茶具的材质、功能与特征，用拟人化的手法赐予其姓名、字号和宋代官职，赋予其具象的人格。

1. 水用具类

汤瓶：汤提点，名发新，字一鸣，号温谷遗老。

"瓶要小者，易候汤。又点茶，注汤有准。"宋代点茶的汤瓶一般是细颈长流，流口峻峭，皇家贵胄以金银为上，民间以铁、陶、瓷为主。

2. 火用具类

茶焙笼：韦鸿胪，名文鼎，字景旸，号四窗闲叟。

"茶焙，编竹为之，裹以箬叶。盖其上，以收火也；隔其中，以有容也。纳火其下，去茶尺许，常温温然，所以养茶色香味也。"陈年茶饼在存储及冲泡时，需放入茶焙中将可能存在的湿气焙干。

3. 茶汤用具类

茶盏：陶宝文，名去越，字自厚，号兔园上客。

"底必差深而微宽，底深则茶直立，易于取乳，宽则运筅旋彻，不碍击拂。"原则上，点茶法选择的茶盏需要口沿宽大、底部微收并有一定深度，能够让茶筅在盏内搅拌不受阻碍，比较常见的器型是束口斗笠盏。

4. 匙置用具类

① 茶筅：竺副帅，名善调，字希点，号雪涛公子。

"茶筅，以箸竹老者为之。身欲厚重，筅欲疏劲，本欲壮而未必眇，当如剑脊之状。"茶筅以竹为材，分手柄与筅丝，"茶筅"一词也是在宋徽宗《大观茶论》后得到公认。点茶法击拂茶汤的工具从筷子、茶匙、竹筅一步步演变，而竹筅的形状又可分为扁筅与圆筅，审安老人十二先生中的"竺副帅"是扁筅，元代墓壁画《进茶图》中的竹筅则是圆筅。最终，茶汤击拂的效果以圆竹筅取胜，且一直沿用至今。

② 水勺：胡员外，名惟一，字宗许，号贮月仙翁。

"杓之大小，当以可受一盏茶为量。过一盏则必归其余，不及则必取其不足。倾杓烦数，茶必冰矣。"茶勺的功能主要是受汤，大小要适中，避免反复斟酌影响茶汤质量。

5. 碾罗用具类

① 茶臼：木待制，名利济，字忘机，号隔竹居人。

"砧椎，盖以碎茶，砧以木为之，椎或金或铁，取于便用。"蔡襄《茶录》里的这段描述事实上与十二先生中的"木待制"是类似的工具，都是将茶叶由整变碎的一个工具。

② 茶碾：金法曹，名研古、轹古，字元锴、仲铿，号雍之旧民、和琴先生。

"茶碾，以银或铁为之。黄金性柔，铜及输石皆能生铦，不入用。"茶碾一般以碾槽与碾轮组合，选材无异味，槽底深，碾槽起伏大，茶即迅速研碎。

③ 茶磨：石转运，名凿齿，字遄行，号香屋隐君。

茶磨是在茶碾之后出现的一种碾茶器具，大约出现在南宋时期。多为石制，细腻坚硬且不易发热。茶磨多用于散茶的碾磨。

④ 茶罗：罗枢密，名若药，字传师，号思隐寮长。

"茶罗，以绝细为佳。罗底用蜀东川鹅溪画绢之密者，投汤中揉洗以幂之。"茶罗既承担了罗筛的功能，又有储存茶粉的功能，因此茶罗往往是两层，上层罗底是筛网，下层罗底是实底，并可移动打开。

⑤ 茶帚：宗从事，名子弗，字不遗，号扫云溪友。

将碾磨完的茶末从茶碾（磨）中扫进茶罗，属于辅助工具。

6. 盛贮用具类

盏托：漆雕秘阁，名承之，字易持，号古台老人。

与茶盏配套，一般茶盏的材质多为漆、陶、瓷等。

7. 其他用具类

茶巾：司职方，名成式，字如素，号洁斋居士。

辅助用具，主要用于清洁。

三、仿宋点茶法演示

宋代点茶法大致可分为制备、点茶两个阶段。其中制备阶段主要分备茶、备具与候汤三方面。点茶阶段，则是将茶放置在茶盏中，用汤瓶注水，用茶笕击拂。

宋代点茶法之所以成为经典是因为对茶叶品质的把控更加规范，对点茶用具的挑选更加讲究，对点茶过程中的技术更加严苛，并在游艺化的过程中融入宋式美学，使点茶法更具有仪式感与观赏性。

（一）准备

1. 备具

点茶器具除上述十二先生外，根据实际流程，还会有风炉、渣斗、茶盘、都篮、茶钤等茶具配合使用。特别要关注汤瓶、茶盏、水勺（如有）的容量比例。

2. 备茶

宋代点茶所用到的末茶包括了团饼茶碾磨成的末茶以及散茶碾磨成的末茶，两者皆为蒸青绿茶。

3. 选水与候汤

点茶用水以"轻清甘洁为美"，取山泉之清洁者为上。候汤不可用有恶烟的柴木，不能用有异味的燃料，不可用明火之木块。

因为原料及技法不同，候汤的温度各家论点不同。苏廙《十六汤品》认为婴汤太嫩，百寿汤过老，都不利于点茶；宋徽宗认为"凡汤以鱼目、蟹眼连绎迸跃为度"；蔡襄认为"候汤最难，未熟则沫浮，过熟则茶沉。前世谓之蟹眼者，过熟汤也"。现代点茶也要根据选择的茶品来调整温度。

（二）流程

布具→熁盏→置茶→一汤调膏→二汤击沫→三汤拂沫→奉茶。

（三）演示

1. 布具

茶具以点茶盏为中心摆放，主次有序，左右均衡。

2. 熁盏

在正式点茶前必须加温茶盏。这是历史上首次出现温具的概念。

提取汤瓶以回旋法注水，约茶盏的1/3水量。

取茶筅放入盏中，用回旋法轻轻打湿竹穗。

弃水，取茶巾擦拭盏沿。

3. 置茶

取茶罐，开盖。

取茶匙，舀取末茶轻置于盏底中心。

茶匙归位，茶叶罐合盖归位。

4. 一汤调膏

提取汤瓶以定点法注水，茶水比例约1：1。取茶筅以回旋法在盏底轻缓搅拌。

调膏在整个点茶过程中至关重要，决定了茶汤的发沫程度和口感的顺滑度。调膏要做到动作轻缓，方向一致，直至茶膏变成胶漆状且无颗粒为宜，忌动作过猛让末茶都黏在茶筅上。

5. 二汤击沫

第二汤是产生沫饽并变得绵厚至关重要的一个环节，需要点茶者运用腕部力量，由慢至快，由轻至重，使浮沫逐渐变多变厚。

取汤瓶以回旋法注水，约盏上三分则止，注水要求不急不缓，水线稳定，忌直泻而下。

取茶筅以"川"字形击拂茶汤，手重筅轻使盏内沫饽汹涌。

6. 三汤拂沫

取汤瓶以定点法注水，约盏上四分则止，注水轻缓，不泻不断。

取茶筅在茶面上缓绕拂动，直到沫饽细腻鲜白。

三汤的主要目的一是调整口感，二是让沫饽更加细腻，三是调整茶色，让沫饽更加纯白。因此在注水时动作要轻缓，不要破坏二汤出现的沫饽，同时茶筅拂沫也要轻柔，不要幅度过大，把底下的茶汤翻搅上来。

7. 奉茶

奉茶。

四、宋代点茶法之茶百戏

"近世有下汤运匕，别施妙诀，使汤纹水脉成物象者，禽兽虫鱼花草之属，纤巧如画，但须臾即就散灭。此茶之变也，时人谓之茶百戏。"这是五代、宋初人陶谷《清异录》中记载的一段话，也是我们得知的最早关于"茶百戏"的记载。茶百戏，又称水丹青、汤戏、茶戏等，后世又称之为分茶。

茶百戏是指点茶人运用汤瓶注水和茶匙击拂茶汤使茶汤表面出现类似花鸟鱼虫等图案的一种游艺技法。这种技法使得汤面在较短的时间内出现写意的图案，观者通过想象来具化茶汤出现的水纹表现。茶百戏这种玩法伴随着点茶法产生，也得益于斗茶的盛行而流传开来，成为一项绝技。这种游艺的具体操作手法已经无从得知，但我们也能从古人的诗词文汇中窥得一二。陶谷《生成盏》"茶而幻出物象于汤面者，茶匠通神之艺也。沙门……能注汤幻茶，成一句诗，并点四瓯，共一绝句，泛乎汤表"、刘禹锡《西山兰若试茶歌》"白云满碗花徘徊"、陆游《临安春雨初霁》"晴窗细乳戏分茶"、杨万里《澹庵坐上观显上人分茶》"注汤作字势嫖姚"。

在对古代茶百戏进行分解与创新后，形成了现代茶百戏的技艺，利用末茶调制出不同颜色和浓淡的茶膏在沫饽上绘画写字。这种技法与古代茶百戏一样，需要点茶者首先能打出一碗沫饽绵厚纯白的茶汤，再有纯熟的绘画书法功底，才能够在汤面呈现出精妙绝伦的茶百戏。

第三节　明代茶道

明代是中国茶文化史上继往开来、传承发展的重要历史时期。品饮方式随着茶类加工方式的改变、饮茶用具的变化而发生了划时代的变革，明代茶道呈现出一幅崭新的历史面貌。

一、明代茶道的分类

明代饮茶方式可以分为煎茶法、点茶法和瀹饮法。随着茶叶加工方式的改变，明代中后期，散茶成为消费主流，瀹饮法盛行，其余的饮茶方式趋于衰落。

1. 煎茶法

明代所说的煎茶法，传承于唐时的煮茶法，即将茶叶放入水中进行烹煮。朱元璋的第十七个儿子朱权写下《茶谱》，其中提及煎汤法："用炭之有焰者，谓之活火。当使汤无妄沸。初如鱼眼散布，中如涌泉连珠，终则腾波鼓浪，水气全消，此三沸之法，非活火不能成也"，"杂以诸香，饰以金彩，不无夺其真味。然天地生物，各遂其性，莫若叶茶，烹而啜之，以遂其自然之性也。予故取烹茶之法，末茶之具。崇新改易，自成一家。"从朱权的论述来看，烹煮散茶是顺应茶的自然之性，以水煮茶是真味。

2. 点茶法

明代点茶法，是将茶饼或散茶碾碎待用，以釜煮水，用茶筅在大茶瓯点茶，然后分汤于小的茶瓯。

3. 瀹饮法

明太祖朱元璋在洪武二十四年（1391）下诏废团茶，兴叶茶，罢造龙团，仅采芽以进。使炒青和蒸青的散茶大量生产。明代中后期，将散茶放入壶或盏内，直接用沸水瀹茶冲泡，逐渐成为喝茶的主要方式。陈师《茶考》中记载："杭俗烹茶，用细茗置茶瓯，以沸汤点之，名为撮泡。"散茶容易冲泡，冲饮方便，且芽叶完整，增强了品饮的观赏性。

二、仿明茶艺演示

明代人认为，直接用沸水冲泡茶叶的瀹饮法，"简便异常，天趣悉备，可谓尽茶之真味矣"。唐宋时期的炙茶、碾茶、罗茶、煮茶等器具已不再适用，一些新的饮茶器具应运而生。

（一）器具

明代饮茶器具最突出的特点：一是小壶的出现，茶壶被广泛地应用于百姓饮茶生活之中；二是崇尚白瓷、青花瓷茶具。这一时期，江苏宜兴的紫砂茶具、江西景德镇的白瓷和青花瓷茶具得到了发展。

1. 紫砂茶具

紫砂茶具因其造型美观大方，质地古朴风雅，得幽野之趣，与明代文人的审美相契合，沏茶之时又不烫手，且能蓄香，所以深受欢迎。"供春之壶，胜如金玉"，明代董翰、赵梁、元畅、时鹏并称"紫砂壶四大家"，而后又有时大彬、李仲芳、徐友泉"三大妙手"，他们制作的紫砂壶，成为艺术珍宝（图13-8）。

图13-8　紫砂壶

2. 白瓷和青花瓷茶具

白瓷和青花瓷茶具，能够更好地衬托茶汤的色泽。张源在《茶录》中写道："盏以雪白者为上，蓝白者不损茶色，次之。"许次纾在《茶疏》中也有记载："茶瓯古取建窑兔毛花者，亦斗碾茶用之宜耳。其在今日，纯白为佳，兼贵于小。"（图13-9）

图13-9　盏

（二）流程

瀹泡散茶，根据不同地域、茶类及人群，会选用不同的主泡器，如紫砂壶、盖碗、白瓷小壶等，因此，瀹泡流程也不尽相同。

以仿明茶艺《抱朴承情》为例，流程如下。

准备→温壶→置茶→冲泡→温杯→出汤→奉茶。

（三）演示

1. 准备

选茶、备席、备具、候水。主要器具有紫砂壶、公道杯、青花小品杯。

2. 温壶

先将开水注入紫砂壶，温壶之后将水弃至水盂。

注入公道杯的开水，分至小品杯。

3. 置茶

置茶，将适量的茶叶投入紫砂壶中。

4. 冲泡

冲水入壶至满溢。

5. 温杯

温杯，弃水。

6. 出汤

斟茶，从紫砂壶出汤至公道杯，再由公道杯分汤至各小品杯。

7. 奉茶

奉茶。

第四节　清代茶道

清代，"雅俗"文化的碰撞与融合进一步加强，这种"雅俗分野""雅俗融合"的社会文化特征，同样在清代茶道中有所体现，具体体现在清代宫廷茶道与民间茶技上。

一、清代茶道的分类

清代宫廷，饮茶之习蔚然成风。清朝皇帝均嗜茶，尤其以康熙、乾隆两位皇帝对茶的嗜好更甚。帝王的嗜茶，使清代形成了更为精美绝伦的宫廷茶道，民间大众饮茶方法也很讲究。

（一）清代宫廷茶道——以"三清茶"为例

清代宫廷饮茶之风极盛，有"进茶""赐茶"礼仪。茶乐相伴并由专人负责，如"进茶大臣""尚茶女官""进茶女官""尚茶妇""尚茶"等。乾隆朝的"三清茶宴"是清代宫廷茶道的重要载体，乾隆帝仿唐玄宗"翰墨宴"而设"三清茶宴"，其特点是宴上无酒荤，唯有品茶、赋诗二事。

据《宫廷述闻》记载，三清茶以龙井新茶佐以梅花、佛手、松实三样清品制成，开设茶宴招待廷臣，品茶赋诗，不涉政务。这种雅集，赢得文人们的称赞。诗人夏仁虎仰慕这一宫廷茶宴，诗曰："沃雪烹茶集近臣，诗肠先为涤三清。"我们从徐珂的《清稗类钞》也可以一窥：奉旨进入重华宫品赏三清茶，是乾隆至咸丰时期百余年间朝野臣工和文人士子最为荣耀之事。每年新春，大臣们都在期盼着圣旨降临，随时准备身穿朝服，参与新年最为隆重、最为清雅的宫廷茶宴。

按照宫仪，与宴大臣都可以将自己所用的茶杯与果盘一道作为赏赐带回家。于是，宴毕携一只三清茶杯各归府邸，便成了王公大臣们喜悦不已的荣耀，这意味着皇帝对他们的政治能力与才子情怀的双重肯定。

三清茶宴，一直延续了数十年，直到咸丰年间。当初由乾隆亲自监造的瓷、玉、漆质三清茶杯尚有少量幸存，如今保留在博物馆与私人收藏中，成为昔日三清茶宴珍贵的见证。

（二）清代民间茶道

清代茶文化在民间的深入，突出表现在一些地方茶俗的发展流传，形成了各具特色的地方茶文化，地区不同，风俗不同，饮茶也不同。北方人喜欢喝花茶，江浙人喜欢喝绿茶，福建人擅长饮乌龙茶，而边疆少数民族喜饮黑茶。

清朝时期，各种茶馆是百姓生活重要的活动场所，人们在这里饮茶或者交友，文人吟诗作对，商人洽谈生意。清朝的茶馆一般分为以下几种：一是品茗饮茶之地，二为饮茶和饮食之地，三是听书赏戏之地。江南的一些乡镇，有的茶馆还兼做典当场所，有时也充当排解邻里亲戚纠纷的仲裁场所。乡邻之间发生了纠纷又不愿对簿公堂，常会请当地较负声望、有德行的长者或公证之人一起到茶馆，三方坐下之后，一边饮茶，一边陈述评理，以求问题得到最圆满的解决。

二、清饮与调饮

清代民族茶俗中调饮方式的不断拓展，茶的调饮地位得以巩固，与唐代开始的清饮方式并行发展。

花茶在清代普遍流行。严格意义上的清饮是指茶水中不加任何食材，因此，从这一角度来看，"点花入茶"应是调饮方式之一。区别于唐宋时期的调饮佐料，清代以花入茶十分普遍。《清稗类钞》中记载的方法是这样的："以锡瓶置茗，杂花其中，隔水煮之。一沸即起，令干。将此点茶，则皆作花香。梅、兰、桂、菊、莲、茉莉、玫瑰、蔷薇、木樨、橘诸花皆可。诸花开时，摘其半含半放之蕊，其香气全者，量茶叶之多少以加之。花多，则太香而分茶韵；花少，则不香而不尽其美，必三分茶叶一分花而始称也。"

乾隆命制的"三清茶"以及光绪、孝钦皇后喜饮之茶都属花茶。

其次，各地区及各民族饮茶习俗中还存在多样的调饮方式。《清稗类钞》中记述有四川太平、北京、扬州、长沙、广东等地采用调饮方式喝茶的茶俗。其中长沙茶肆"有以盐姜、豆子、芝麻置于中者，曰芝麻豆子茶"；而广东地区的茶馆也有饮所谓菊花八宝清润凉茶，茶中入有"杭菊花、大生地、土桑白、广陈皮、黑元参、干葛粉、小京柿、桂圆肉八味，大半为药材也"。此外，前文中所述满族、蒙古族喜饮的奶子茶、乳茶，藏族的酥油茶都属于调饮茶。

三、仿清盖碗泡法演示

清代延续了明代的品茶方式。

（一）器具

清代的茶器以"景瓷宜陶"最为出色，尤以盖碗最负盛名。盖碗出现于清代康熙年间，流行于乾隆年间，一般有两种形制。一种在《中国茶叶大辞典》中的定义为：盖碗，饮具。多见瓷质。上配盖，下配茶托，茶托隔热便于持饮。这种由碗、盖、托三件组成的盖碗，又被称为"三才碗""三才杯"。盖为天、托为地、碗为人，暗含天地人和之意，蕴含了天人合一的中国传统思想。另一种在《中国古陶瓷图典》中的定义为：盖碗，带盖的小碗，茶具，流行于清。此类盖碗由碗和盖两件组成，近年来的茶文化复古潮流中，越来越多见。

盖碗既可作为泡茶器，也可以直接作为品饮器，是一种具有中国特色的茶器。

（二）流程

入场行礼→取茶→温具→置茶→润茶→摇香→冲泡→奉茶→行礼退场。

（三）演示

1. 入场行礼

行鞠躬礼。

2. 取茶

左手取茶罐，右手拿茶匙，取适量茶。茶罐合上盖子，放回原处。

3. 温具

提壶按逆时针方向注水，按注水顺序，用茶针依次翻合碗盖。双手转动手腕温盖碗，温碗毕，弃水。

4. 置茶

用茶匙将茶叶均匀地拨入盖碗中。

5. 润茶

提壶转动手腕依次逆时针注水至四分之一碗。

6. 摇香

捧起盖碗，慢速逆时针旋转一圈，快速旋转两圈，将盖碗放回原处。依次进行。

7. 冲泡

依次开盖，提壶倾斜45°，定点冲泡至七分满。

8. 奉茶

将泡好的茶放入奉茶盘中，端盘起身，至品茗者前奉茶。

9. 行礼退场

奉茶后回到座位，示饮后行礼。

第十四章
国外饮茶风俗

中国古代的饮茶文化自西汉张骞（公元前164—公元前114）出使西域，开辟陆上丝绸之路开始，通过与各国之间进行商贸往来、宗教文化交流、互通使节等多种方式向国外传播。世界各国吸收中国茶文化后，结合本民族的文化特点，通过饮茶生活的长期实践，形成了各具特色的饮茶风俗。
世界范围的多种饮茶文化，既融合共通，又异彩纷呈。

第一节　日本茶道

中国茶道作为先进文化，自唐朝传入日本后，经几百年的融合与发展，形成富有日本民族特色的日本茶道。

一、日本茶道的形成

日本茶道源自中国。唐宋时期的留学僧空海、荣西、圆尔辨圆等学习了中国的饮茶方式并带回日本传播。日本平安时代（782—1191）主要以天皇、贵族、高级僧侣等上层社会人群为主体，模仿唐风、学习大唐先进文化。由于没有本土文化的滋润而缺乏生命力，又因嵯峨天皇的退位、晚唐的没落等原因，日本当时饮茶之风逐渐衰退。镰仓至桃山时代（1192—1623）日本对中国的饮茶方式进行思考、消化，并结合本土文化，经历了"寺院茶风""书院茶风""草庵茶风"的发展与探索，最终形成了传承至今的日本茶道文化。

日本的茶祖荣西渡宋回国输入中国茶、茶具和点茶法，茶又风靡了日本僧界、贵族、武士阶级以及平民。他撰写了日本第一部茶书《吃茶养生记》，介绍茶的药用功能，并根据自己在中国的体验和见闻，记叙了当时的末茶点饮法。

被称为日本茶道始祖的村田珠光（1423—1502），将禅宗思想引入茶道，形成了独特的草庵茶风，把茶道由一种饮茶形式提升为一种综合艺术及修身养性的载体，完成了茶与禅、民间茶与贵族茶的结合。作为珠光的弟子，武野绍鸥（1502—1555）承前启后，他将日本和歌（连歌）中表现日本民族特有的"侘寂"美学思想引入茶道。千利休（1522—1592）在继承村田珠光、武野绍鸥的基础上，使草庵茶进一步深化，并使茶道摆脱了物质因素的束缚，还原为淡泊寻常的本来面目。

千利休去世后，他的子孙和弟子们分别继承了他的茶道，400年来形成了许多流派。其孙千宗旦，忠实地继承了千利休的茶道，其第三子江岑宗左承袭了茶室不审庵，开辟了表千家流派；其第四子仙叟宗室承袭了茶室今日庵，开辟了里千家流派；其第二子一翁宗守，在京都的武者小路（地名）建立了官休庵，开辟了武者小路流派。表千家、里千家、武者小路千家各自继承了千利休的茶风，称为"三千家"。至今，三千家仍是日本茶道的栋梁与中枢。

除了三千家之外，继承利休茶道的还有利休的七个大弟子，被称为"利休七哲"，他们都不同程度地对千利休的茶道形式进行了一些改革，以家元的形式来约束茶道的传统规范，形成了现在日本百花齐放的各式茶道流派（图14-1）。

发展至今，日本有众多茶道流派，尽管在行茶程式或茶具风格上有所偏好，有的继承传统武士风格，有的侧重书院风格，但是基本秉承"和敬清寂"的精神理念。

图14-1　日本茶道

二、日本抹茶道

（一）茶具

1. 风炉

放置于榻榻米之上的炉子，5月到10月间使用。

2. 釜

煮水的容器。也用铁壶煮水。

3. 风炉垫板

风炉垫板。

4. 帛纱

茶巾的一种，用来擦拭茶具，但不可沾湿。

5. 古帛纱

茶巾的一种，行奉茶礼时可以防止茶碗过烫。

6. 水指（清水罐）

盛放冷水用的容器。

7. 茶碗

喝茶的碗，不同季节会选择不同器型。

8. 白茶巾

茶巾的一种，清洁茶碗时使用。

9. 茶勺（真、行、草）

取抹茶时使用，根据不同的点前方式选择。

10. 茶筅

击打抹茶使用。

11. 棗

放置抹茶粉，点薄茶时使用。

12. 茶入

放置抹茶粉，点浓茶时使用。

13. 柄杓

取水用的木制水杓，尾端切口的不同，使用季节不同。

14. 盖置

放置茶釜的盖子、柄杓。

15. 建水

盛放废水的容器。

16. 茶点盘

放置茶点的盘子。

17. 怀纸

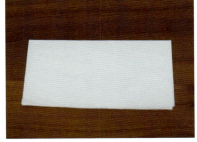

放置茶点用，或擦拭饮用后的茶碗口沿。

18. 黑文字

取用茶点的牙签或点心叉。

（二）盆略点前礼法

盆略点前是日本茶道基础入门的学习内容，使用风炉和铁壶煮水，茶具集中在茶盆中完成点茶的过程。初学者通过练习，掌握茶道仪式的基本动作。

1. 点茶准备

在茶室的点茶席上按规定摆放好所有茶具，检查壶中的水、枣中的抹茶。

亭主坐于榻榻米茶席的点茶位，客人坐在茶席正前方。

行礼后，亭主将准备好的茶点奉给主客，客人在品饮前食用茶点。

将茶盆放至正膝盖正前方，系帛纱于腰带上，行礼，开始点茶程序。

2. 清洁茶具

按茶盆、茶碗、枣的顺序，依次将其放置于膝前的规定位置。

依次用帛纱擦拭茶盆、枣、茶勺，之后置于规定的位置。

将水壶中的热水注入茶碗，取茶筅清洁茶碗。

弃水，用白茶巾擦拭茶碗。

3. 置茶点茶

  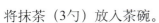

将抹茶（3勺）放入茶碗。　　注入适量热水，用右手点茶，使茶汤呈现丰富的沫饽。

4. 奉茶品饮

将点好的茶用右手端起，放于膝前，然后用右手递给主客。

客人用右手接过，互相行礼后，先喝三分之一的茶，与亭主行礼后，分两次饮尽。

5. 收具退场

亭主收回主客的茶碗，注入热水后倒掉，行礼，开始收具。

将水壶中的热水注入碗中，用茶筅清洁后，按顺序将茶碗、白茶巾、茶筅放置于规定的位置。

亭主接过客人归还的茶碟，放回原来的位置，将水壶摆正。

主客之间行礼，结束。

（三）浓茶礼

浓茶礼法是较为隆重的礼法，饮茶前要请客人先吃一种名为"怀石"的简单而精致的茶点，所谓"怀石"是取修行中的和尚为忍耐饥饿而在怀中温石之意，意味着粗茶淡饭，也是"精行俭德"精神的体现。

主人点一碗茶，茶客（5人以内）遵循礼仪规范共饮这一碗茶，以显示茶人们一味同心的精神指向。浓茶使用抹茶量为每位茶客3勺，以此类推，抹茶均置入茶碗进行点饮，浓茶的茶汤比较浓稠。

三、日本煎茶道

江户时代（1603—1868），日本在中国明清泡茶方式的影响下，把中国当时流行的叶茶冲饮法和日本抹茶道的一些礼仪规范相结合，形成了日本人所称的"煎茶道"。一般认为是隐元禅师于1654年东渡日本时将中国当时的饮茶法传入日本。目前日本煎茶道流派众多，成立了日本煎茶道联盟，其中小笠源流、方円流、静风流、黄檗壳茶流等流派与中国茶文化交流活动十分频繁。

"平成二景"（图14-2）手前席是黄檗壳茶流煎茶道的基本茶席，适用于不同的茶会场合。

图14-2　"平成二景"手前席

（一）茶具

1. 茶碗

2. 茶壶

3. 仙媒（茶则）

4. 袱纱

5. 茶罐

6. 白泥壶

7. 凉炉

8. 水勺

9. 水指

10. 茶巾、巾盒

11. 建水

12. 瓶床

13. 盆巾

14. 礼扇

15. 三器盘

16. 手前盘

（二）演示

1. 座席

入席整好位置后行礼。

2. 布具

按次序将器皿移动至规定的位置。

3. 温壶

白泥壶注水入茶壶，摇壶温洁后，将废水倒入建水中；再注入三分之一的温水后将壶归位于托上备用。

4. 袱纱擦拭

叠袱纱后擦拭茶则、茶叶罐后归位。

5. 取茶

左手拿茶则，右手将茶罐中的茶倒置茶则后，茶罐归位。

6. 投茶

右手拿茶则，左手开壶盖，用上投法将茶叶放入壶中，茶则归位。

7. 浸润泡

注水后，摇壶三圈，再将壶归位于托上静候。

8. 清洁茶碗

依次将冷水注入茶碗，清洁弃水后，使用茶巾分别擦拭茶碗。

9. 出汤

出汤静候沥干，壶归位。

10. 奉茶

由助手将茶奉给客人。

11. 净具

拿盆巾擦拭手前盘，取出壶中茶叶并清洁壶。

12. 收器

依照备具相反次序将器皿依次归位（茶巾盒、瓶床、碗）。

第二节　韩国茶礼

中国茶道自唐代传入韩国，经长期的融合与发展，形成韩国茶礼。

一、韩国茶礼的形成

据高丽时代史学家金富轼的《三国史记·新罗本纪》（第十）兴德王三年（828）十二月条：冬十二月，遣使入唐朝贡，文宗召对于麟德殿宴赐有差。入唐回使大廉持茶种子来，王使植地理（亦称智异）山。茶自善德王时有之，至于此盛焉……这一段记载了新罗第四十二代兴德王三年派遣新罗使者金大廉来华，回国时带回唐文宗赐予的茶籽，并植于智异山开始种茶的事件。朝鲜半岛的史书《东国通鉴》也有相同记载，这说明在唐代初期或者在此之前，茶叶已传入朝鲜半岛。兴德王时期，法师缘光也曾前往浙江天台山国清寺从师于智者大师门下，之后随着佛教天台宗和华严宗的友好往来，饮茶之风进入朝鲜半岛，并在禅院扩展。

新罗时代（668—892）茶叶从中国传入朝鲜半岛，并开始流行于上流社会和僧侣文士之间，这也是朝鲜半岛茶道思想开始酝酿的时期，为后来高丽时代（936—1392）茶风鼎盛打下了基础。

韩国茶礼是以新罗时期的宗庙茶礼与佛教茶礼为代表，在效仿中国佛教茶礼和规范中逐渐形成、建立。高丽时代佛教的盛行带动了茶文化的高速发展，是朝鲜半岛茶文化发展最兴盛的时期，其茶礼的形成也受到中国佛教礼仪的影响。当时王室还设立了茶房、茶军士、茶所等制度，这些制度下还有专配人员，管理官方与皇室的饮茶事务。

朝鲜时期是茶礼文化发展最艰辛的时期。由于朝鲜时期废佛教，兴儒教，因此茶礼文化主要保留在当时衰落的佛教中，其次还保留于民间"朱子家礼"中，比如祭祀、婚礼等仪式中有饮茶习俗。被奉为"韩国茶圣的草衣禅师编写《东茶颂》，也在此时期完成，他在吸收中国儒家思想的基础上，倡导"中正"精神，创立了韩国茶道理念和理论，为现代韩国茶礼奠定了基础。

韩国茶文化自1945年之后重新复苏。20世纪80年代，韩国文化教育部主导实施茶道教育，在学校范围内得到推广，通过人格修养和礼仪生活的习惯养成来实现人们高尚品格的培养。同时也出现了许多新的茶道流派。由于各地茶道团体的逐渐组建和壮大，成立了韩国茶人联合会。

茶是韩国人生活中的奢侈品，因为韩国气候寒冷，茶园种植面积小，茶叶产量十分有限，只能供少数韩国人享用。所以习茶成为韩国有钱有闲阶层以及茶文化爱好者以茶会友、建立社交团体，并以茶修身养性和感悟人生的途径。人们通过以严谨有序的宗教礼仪为主的茶礼程序，规范自己的行为，形成自己的审美观和道德观，培养自己沉静平和的心境、谦逊中正的品质和婉约优雅的气质。

韩国茶礼极具仪式感，从新罗时代、高丽时代、朝鲜时代的古代茶礼发展到现代韩国茶礼的程式，包括接宾茶礼、佛门茶礼、君子茶礼、闺房茶礼等形式。按照类型分为生活茶礼、成人茶礼、高丽茶礼（五行茶礼）、新罗茶礼、陆羽品汤会等。按照茶叶类型的不同，可以分为"抹茶法""饼茶法""煎茶法""叶茶法"。目前韩国的众多茶会没有完全一致的茶礼程序，但比较注重师从何处。这里以韩国青茶文化研究院为例，介绍韩国茶礼的茶具与演示程式。

二、韩国叶茶道：接宾茶礼（五行茶礼）

（一）茶具

1. 茶壶

冲泡茶叶用（本节图片均由韩国青茶文化研究院提供）。

2. 茶盏

盛载茶汤用。

3. 耳台茶碗（熟盂）

耳台茶碗用于分配茶汤、凉开水，容量按照茶罐的大小和杯子的数量来选择。

4. 茶则、茶匙

茶则主要用于观赏茶叶和将茶叶放入茶罐里，茶匙主要用来舀茶叶。

5. 杯托

用于托茶盏。

6. 汤罐

烧开水时使用。

7. 退水器

用于盛弃水。容器的大小比熟盂大一些，一般用陶瓷和木头做成。

8. 茶床

茶床主要用于摆放茶具，有漆器、木器或用银、陶、瓷制作。

9. 茶巾

茶巾用于擦去茶具上的水分。材料最好用麻布，大小以横20厘米、纵30厘米为宜。

10. 茶床布

用红色和蓝色的布来做茶床布的里层和外层，大小以能够盖上茶床为佳。

11. 水瓢

舀水用。

12. 釜、火炉

煮水用。

13. 盖台子

放置釜盖。

14. 净水器

放置干净的水。

15. 茶罐

装茶叶用。

（二）演示

1. 迎接客人

主人需恭敬地迎接客人，引其洗手进入茶室，互相行礼后，围着茶床就座；预先备好茶点。主人行半拜礼，开始茶礼仪式。

2. 备器出具

打开前面的红布，折叠后放置侧床；打开侧面的青布，放在红布上面。

将5只品杯、熟盂、盖台子按序放置于规定的位置。

打开釜盖，将茶巾侧放在釜盖上；打开净水器的盖子，把盖子放在盖台子上温热器具。

用水瓢取热水倒入熟盂内，放好水瓢。

然后将熟盂内的水倒入茶壶，盖上茶壶的盖子，将茶壶中的热水按序倒入茶盏中预热。

3. 备水置茶

用水瓢舀两瓢汤水倒入熟盂内备用，打开茶壶的盖子，准备置茶。

用右手取茶则放于左手，再取茶罐在茶则上挨着边缘滚动取出茶叶。

将茶叶置入茶壶。

4. 注水候汤

将熟盂里备好的水倒入茶壶，熟盂归位，盖上茶壶盖子，等候闷泡出汤。

清洁茶杯。按次序用茶巾将5只茶盏旋一圈清洁杯子内壁，将废水弃于退水器内。

5. 分茶出汤

将茶壶内的茶汤依次分入茶盏，第一遍倒入二分，第二遍倒至五分满，第三遍将剩余茶盏中的茶倒至七分满。需要注意的是五杯茶汤的浓度、汤量都要一致。

6. 奉茶品饮

将茶盏依次放置于杯托上，再将它放于茶童（助手）的茶床。

客人和主人互相半拜行礼，开始品茶。分三口，第一口前，看汤色；第二口前，闻茶香；第三口感受茶汤滋味。

7. 添盏续茶

主人品一口茶后，用水瓢将热水倒入熟盂后，再注入茶壶。取侧床上的添盏茶壶，放在茶壶和熟盂之间，加热水预热后倒入退水器。将第二泡茶汤倒入添盏茶壶，盖上添盏茶壶的盖子。将添盏茶壶、茶巾等放在茶童的茶床上。茶童将添盏茶壶奉送至客人的茶床上，主人请客人吃茶点、品茶。

8. 行礼送客

客人和主人互相行礼，主人送客至门外。

三、韩国抹茶礼：现代抹茶法

（一）茶具

主要茶具如下：

抹茶碗。

汤罐。

茶筅、茶匙、茶筅台。

抹茶茶罐（比叶茶茶壶矮）。

（二）流程

`1. 备器出具`

主人准备茶席与茶点，以平拜行礼为开始。

收起红布，把它放在侧床的后面。

双手将倒置的抹茶碗置于丹田前，转至口向上放置于规定的位置。

2. 温洗烫碗

取茶巾，将汤罐中的水注入抹茶碗中，约三分满。

取茶筅在茶碗中左、右、中从上到下轻刷一下后，将茶筅放回原位，将茶碗中的水倒入退水器。

将汤罐中的水再次注入茶碗中，预热茶碗后，再将茶碗中的水倒入退水器。

3. 擦拭茶碗

取茶巾擦拭茶碗，使茶碗边沿嵌入茶巾的阴面，按逆时针方向将碗转三圈，使茶巾能擦拭碗沿一周，在碗内同样以左、右、中的顺序擦拭。

4. 置茶点茶

请客人吃茶点后，取茶壶，将盖子打开置于抹茶碗右下方。
取茶匙将两勺半（2克）抹茶放入碗中，用茶匙打散茶碗底部的抹茶。

盖上茶罐盖子，将茶罐放回原位。

取汤罐，注60毫升水入茶碗。

取茶筅，先轻触茶碗底，使茶碗底的抹茶不沉积，均匀分布；再是茶碗左边、右边、中间击拂茶，产生丰富的泡沫，此时则不可触底，只在汤面上击拂茶。

点完茶后，茶筅于茶汤中间垂直取出，放回茶筅台。

5. 奉茶品饮

将茶碗置于左侧的侧茶床上，托起茶床，将茶奉给茶客。

茶客双手托起茶碗，将抹茶喝完，将用完的抹茶碗放回茶床原位。

6. 洁器收具

取汤罐，将水注入茶碗三分之一。

取茶筅，垂直地在茶碗中从左至右刷动，同时清洗茶筅与茶碗。

将茶碗中的水倒入退水器中。

 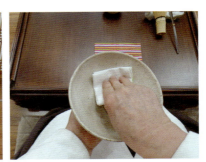

用茶巾擦拭茶碗内壁与口沿。

叠好茶巾、扣放茶碗，茶具归位后盖上红布。

行半拜礼，点茶结束。

第三节　欧洲下午茶

16世纪开始，中国饮茶文化被引入欧洲。最先流行于各国的贵族阶层，与欧洲饮食习俗和生活习惯进行融合后，逐渐普及到普通民众。

一、欧洲下午茶的形成

19世纪中后期"下午茶"的风气成为流行风尚。下午茶使用的茶叶主要是红茶，饮茶方式以热饮为主，有清饮，也有调饮，以加牛奶和糖的奶茶居多。

大多欧洲国家都有自己风格的下午茶时光，比如浪漫优雅的法式下午茶、闲适的爱尔兰下午茶等，其中传统英式维多利亚下午茶有着浓郁的古典气息。

17、18世纪的英国人由饮用咖啡逐渐转为饮茶的原因是多元的，既有两种饮料属性有差异的因素，又有二者在传播领域变迁、贸易历史格局变化等多方面的原因。英式下午茶在其形成过程中带有皇室贵族的气质，综合了茶的品饮文化与舞会的审美价值和实用价值，从而成为优雅、精致的休闲文化以及社交娱乐的重要方式之一。

二、传统英式下午茶

传统英式下午茶的饮茶时间在下午16点左右，布置精致的客厅、精美的茶具、上等茶品、纯英式点心，配合古典音乐，构成英式下午茶浓厚的文化氛围。在饮茶仪式上也有严格的礼仪规范，是欧洲下午茶文化的经典代表（图14-3）。

（一）茶具

水壶、茶壶、茶叶罐、牛奶壶、糖罐、茶杯、茶托、茶匙、滤匙、汤匙、托盘、三层茶点架、茶点盘、点心叉、蕾丝绢巾、废水缸等。

（二）基本流程

① 备料：单人份伯爵红茶2～3克、水150毫升、适量牛奶、方糖。

② 迎客，简单的社交礼仪展示。

③ 请客人品尝茶点。

茶点摆放：最下层咸点心，如三明治和手工饼干等；中间层是咸甜结合的点心，比如传统英式Scone松饼搭配果酱、奶油等；最上层是甜点，比如蛋糕及水果塔等。食用顺序是由最下层开始往上享用。

④ 主人温壶烫杯。

⑤ 将红茶置入壶中。

⑥ 用90℃的水注水冲泡后，浸渍3分钟。

⑦ 将适量牛奶加入杯中。

⑧ 将茶壶中冲泡好的茶汤注入茶杯。

⑨ 加入方糖，用茶匙搅拌茶汤后，放置在茶托上。

⑩ 奉茶品饮。

图14-3　英式下午茶

第四节　其他国家的茶饮

世界上有80多个国家产茶，直接或间接来源于中国，形成了各国丰富多彩的饮茶方式。

一、印度奶茶

印度是世界上主产红茶的国家之一，以CTC茶（红碎茶）为主，主要茶叶产区有大吉岭、阿萨姆、尼尔吉里等。印度曾经是英国殖民地，饮茶方式受英国的影响，习惯在红茶中添加奶制品和糖。

印度奶茶的配料中除了牛奶和糖，还会添加研成粉末的胡椒、肉桂、小豆蔻、丁香等香料，这种综合香料也被称为"Masala"（马萨拉）。

马萨拉茶（Masala chai）属于印度奶茶中比较典型的香料奶茶。印度人认为茶叶与各种香料调和后，不仅风味更加馥郁，而且各种香料对调整情绪也有一定的作用。

从茶汤制备的角度，印度流行一种"拉茶"（图14-4）技艺。将茶水在两只茶杯间来回倾倒多次，拉出高长的弧度而不撒漏茶汤，使调料和茶汤完美融合，产生丰富可口的泡沫，增添茶汤口感的细腻度与层次感。这种凸显"拉茶"技艺的印度奶茶也被称为"印度拉茶"。印度拉茶随着印度移民被带到了马来西亚、新加坡等地，由于冲泡技术的特殊性，被马来西亚人称为"飞茶"。

（一）材料和茶具

原料（2人份）：阿萨姆红茶4克，牛奶200毫升，热水200毫升。

配料：肉桂、小豆蔻、糖适量。

主要茶具：煮茶壶、奶罐、玻璃杯。

（二）基本流程

① 煮水至沸腾。

② 加入茶叶、肉桂、碾碎的小豆蔻等香料。

③ 加入牛奶。

④ 继续煮开后，换成小火煎煮，30秒至1分钟后，汤色变浓。

⑤ 加入适量糖。

⑥ 通过茶滤注入杯中。

⑦ 展示"拉"的技术。

图14-4 印度拉茶

二、土耳其的煮茶

土耳其被称为"浸泡在茶汤里的国家"，可见饮茶是当地人民生活的必需品，不论什么阶层、性别和年龄的人都乐在其中。土耳其人喜好煮饮红茶，适当加些糖调和红茶的甜度。他们的饮茶方式比较简单，对饮茶礼仪也要求不多。

土耳其人十分在意煮茶的功夫，讲究火候、水质，以及煮茶的时间，要求茶汤色泽红亮，浓度适宜。土耳其红茶较细碎松散，经过长时间的高温烘焙，香气馥郁，口感醇厚。使用的茶具充满土耳其风情：用来煮茶的茶壶很别致，是上下叠在一起的两个壶，称为"子母壶"，材质有金属质地和陶瓷质地。上层的"子壶"先只放茶叶，不添加水，下层的"母壶"则用来烧水。水烧开的过程中，茶叶通过蒸汽的熏煮慢慢焙出香味，水烧开后将一部分水倒入上层冲泡出浓浓的茶汁。用来品饮的茶杯也很有特色，杯形曲线优美，犹如国花郁金香的花苞，也被称为"郁金香杯"，材质一般是玻璃的，中间设计了腰线，苗条秀美。郁金香是伊斯兰世界重要的文化符号，是伊斯兰世界熟悉的文化元素。除去茶杯的郁金香形状，奥斯曼风格的花纹点缀着茶托、茶碟和茶匙，彰显了土耳其浓郁的文化符号（图14-5、图14-6）。

（一）材料和茶具

① 原料（2人份）：土耳其红茶4～5克，热水200毫升。

② 配料：糖适量。

③ 主要茶具：子母壶、奶罐、郁金香杯、茶托、茶匙、煮水器等。

图 14-5 子母壶（金属）（陈涛 提供）

图 14-6 茶杯

（二）基本流程

① 先在母壶（大壶）里放入清水。

② 将子壶（小壶）放置在母壶上方，后将茶叶置入子壶内。

③ 子母壶一同放置煮水器（火炉）上蒸煮，母壶的水蒸气直接烘热子壶的壶底，有助于茶叶香气的释放。

④ 水煮开后，将煮开的水倒入装有茶叶的子壶中。

⑤ 把两个壶叠放在一起，用小火慢慢煮至子壶水沸。

⑥ 将子壶里的浓茶汤注入郁金香杯一半的位置。

⑦ 将母壶里的沸水注入郁金香杯至8分满，调配浓淡适中的琥珀色红茶。

⑧ 根据喜好调入适量的糖，增添茶汤的甜润口感。

三、摩洛哥的薄荷绿茶

摩洛哥地处炎热的非洲，本国产茶很少，却被称为"绿茶消费王国"，是茶叶进口和消费大国，中国绿茶在其进口中占很大比例。摩洛哥的集市上和大街小巷里随处可见当地人托着茶盘、茶壶串门，人们从早到晚都在喝茶。

薄荷绿茶是摩洛哥最流行的茶饮，被称为国饮，是一种花草型调饮茶。绿茶大多选择中国绿茶，比如中国的珠茶，因为外形为颗粒形，似古时弹药外形，也被称为"火药茶"，是当地比较受欢迎的绿茶之一。薄荷是一种芳香型植物，口味清凉略带辛辣刺激感，散热解毒，常饮清心明目。选用新鲜的薄荷叶与中国绿茶调和，加上适量的糖，三者融合，呈现出摩洛哥独特的饮茶风格。

冲饮的方式有多种，但是绿茶的等级高低，茶、糖和新鲜薄荷比例搭配是否得当是茶汤口味是否协调的重要因素。摩洛哥人在家中招待客人时，会备有精致茶具，献上"三杯茶"，其间会热情地询问客人茶汤的口味，及时做调整。有时也会展示"举高出泡沫"的倒茶技巧，将茶壶高冲注水，适度降低水的温度，冲击出的泡沫增添了茶汤入口的细腻感。一套讲究的摩洛哥茶具包括尖嘴的茶壶、雕有花纹的大铜盘（银制）、香炉造型的糖缸、"大肚子"的茶杯等，一般上面都刻有富有民族特色的图案（图14-7）。

薄荷绿茶用煮茶的方法，冲泡的第一道茶汤显琥珀色，被认为蕴含了丰富的营养而被留用；第二道注水后的茶汤会被弃饮，称为"洗茶"，然后把第一道的茶汤倒回水壶中，再加水煮沸后，加入薄荷，

分汤品饮时，可以根据喜好决定是否加糖，也可以加一些肉桂或其他香料做口味调适。夏天的薄荷绿茶，按煮茶的方式做好后可以加柠檬和蜂蜜做成冰饮。

图 14-7　摩洛哥茶具（曲希明 提供）

（一）材料和茶具

① 原料（2人份）：中国珠茶4克，热水200毫升。

② 配料：新鲜薄荷叶、糖适量。

③ 主要茶具：尖嘴的茶壶、大茶盘、玻璃杯、糖缸。

（二）基本流程

① 将茶叶放入茶壶，注入300毫升的开水，浸泡1分钟左右，将第一道茶汤倒回杯中留用。

② 再次将开水注入茶壶，摇壶后，弃用第二道茶汤。

③ 将第一道茶汤重新注入茶壶，加开水至满壶后加热。

④ 茶汤沸腾后，加入薄荷叶（适量）。

⑤ 在薄荷叶上铺满糖块（茶与糖的比例为1∶15～1∶10）。

⑥ 糖块溶化，茶汤再次煮沸。

⑦ 将茶汤注入杯中，再将杯中茶汤倒回茶壶，反复2～3次，至冲击出丰富的泡沫。

⑧ 在茶杯中加入新鲜薄荷叶后，奉茶品饮。

四、俄罗斯的甜茶

　　俄罗斯的饮茶之风也源于中国，至少有400年的历史，盛行于19世纪，普及到社会各个阶层。俄罗斯只在南部自产少量茶叶，茶叶来源主要以进口为主，比如中国的茉莉花茶、印度的红茶等。

　　俄罗斯的饮茶方式最初受到中国北方游牧民族和商人的影响，使用中国的砖茶加奶调制成奶茶，但是中国少数民族的奶茶属于咸奶茶，而俄罗斯人喜爱甜食，在茶品的风味上，也偏好喝甜茶，习惯加糖、果酱、蜂蜜或牛奶调和，只饮一道汤。在饮茶的同时，他们还喜欢配上大盘小碟的蛋糕、烤饼、馅饼、甜面包、饼干等茶点；为了御寒，在冬季也会将酒调和到茶汤中饮用。

　　茶炊（图14-8）是俄罗斯特色煮水器，由铜、铁等各种金属原料制成，有着典型的俄罗斯风格。传统茶炊的把手、支脚和龙头会被雕铸成动物形象，也会被刻上一些与茶汤相关的词句，比如"火旺茶炊开，茶香客人尝"等，极具文化趣味；茶炊的结构类似于中国北方烧木炭的铜火锅，中心部分是个空心直筒，用来烧木炭，直筒外部是装水的环形水桶，下端的边缘有放水的开关，在直筒的顶端可以放置茶壶，将煮水和泡茶的功能合二为一。现代俄罗斯家庭中使用电茶炊居多，主要用来煮水。

（一）材料和茶具

原料（1人份）：红茶3克，热水。

配料：糖、果酱、蜂蜜。

主要茶具：茶炊、茶壶、茶杯。

（二）基本流程

① 用热水烫洗茶壶后晾干或拭干。

② 将茶叶放置在茶壶中，直接从茶炊处取沸水冲茶。

③ 在茶壶上罩上保暖套，闷泡3分钟。

④ 根据喜好加入糖、蜂蜜和果酱，搅拌后继续闷泡2分钟。

⑤ 将茶壶的茶汤倒入玻璃茶杯至五分满。

⑥ 从茶炊处取沸水加至茶杯八分满，调和茶汤的浓度。

图14-8　俄罗斯茶炊（Sampat Liyanage 提供）

第十五章
茶艺编创

茶艺可分为生活茶艺、营销茶艺、修习茶艺、创新茶艺等。本章重点探讨创新茶艺的编创要求、分类、构成要素、编创步骤等。

第一节　编创要求

创新茶艺可观赏性强，作为一种新的艺术形态，被人们逐渐接受，在茶文化推广与传播中发挥了重要作用。

一、创新茶艺考核要求

创新茶艺艺术形态不断发展成熟，内涵逐渐丰满，成为全国茶艺职业技能竞赛的重要模块，通过创新茶艺的演绎，全面考核选手的艺术创新能力、茶汤质量调控能力、科学素养、文化素养、艺术素养及礼仪素养等，是难度较高的考核模块。因此，编创的难度相对较高，创作者需有较深厚的功底。

二、编创总体要求

一件优秀的创新茶艺作品，带给受众的不仅仅是眼、耳、鼻、舌、身的感官满足，其深刻的思想内涵往往更能触及人们内心深处，让人们产生共鸣、共感或共情。优秀的作品，让人感动；经常浸润在感动的氛围中，让人渐渐感化；有内涵的作品，启发人们对人生观、价值观的思考，让人感悟。因此，这也是创新茶艺作品区别于其他娱乐性作品的特色。中华茶文化的精神内核，为茶艺编创提供了理论支撑。

刘伟华在《传承与创新 规则与自由——兼论创新茶艺之本质与内涵》一文中提出，创新茶艺作品要求主题鲜明、立意新颖，有原创性；演绎者发型、服饰与茶艺演示主题相协调；形象自然、得体、优雅；动作、姿态端庄大方；背景音乐有较强的艺术感染力的；冲泡流程合理，过程完整、流畅，演示动作自然、手法连贯，形神俱备；团队各成员分工合理，配合默契，技能展示充分；奉茶姿态、姿势自然，言辞得当；茶汤色、香、味等特性表达充分，所奉茶汤温度适宜，茶汤适量；文本阐释有内涵；讲解准确，口齿清晰，能引导和启发受众对茶艺的理解，给人以美的享受。

第二节　编创要素与步骤

剖析创新茶艺的构成要素，明确编创步骤，方可成就一个茶艺作品。

一、构成要素

创新茶艺涉及很多学科与领域，如茶科学、茶文化、美学、文学、绘画、音乐、书法、花道、香道、人体工学、礼仪、形体等。创新茶艺充分体现了综合艺术的特点。

茶艺编创的要素：

① 主题与题材。

② 茶席创作。

③ 冲泡参数与茶汤。

④ 演示者与演绎。

⑤ 意境营造与艺术呈现。

一个优秀的创新茶艺作品，此五者缺一不可。前三者是基础，后两者是作品艺术呈现、表达与阐述的方式与方法，也是作品审美提升、内涵表达深化的手段之一。

二、主题与题材

茶艺的核心是泡好一杯茶，呈现茶道之美，蕴含茶道思想。主题与题材的选择有以下要点。

1. 以中华茶道思想为指导

中华茶道思想是在儒、释、道母体文化的孕育下形成的。精行俭德，仁、义、礼、智、信，敢于担当，追求真善美、乐生等守正、进取的儒家思想；茶禅一味、无住生心、慈悲为怀、普济众生等普世的释家思想；天人合一、返璞归真、物我两忘、自我反省、内在觉悟、道法自然等修身养性的道家思想。周智修等（2021）研究了中华茶文化的精神内核，认为"和、敬、清、美、真"是中华茶文化的"命脉"。

2. 注重原创性

创意、创新、创造是文化自身发展的内在动力。作品原创性的灵感在于创作者丰富的人生阅历、深厚的文化功底、科学素养及艺术与创造能力。读万卷书，行万里路，才能下笔如有神。

3. 立意高远或深远

立意是作品的"灵魂"，一个好的主题与立意，奠定了作品的基调。第三届、第四届全国茶艺职业技能竞赛第一名的创新茶艺作品，《东方树叶》和《山河故里，英雄不逝》，均表达的是爱国之情（图15-1、图15-2）。前者选用了游子归国的题材：一位在英国求学的游子，从一片树叶里了解祖国、爱上祖国，学成以后回国，"我与这片叶子都属于东方"；后者选用了抗联的题材：家住辽宁抚顺的爷爷本来过着非常舒适、平静的日子，"食罢一觉睡，起来两碗茶"。但是，1931年的那一声枪响，打破了小山村的平静。从此，爷爷带上乡亲们赠送的茉莉花茶，奔赴抗联的战场，一直到抗战胜利——这个作品是中国人如何站起来的缩影。

第三届全国大学生茶艺技能大赛团体赛一等奖创新茶艺作品《闽茶荟萃丝路香》，选用福建典型茶品：正山小种、大红袍、铁观音、石亭绿、白毫银针和茉莉花茶六种茶，站在世界文化大融合的角度，以茶为媒，探寻闽茶通过海上丝绸之路，传播到世界各地的历史，契合"一带一路"建设的时代主旋律，立意高远，演绎团队气势宏大，有一定的震撼力。立意高远的作品，容易引起受众的共感或共情。

第二届全国茶艺技能大赛中的团体创新茶艺作品《盛誉下的古茶树》，取材于现实，贪婪的人们对大量古茶树过度采摘，老茶树痛苦地呻吟着，"别再采了，别再采了，救救我……"作品画面优美，六位选手动作柔美，曲调婉转，但引出一个深层次的问题——人类过度地向自然索取，发人深省。作品启发人类重新思考先人提出的"天人合一"的思想，人类应停止掠夺式地向自然索取，保护自己生存的环境，给子孙留下生存的空间。

图15-1　东方树叶

图15-2　山河故里，英雄不逝

4. 以小见大，选题小，挖掘深

节日、二十四节气、经典故事等传统文化题材；当代积极、正能量的事件、人物，反映时代精神的现代题材均可作为创作题材。茶艺创作与写文章、做论文等在选题方面有相似之处，选题要小，挖掘要深，以小见大。2019年广西赛区的《守望》《三代教书匠，一杯清茶魂》《初心》等，均是以小见大的成功作品（图15-3、图15-4）。

图15-3　三代教书"匠"，一杯清茶魂

图15-4　初心

三、茶席创作

茶席作为一个独立的静态艺术，是茶艺创作的基础，是创新茶艺作品成功的关键一步。

茶席创作的基本要求为：一是舒适，二是美观，三是寄予思想与情感。支撑的学科与领域依据为：人体工程学、光学、色彩学、构图艺术、茶学、美学、艺术等。

《中国企业管理百科全书》对"人体工程学"的解释为：人体工程学研究人和机器、环境相互作用及合理结合，使设计的机器和环境系统适合人的生理、心理等特征，达到在生产中提高效率，安全、健康和舒适的目的。

我们把茶席看作一个作业区域，而作业区域设计符合人体工程学，主要依据为人体尺寸的测量数据以及泡茶作业的性质、泡茶人和品茗者的生理、心理等诸多因素。

（一）泡茶席面

工作面的高度设计，按基本泡茶作业可以分成四类：坐姿作业、跪姿作业、盘坐姿作业和站姿作业。泡茶操作以坐姿作业居多；跪姿与盘坐姿居中；站姿较少，其大多在展览或展示活动中使用，以利于提高效率。

1. 坐姿席面与作业空间

茶席的席面，是泡茶作业的工作面。茶席席面设计的主要要求包括：尺寸适宜、造型美观、方便实用、操作舒适。作业面的高度与作业姿势有关。坐姿作业时，席面高度需与座椅高度尺寸相配合。席面高度一般在肘高（坐姿）以下5~10厘米比较合适。如果还要放置茶具等器物，台面降低10~15厘米为宜（表15-1）。

表15-1　坐姿席面尺寸

席面工作台尺寸	高度/厘米		宽度/厘米	长度/厘米
	65左右		>55	>85
椅子尺寸	椅面高	坐高	椅面宽度	长度
	40	130	55	100

坐姿作业，若人的头顶到地面的高度为130厘米，则席面高度为65厘米，椅面高度为40厘米。实际测量座椅的高度应比小腿低2~3厘米，使小腿略高于座面，使下肢重力落于前脚掌上，同时，也利于双脚的移动。参数在40~45厘米之间的座高，较适合我国人体的尺度。

坐姿泡茶的作业空间设计，通常在茶席面上进行，其作业范围随席面高度、手偏离中线的距离及手举高度的不同而发生变化。桌面水平抓握的区域，较大的半径为55~65厘米，这是手到肩的距离。舒适的坐姿泡茶空间范围一般介于手与肘关节的空间范围，半径为34~45厘米，此时，手臂活动路线最短、最舒适，在此范围内可迅速准确操作。

2. 站姿席面与作业空间

一般站姿作业时，身体向前或向后倾斜以不超过15°为宜，工作台面一般为操作者身高的60%左右。同样，以低于肘高5~10厘米比较合适，如果还要放置茶具等器物，台面降低10~15厘米。站姿，男性平均肘高105厘米，女性平均肘高98厘米，因此，男性最佳作业面的高度为95~100厘米，女性最佳作业面的高度为88~93厘米。

站姿作业一般允许作业者自由移动身体，但其作业空间仍要受到一定的限制。如双手作业，最大操作弧半径一般不超过51厘米。

3. 盘坐姿席面与作业空间

盘腿坐姿作业，若人的头顶到地面的高度为90厘米，则席面高度为30厘米。

舒适的盘腿坐姿泡茶空间范围一般介于手与肘的空间范围，半径为34～45厘米，此时，手臂活动路线最短、最舒适，在此范围内可迅速、准确操作（表15-2）。

表15-2　盘坐姿席面尺寸

作业面高度/厘米	长度/厘米	宽度/厘米	高度/厘米
30	>70	>70	>90

4. 跪姿席面与作业空间

跪姿作业，若人的头顶到地面的高度为100厘米，则席面高度为30厘米，长度>70厘米，宽度>55厘米。

舒适的跪姿泡茶空间范围一般介于手与肘关节的空间范围，半径为34～45厘米，此时，手臂活动路线最短、最舒适，在此范围内可迅速、准确操作。

坐姿、站姿、盘腿坐姿、跪姿，在席面上泡茶，是常用的泡茶姿势。大部分中国人不习惯跪坐于地上泡茶，但是有时在野外条件有限，我们也可以将就一下。

跪坐姿作业，以长度>80厘米，宽度>50厘米，高度>100厘米的人体容纳的空间为基准，茶席作业尽量规划小一些，以利于操作方便和舒适。

（二）茶席的色彩

我们在欣赏作品时，首先映入眼帘的是作品的色彩。色彩是引起我们共同的审美愉悦最为敏感的要素之一，茶席色彩的性质直接让观者产生联想，影响观者的心理和情感。

1. 色彩的分类

丰富多样的颜色可以分为两个大类，有彩色系和无彩色系。有彩色系是指红、橙、黄、绿、青、蓝、紫等颜色。无彩色系是指白色、黑色以及由白色和黑色形成的各种深浅不同的灰色。

2. 色彩的联想

各种不同的色彩能引起我们生理上和心理上的某种悦目、刺激或抑制等心理效应（表15-3）。

表15-3　色彩与色彩的联想和象征

色系	色彩的联想	色彩的象征
白	雪、白云、砂糖	洁白、纯真、正义
灰	灰、混凝土、阴暗的天空	荒废、沉默、平凡
黑	夜、墨、炭	严肃、黑暗、死亡
红	红旗、血、口红	热情、革命、危险
橙	太阳、橙子、砖	甜美、温暖、欢喜
棕	巧克力、栗子、枯草	优雅、坚实、古朴

续表

色系	色彩的联想	色彩的象征
黄	月亮、雏鸡、柠檬	光明、活泼、稚嫩
黄绿	嫩草、春	新鲜、希望、青春
绿	树叶、森林	和平、公平、深远
蓝	海、天空、水、宇宙	冷淡、平静、悠久
紫	葡萄、紫罗兰、茄子	高贵、优雅、嫉妒

3. 色彩的心理效果

（1）色彩的冷暖感

根据颜色对人的心理产生的影响，可以把颜色分为冷、暖两类色调。暖色系让人心情兴奋，冷色系能够让人心情平静。

红、橙、黄色的色相是暖色。当观察暖色时，心理上会出现兴奋与积极进取的情绪；最具热感的色是橙红、红与橙黄。春节、婚庆、结婚纪念日等茶席，可以用大量的红色、黄色来装点喜庆的氛围，用温暖的黄色烛光来营造温情脉脉的氛围。

绿、青、蓝、蓝中带紫的色相是冷色，当观察到冷色时，心理上会产生压抑或消极退缩的情绪。冷色起到清凉、镇静的作用。夏天的茶席为了满足解暑的生理需求、情绪需要（清静的心理以及精神上需要平定、安宁的愿望），需要借助冷色来表述，如能增添动态的流水声，视听结合，更能增加一份清凉感。

蓝紫、紫色、红紫被称为中性色，没有特别极端的冷暖感。

（2）色彩的轻重感

两瓶同样体积的葡萄酒，一瓶为红葡萄酒，一瓶为白葡萄酒，给我们的感觉红葡萄酒重、白葡萄酒轻，这就是因为物体的色彩不同，看上去有轻重不同的感觉，这种与实际重量不相符的视觉效果，称之为色彩的轻重感。

生活中许多蓬松的物体，如天上的白云、棉花和泡沫，都是色浅而轻，而铁块、石块等色深的物体，则给人一种坚实沉重的感觉。色彩的轻重主要决定于明度，高明度色具有轻感，低明度色具有重感，白色为最轻，黑色为最重。凡是加白提高明度的色彩变轻，凡是加黑降低明度的色彩变重。色彩的轻重感还与色彩表面的质地有关，色彩表面光匀的显得轻，而色彩表面毛糙的则显得重。

在创作茶席时，色彩的轻重感是必须要考虑的问题，要保持茶席平衡，除了器物的摆放平衡以外，还要考虑由色彩效果产生的轻重平衡，否则会产生不平衡感、不稳定感。

（3）色彩的软硬感

色彩的软硬感与色彩的轻重感有非常直接的关联。铁既重又硬，木材更轻也更软，棉花与雪片则轻如鸿毛、是最柔软的。色彩软硬感主要取决于明度和纯度，高明度色、低纯度色、暖色可使人感觉柔软，低明度色、高纯度色、冷色则使人感觉坚硬。

茶席色彩软硬感的选择，与茶席要表达的意象有关，表达坚强的、阳刚的主题，可以选择低明度、高纯度色，表达舒适、温柔的主题，可以选择高明度、低纯度色。

（4）色彩的兴奋与沉静

纯度高的暖色（红、黄、橙）给人以兴奋感，促使人们心跳加速，肾上腺素等分泌增加，以红、橙色最为令人兴奋的颜色；明度、彩度低的冷色（蓝、蓝绿），给人以沉静感，蓝色为最沉静。介于这两者之间的色彩为中性色，不属兴奋的颜色，也不属沉静的颜色，如绿、紫等色。

（5）色彩的朴素与华丽

高明度、高彩度的暖色（红、黄等），给人以华丽的感觉；低明度、低彩度的冷色（黑、紫等），给人以朴素的感觉。另外，华丽与质朴感还与质地有关，丝绸、锦缎、金、银、铜、大理石等光滑、发光的物体，有华丽感，粗质的棉、麻、钢、铁、沙石、陶器等有质朴感。

茶席作品大多由两个以上的色彩搭配而成，朴素感与华丽感可以通过色彩的搭配和质地的选择实现。

4. 茶席色彩的搭配方法

茶席色彩的搭配是表达茶席意象的主要方式。高贵、朴素、传统、平和、复古、自然、细腻、平静、田园、稚嫩、成熟等茶席意象及春、夏、秋、冬季节等均可以通过色彩的搭配表达出来。

（1）茶席色相配色法

以色相为基础的配色是以色相环为基础进行的思考。

① 近似色相配色。用色相环上近似的颜色进行配色，可以得到稳定而统一的感觉。如黄色、橙黄色、橙色的组合，青色、青紫色、紫罗兰色的组合。整体感强，但有点单调。

② 对比色相配色。用色相环距离远的颜色进行配色，可以达到一定的对比效果，视觉冲击强烈。对比色使用时，要注意使用面积比例，有主有次，不可以在面积上均等，否则会产生"俗"的效果。

（2）茶席色彩搭配技巧

① 一般来说，茶席色彩的组合不超过3种色相。

② 黑、白、银、灰是无彩色，能和一切颜色相配。

③ 与白色相配时，应仔细观察白色是偏向哪种色相，如偏蓝做淡蓝考虑，偏黄则做淡黄考虑。

④ 和谐的对比色是24色环上某一色与对面的9种颜色搭配，最容易得到较好的效果。

⑤ 对比色可单独使用，而近似色则应进行搭配使用。

⑥ 要有主色调，要么暖色调，要么冷色调，不要平均对待各色。

⑦ 暖色调与黑色调和，冷色调与白色调和；因此，暖色调茶席以灰色或黑色为铺垫，冷色调茶席以白色为铺垫。

⑧ 在色环中按等间隔选择3～4组颜色也能调和。

⑨ 在配色时，鲜艳明亮的色彩面积应小一些。

⑩ 本来不和谐的两种颜色搭配黑色或白色会变得和谐。

⑪ 有秩序性的色彩排列在一起比较和谐。

⑫ 多种颜色配在一起时，必须有某个因素（色相、明度、纯度）占统领地位。

⑬ 有明度差的色彩更容易调和，一般3级以上明纯度差的对比色都能调和（从黑到白共分11级），配色时拉开明度是关键。但与灰色组合时，明度差不要太大。

⑭ 色彩搭配要遵循均衡原则，左右、上下、前后平衡，让人视觉上、心理上有平衡安全感。

⑮ 配色的层次感原则，层次分为平面、立体两种。平面层次是指暖色、亮色、纯色等前进色与冷色、暗色、浊色等后退色搭配所产生的层次感；立体层次是指色块在位置上、质地上有差别而产生的层次。

⑯ 强调配色又称为点缀配色，是指用较小面积、强烈而醒目的色彩调整画面单调的效果。配色时要注意面积的大小，面积过大，会影响整体效果，面积过小，起不到点缀的效果。

（三）茶席的茶及器具搭配

1. 茶品

六大茶类的物质成分差异导致六大茶类的色、香、味、形的品质不同，各有特色，适合不同人群的消费需求。西湖龙井、碧螺春、黄山毛峰、祁门红茶、大红袍、普洱茶、六堡茶等，由于地域文化、历史渊源各不相同，被历代文人雅士赋予了人文特性和地域特征。选择茶品时，要充分考虑其物质特性与文化意蕴，并与创作主题相吻合。

2. 器（用）具

茶具是构成茶席的主体。在选择茶具时，除了考虑它的实用性以外，还要重点考虑茶具的质地、造型、体积、色彩、风格与美感等。茶具按质地分有陶、瓷、玻璃、竹、木、漆、金属、石、玉等；按功用来分有煮水器、泡茶器、盛汤器和辅助用具等。茶具的色泽、质地、器形与线条应协调一致，并与主题相吻合。

（四）茶席的形式与布设

由器与物组成的茶席三维空间，是一幅立体的画，从不同的角度，构成不同的画面。欣赏者主要从泡茶者的正对面远距离平视欣赏这幅画，也可以近距离俯视欣赏这幅画，同一个茶席，平视与俯视构成不同的画面。

构图是平面造型艺术的专用名词。它是指在特定的有限平面范围，即画面内，将个别的、局部的艺术形象有机地组合起来，使其形成符合艺术规律的组织结构，从而创造出一幅完整的艺术作品。这种按艺术规律组织画面结构，并且使其形成形式美的方法，就是构图。

茶席布设与绘画构图有异曲同工之妙，绘画构图用的是点、线，茶席构图用的是茶、器与物。

任何美的事物都体现了形式与内容的统一，以及目的性与规律性的统一，茶席也不例外。茶席是用来泡茶的，这是茶席的内容，而茶席的形式规律是指泡茶的各种形式因素及其组合的规律。这种外在的、具有极强的形式感的组合规律所体现出的秩序化，不仅在感觉领域揭示了美的本质和规律，使泡茶内容与形式水乳交融、合二为一，而且可以脱离具体内容，具有独立于物象之外的审美价值，从而构成了茶席形式美。

事茶者在长期的创作实践中，总结了许多成熟、规则的结构样式，初步形成具有普遍性、规律性的茶席基本形式。茶席艺术的形式美，行之有效的、具有恒定作用和效果的表现程式有：水平式、对角线式、三角形式、S形律动式、圆形式、梯形式、十字形式等。用几何线、形、文字等抽象概念来归纳席面中的基本布局，简洁明了地确立茶席的大致框架，有利于更好地设计席面中各种器物的关系和运行趋向，这是席面的内在结构和气脉，是一个茶席的结构总纲。

1. 水平式

水平式是茶席中最常用的一种结构方式（图15-5），器具安排在水平直线上，席面走势可以由左及右，也可以由右及左，能给人平稳、端正、开阔、宽广的感觉，如书法的正楷。由于重复在水平线上安排，容易造成席面形式单调、古板。茶席布设时要注意疏密、大小、主次的变化。

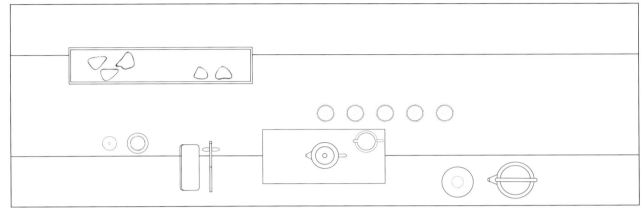

图15-5　水平式茶席

2. 对角线式

对角线式也称倾斜线式（图15-6），器物安排主要在一条斜线上展开，一般倾斜角度不超过45°。倾斜线让席面充满变化和动感，是较为活泼的一种布设形式。又分为向右对角线和向左对角线两种类型。

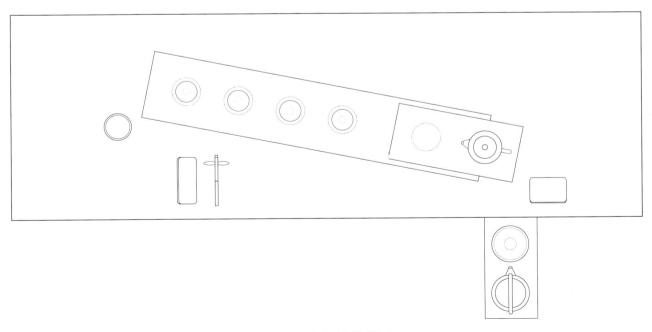

图15-6　向左对角线式茶席

3. 梯形式

梯形式茶席（图15-7），是指上下对边平行而左右对边不平行的四边形布局的一种形式，平稳中带有灵动感。

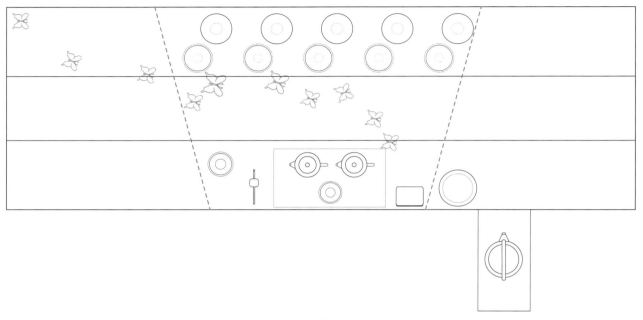

图15-7 梯形式茶席

4. "S"形式

"S"形式是一种器物布设在曲线上的茶席形式，具有优美、流畅、柔和圆润、动感强烈的特点（图15-8）。它能有效营造空间、扩大景深、使席面变化丰富，是茶席中常见的形式。"S"形律动式的依据是中国道家的太极图，它使静态的茶席艺术呈现动感，在视觉上和心理上给欣赏者一种柔和迂回、婉转起伏、柔中有刚、流畅优雅的节奏感与韵律美感。它所蕴含的多样统一的形式美规律，远非其他形式可以比拟的。

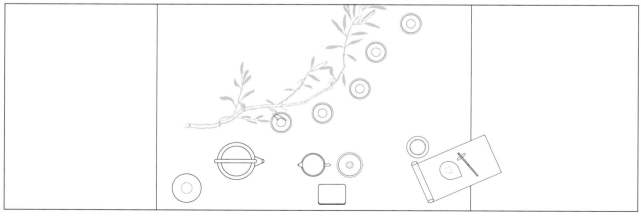

图15-8 "S"形式茶席

5. 三角形式

三角形式席面中的器物，以三角形的基本结构进行布局，可以是正三角形，也可以是不规则的斜三角形，具有稳定、均衡且不失灵活的特点（图15-9）。

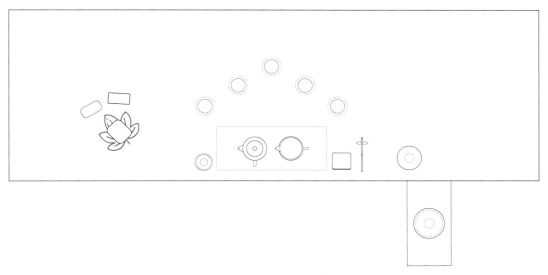

图15-9　三角形式茶席

6. 圆形式

圆形茶席是一种饱和、圆满、富态、旋转、运动且具有张力的布设形式（图15-10）。圆形式席面的主体器物的布局结构为圆形，席面外缘可以是圆形，也可以是长方形或正方形。

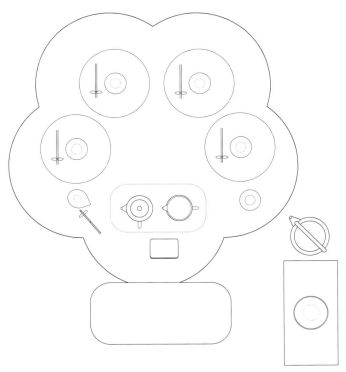

图15-10　圆形式茶席

7. 十字线式

十字线式是一种比较稳定的布局形式，席面平稳、庄重，具有健康、成熟、神秘、向上的感觉。横竖两线的交叉点不宜把席面上下、左右等分，应有所变化，否则会使席面呆板、机械（图15-11）。

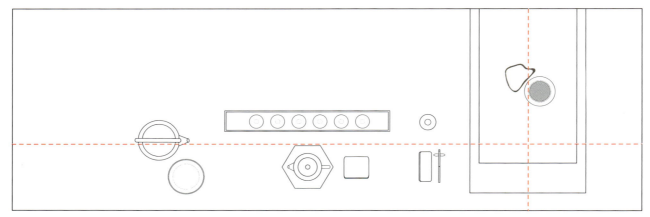

图15-11　十字线式茶席

人们在欣赏茶席时，由于视觉生理与视觉心理的原因，欣赏次序通常由通观全席，即对席面的整体效果产生一个总体印象；然后通过视点的移动，读遍全席；最后着眼于席面上最具吸引力的主体部位，即视觉中心的部位。视觉中心的形成，是席面构成因素布设的结果，因此，视觉中心即是席面的中心，在中国画中则被称为"画眼"，茶席中不妨称之为"席眼"。

席面的中心位置形成视觉中心的关键部位，茶器中的主茶具当然是置于席面中心，但是席面的主茶具四平八稳地居于中心，不仅使人兴味索然，且不符合艺术美的规律。因此，用"井字四位法"是确定构图中心位置的最佳选择，这不仅是对视觉心理因素的巧妙运用，而且切中了构成要领。"井字四位法"，亦称为"三分法"，将席面按水平和垂直两个方向各分成三等份，"井"字上的四个纵横线交叉点，即是席面中心主体，亦是主要茶具布设位置的最佳选择（图15-12）。将主茶具放在四个交叉点的任何一个位置上，都可以得到重点突出的艺术效果。因为，这四个交叉点的任何一个位置，都不仅没有脱离视觉中心的最佳范围，而且有了侧倚变化，使构成产生了动势。

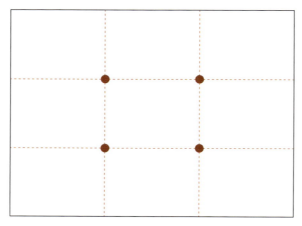

图15-12　以"井字四位法"确定的席面中心

泡茶席的主体茶具一般为主泡茶器，包括壶、碗或杯等，布设于四个交叉点中靠近泡茶者的两个交叉点附近的位置上，便于操作。盛汤器放于另两个离泡茶者远的交叉点附近位置上，与主茶具成45°角。品茗杯属于次主茶具，放于盛汤器的外侧，手臂自然弯曲时能轻松握取品茗杯的距离为适宜的位置。

水壶可放在主茶具右边，也可放在左边，根据个人左右执壶的习惯而定。水盂一般放于水壶的内侧，离观者视线最远处。因为，水盂用来盛装弃水和脏水，古人说"污不示人"。茶巾分为受污与洁方，为方便使用，受污放于泡茶者最近处，离观者最远处。运用主次、取舍、疏密、动静、呼应、布白布设手法。形成水平式、十字形式、三角形式、"S"形律动式、梯形式、对角线式、圆形式等茶席形式。

四、冲泡参数与茶汤

一杯温度和浓度适宜，又盛载着创作者心意和情意的可口的茶汤，是创新茶艺作品区别于其他艺术作品的根本特点。呈奉一杯好茶汤，关键是冲泡参数的设定和演绎过程中对冲泡参数的精准把握。创新茶艺的冲泡参数主要包括水温、茶水比、浸泡时间等。浸泡时间与茶水比呈反相关，茶水比越大，浸泡时间越短；茶水比越小，浸泡时间越长。这需要在演绎过程中做几次实验，来确定参数（各类茶冲泡参数Ⅰ、Ⅱ级有详述）。温杯、置茶、冲泡、奉茶等演绎流程的设计围绕一泡"好茶汤"而进行，要求科学、合理、严谨。

五、演示者与演绎

创作者演绎自己的作品，创作者又是演示者，这是创新茶艺作品区别于其他艺术作品的又一个特点。茶人的初心只是泡好一杯茶。表演艺术并非茶人的专长，茶人不是演员。相对于表演者，演示者有更高的要求。以一杯"好茶汤"为主线，演绎真情实感，赋予"好茶汤"以人文情怀或哲学思考。演绎的过程，也是创作的过程。恭奉"好茶汤"时，创作才真正完成。

① 演示者：文化的力量就是"文而化人"。长期受茶文化的熏陶，演示者应知行合一，有涵养、有茶德。"腹有诗书气自华"，"气质"比"容貌"更迷人，"沉稳"比"美貌"更有魅力。

② 服饰：服饰的色彩、款式、质地与创作整体意境营造相协调。大长袖、大挂饰等不便操作；超短、暴露的衣裳与茶的内涵相悖。

③ 肢体：围绕泡茶操作的肢体动作，自然、大方、得体即可。切忌矫揉造作、夸张多余。

④ 神态：心无旁骛、一心一意。专注的神情，无须语言，就有非常强大的震撼力。

⑤ 情感：真实，真情。

六、意境营造与艺术呈现

中国传统艺术均讲究意境，意境营造是茶艺创作的最高要求与难点。意境的有与无，也是衡量茶艺作品成败优劣的标准。

林语堂先生在《生活的艺术》一书中说意境是"精神和自然融为一体"。

美学家宗白华先生在《美学散步》一书中讲道："意境是'情'与'景'（意象）的结晶品。"

元代马致远《天净沙·秋思》："枯藤老树昏鸦，小桥流水人家，古道西风瘦马，夕阳西下，断肠人在天涯！"前面三句写景，末一句写情，景色秋煞，游子凄凉，情景交融。

一个茶艺作品,通过实景的营造、演示者的演绎,让观者产生联想,实"景"与观者脑海中的"境"相交融。当然,这与观者的艺术修养、文化素养也有密切的关系。

茶席创作中音乐选用、背景设置、解说、灯光、空间布置等艺术呈现都是意境营造中实景的一部分。

1. 音乐

音乐在茶艺意境的营造中起特定的作用。在所有的艺术形式中,音乐是最适合抒发情感、最能拨动人心弦的艺术形式。茶艺借音乐艺术来真实地传达、表现和感受演绎者的审美情感,或庄严肃穆,或热烈兴奋,或悲痛激愤,或缠绵细腻,或如泣如诉。音乐可以更直接、更真实、更深刻地表达演示者的情感。同时,音乐对观者的身心健康、情操陶冶、性格塑造有着巨大的影响力。轻松欢快的音乐使大脑及整个神经功能得到改善;明快的音乐节奏能使人精神焕发,消除疲劳;旋律优美的音乐能使人安定情绪,集中注意力。因此,音乐对于茶艺作品的气氛营造、情感表达以及观者的情感共鸣能起到很好的引导作用。

创新茶艺的音乐大多选用器乐,也可选用歌曲、戏曲等声乐。无论是器乐还是声乐,民族乐曲还是古典乐曲,音乐的旋律、节奏、响度和柔软性、声波品质、音色和纹理均需与创新茶艺的风格吻合。

2. 背景

背景是一个新生事物,之前用"投影"来辅助表达。由于LED电子屏的产生,并广泛使用于创新茶艺作品中,背景成为茶艺作品演绎的重要组成部分,成为一种辅助表达的语言。音乐是听觉的艺术,背景是视觉的艺术。视觉更能引起人的注意,所以,背景使用不当的话,会起到喧宾夺主的反作用,把视线吸引到非主体的背景部分的作品,是不成功的作品。背景的设计其实不需要太复杂,选用几幅与主题相符、景深较大的照片或一段视野开宽的视频,就可以取得比较好的效果。

3. 解说

个人作品由演示者解说,团体作品一般专设一人(非演示者)解说。解说对于阐述主题、帮助观者理解作品有非常重要的作用。解说的效果首先取决于解说词的内容;其次是解说者的语调、语音、语频等。解说的内容就是解说词,解说词的撰写与创作者的文化功底、文学修养有关,是长期积累的结果。解说词没有固定的格式,散文、诗歌、记叙等均可以。

第三届全国茶艺职业技能竞赛冠军创新茶艺作品《东方树叶》的解说词(部分)摘录如下:

十岁那年,我随父母定居伦敦。那时并不懂背井离乡的含义,满眼都是外国人,为了尽早融进英伦社会,我除了上学、练习语言之外,还要学着做一位绅士,享受下午茶就成了顺理成章的事情。

优雅的环境,丰富的点心,特别是红茶。周围的人总会问,milk or sugar,是的,就是这样,加了橙子、茉莉,或者放上柠檬,最基本的也要有蜂蜜,它是甜的,放在精致的骨瓷杯子里。后来我才懂,这一切都源自中国。

十七岁时,我在一场华侨联会上认识了一位茶艺老师,并有幸尝到一杯原汁原味的云南红茶,要小口地品尝,还要在口中细细回味。当时那一杯工夫茶让我突然觉得,茶艺师的手里藏着一座老茶馆,温文儒雅,特别有气韵。

2012年,我回到祖国开始正式学习茶艺,每当我安静地坐在茶台前,都是满心的安宁与平和。当你真正静下心来去专注做一件事的时候,你真的会喜欢上自己!现在,请大家放慢思绪,随我一起慢慢坐下,我们一起习茶……

竞赛作品《且行且珍惜》解说词（部分）摘录如下：

男：我来自百越之地叫作橘。

女：我来自彩云之巅叫普洱。

男：佛经有云："诸法从缘生，还从因缘灭，此有故彼有，此生故彼生。"

女：偶遇陈皮普洱，才解读到其中的妙义——机缘下，茶与陈皮相遇，就如同启封一坛陈年老酒，瞬间融合纠缠在一起，绽放。

男：此时，陈皮仍是陈皮，茶仍是茶。不同的是，陈香已留住于茶叶之上，茶味，则更为丰富……

女：爱情犹如这杯陈皮普洱，醇香而悠久、回味无穷，春生、夏长、秋收、冬藏，自然安稳，淡然矗立。说好了，我们一起转世，来生你若不认得我，我就说："你的茶凉了，我再去给你续上。"你便知，那人是我……且行，且珍惜……

4. 光

光线的来源有两种：自然采光和人工照明。在自然采光不足的情况下，可以采用人工照明。人工照明的设计一般有三个要求：

（1）适当的亮度

适当的亮度，保证看清茶席上主要的器与物。

（2）局部与背景的亮度反差

在静态的茶席上，常使用射灯于主茶具上，突出主体部位，但局部的照明与环境背景的差别不宜过大，亮度差太大易造成视觉疲劳。

（3）光色

光的波长不同，因而呈现出赤、橙、黄、绿、青、蓝、紫等不同的可见光，如天空中的彩虹也是光折射的结果。光色分暖色光、中性光和冷色光。

光色会对整个茶席的色调产生影响。可以利用光色营造茶席的色调和气氛，选用暖色光、冷色光还中性光，应依据茶席的需要而定；光的亮度会对色彩产生影响。眼睛的色彩分辨能力与光的亮度有关，与亮度成正比。

5. 空间

品茗空间包括泡茶作业的空间和品茗者活动的空间，又可分为内空间与外空间。无顶界面的空间是一个外空间，而有顶界面的空间是一个内空间，如在自家的花园里，设计一个有顶界面但东南西北是空的空间，也属于内空间。内空间构成包括五个方面，一是形态，如二维平面的长方形、正方形、圆形、椭圆形等与高度构成的三维空间形态；二是明暗；三是色彩；四是温湿度；五是声音量。形态、明暗、色彩、温湿度、声音量五位一体，相互制约，使处于空间中的人，产生强烈的生理和心理反应。

6. 艺术呈现

作品的艺术呈现，其实是各要素综合呈现的过程，是非常重要的环节。呈现中光色、光强、声量、声频等都需不断变化，需有专人调控。

第十六章
茶艺的评价与指导

茶艺评价与指导是茶艺裁判员与高技能人才应掌握的技能。本章以《第五届全国茶艺职业技能竞赛总决赛技术规程》和《中华人民共和国第一届职业技能大赛茶艺项目技术工作文件》为依据，介绍茶艺评价与指导。

第一节　《第五届全国茶艺职业技能竞赛总决赛技术规程》解读

《第五届全国茶艺职业技能竞赛总决赛技术规程》包括竞赛目的与意义、竞赛概述及竞赛各操作模块的要求等。

一、制订《技术规程》的目的与意义

2006年，中国茶叶学会、中国就业培训指导中心等单位，联合举办了第一届全国茶艺职业技能竞赛，此后，2013年、2016年、2019年分别举办了第二届、第三届、第四届全国茶艺职业技能竞赛。全国茶艺职业技能竞赛作为二级大赛，被纳入人力资源和社会保障部国家职业竞赛范围。2020年茶艺项目作为国赛精选项目（一级）列为中华人民共和国第一届职业技能大赛的86个项目之一。茶艺竞赛对于弘扬、传承茶文化，弘扬精益求精的工匠精神，促进茶艺水平的提高，培养茶艺高技能人才，促进茶产业发展均具有非常重要的意义。

每一届茶艺竞赛都展现了当时的茶艺发展水平，而《茶艺职业技能竞赛技术规程》是检验茶艺水平的标准。2019年8月5日，中国茶叶学会以团体标准T/TCSS 3—2019形式颁布《茶艺职业技能竞赛技术规程》。2019年举办的第四届全国茶艺职业技能竞赛，全国24个省市分赛区和全国总决赛，均以此作为裁判员执裁依据。在此基础上，2020年制定了《中华人民共和国第一届职业技能大赛茶艺项目技术工作文件》，2021年又制定了《第五届全国茶艺职业技能竞赛总决赛技术规程》。《技术规程》具有一定的科学性、先进性、可操作性，既是执裁的依据，又是选手备赛的指南；既是检验的手段，又是引领茶艺发展方向的指明灯，促进中华茶艺朝科学、健康的方向发展。

二、《技术规程》概述

1. 茶艺竞赛

茶艺竞赛是以中国茶道精神为指导，以泡好一杯茶和呈现茶艺之美为目的，通过择水选器与水温、茶水比、浸泡时间等参数的科学设计与调控，充分展示茶的色、香、味、形等性状，强调茶汤质量和泡茶过程美结合的竞赛项目。

比赛中对选手的技能要求主要包括：① 茶叶品质鉴别；② 水温、茶水比、浸泡时间等参数设计；

③ 茶水器选配、茶席设计、茶汤质量调控与调饮茶现制；④ 温杯、置茶、冲泡、沥汤、奉茶、点茶等基本技能演示和礼仪接待；⑤ 茶艺作品编创、文本撰写与现场解说、茶艺流程演示、背景设计、音乐选用等。

2. 竞赛形式

竞赛分理论考试和技能操作两部分。

（1）理论考试

理论考试成绩占竞赛总成绩的20%，采取闭卷考形式，一人一桌，考试时间为120分钟，满分为100分，60分为合格。

（2）技能操作

技能操作成绩占竞赛总成绩的80%，包括规定茶艺演示、自创茶艺演示、茶汤质量比拼、茶席创作、调饮茶现制、点茶六项。

三、操作模块的要求

1. 规定茶艺演示

规定茶艺演示是在中国茶道精神指导下，以泡好一杯茶汤、呈现茶艺之美为目的，统一茶样、统一器具、统一基本流程，动态地演示泡茶过程的茶艺比赛形式。本模块指定绿茶玻璃杯泡法、红茶瓷盖碗泡法、乌龙茶紫砂壶双杯（品茗杯、闻香杯）泡法共3套基础茶艺。

选手用感官审评的方法进行茶样品质鉴别，填写试卷，时间为20分钟；再分组进行冲泡演示，每组人数3~5人，演示时间为6~10分钟。演示过程不需要解说。所使用的茶叶和器具均由组委会提供。

绿茶规定茶艺基本演示步骤：备具—端盘上场—布具—温杯—置茶—浸润泡—摇香—冲泡—奉茶—收具—端盘退场；

红茶规定茶艺基本演示步骤：备具—端盘上场—布具—温盖碗—置茶—冲泡—温盅及品茗杯—分茶—奉茶—收具—端盘退场；

乌龙茶规定茶艺基本演示步骤：备具—端盘上场—布具—温壶—置茶—冲泡—温品茗杯及闻香杯—分茶—奉茶—收具—端盘退场。

2. 茶汤质量比拼

茶汤质量比拼是在中国茶道精神指导下，以冲泡出高质量的茶汤为目的，同一款茶冲泡三次，考量选手茶汤调控能力、茶叶品质表达能力以及接待礼仪能力的茶艺比赛形式。本模块比赛所用茶样为绿茶、白茶、黄茶、乌龙茶、红茶、黑茶。

选手用感官审评的方法进行茶样品质鉴别，时间为20分钟；再从组委会提供的茶具中选择与所泡茶样相匹配的器具，同时准备茶叶和泡茶用水，时间为10分钟；带上茶、水、器进入冲泡区域，布置茶席后进行冲泡，冲泡三次。比赛时间为10~15分钟。

3. 自创茶艺演示

自创茶艺演示是在中国茶道精神指导下，以泡好一杯茶汤、呈现茶艺之美为目的，选手自行设定主题、茶席和背景、流程、音乐，并将现场解说、演示等融为一体的茶艺比赛形式。作品主题、所用茶品不限，但必须含有茶叶。比赛时间为8~15分钟。自创茶艺作品主题要求符合社会主义核心价值观，弘扬中国精神，弘扬中国茶道精神，弘扬正能量。

4. 茶席创作

茶席创作是在中国茶道精神指导下，选手通过器具配置与布设、色彩搭配、文案写作、背景设计等创作，表达茶席的主题和创意，强调原创性、实用性与艺术性统一的茶艺比赛形式。

5. 点茶

点茶是在中国茶道精神指导下，以冲点一碗色、香、味、沫俱佳的末茶茶汤为目的，考量选手汤沫调控能力、分茶能力的比赛形式。比赛时间为10～15分钟。比赛所用的茶样为绿茶、乌龙茶、白茶加工而成的末茶。

6. 调饮茶现制

调饮茶现制是在中国茶道精神指导下，以茶、奶、水果、蔬菜等天然食材为原料，通过科学配方，设计主题，现场调制一款色、香、味、形俱佳的调饮茶的茶艺比赛形式。比赛时间不超过20分钟；调饮茶类型为奶茶类和果蔬茶类两类，比赛所用的茶叶为绿茶、乌龙茶、红茶、白茶、黄茶、黑茶、茉莉花茶；所使用的设备、茶样和食材均由组委会提供。

第二节 茶艺职业技能竞赛裁判方法

茶艺职业技能竞赛有减分法和加分法，一般用减分法，减分法准确、快速。

一、竞赛前的准备

为了提高茶艺竞赛的裁判水平，一般在比赛前，会对裁判员进行培训，内容包括职业道德、技术规程解读、执裁方法等。裁判被组委会正式聘用后，一般要求签订保密协议和公正性声明，目的是保证竞赛的公正、公平和严肃性。

茶艺竞赛前，竞赛茶叶样品的准备，以及让选手和裁判熟悉茶叶样品的品质水平，均非常重要。规定茶艺涉及绿茶、红茶、乌龙茶代表性茶样三个，茶汤质量比拼涉及红茶、绿茶、黄茶、白茶、黑茶、乌龙茶六大茶类的代表性茶样六个，这九个茶样不重复，均由组委会准备。在选用茶样时，要求规定茶艺的三个茶样品质水平相当，茶汤质量比拼的六个茶样品质水平相当，以减少因茶样品质水平不一致对选手成绩造成的影响。比赛前，裁判员与选手均需用感官审评的方法，对茶样的外形、汤色、香气、滋味、叶底做全面的判断（冲泡可由工作人员完成）。裁判员了解茶样水平，以利于准确了解选手冲泡水平的发挥；选手了解茶样水平，以利于精准地设计冲泡参数，泡出"好茶汤"。

二、茶艺操作裁判评分

裁判评分，是指裁判员根据裁判标准对选手的表现做出判断，并以记分的方式评定结果。

裁判工作质量首先取决于每位裁判员掌握裁判标准的稳定性。一般来说裁判员在整场比赛中只能按照一个标准，不能忽松忽紧，然后才有可能做到全体裁判员评分的一致性，最终达到裁判结果的准确性。

有两种最常用的记分技术，一种为减分法，另一种为加分法。另外，在初试筛选时还可以考虑使用等级评定法、强制分布法和合理排序法。

1. 常用的两种评分技术

（1）减分法

假设全套茶艺动作的完美表现为100分，然后根据选手低于完美表现的程度逐渐减分。

减分法的操作方法如下：

首先，根据裁判标准设想全套动作最完美的表现。如此理想、完美的表现自然应得满分，然后认真观察选手的演示。当选手出现失误或操作质量不理想时，便在相应的指标逐个按记分单位减分。对选手成绩的最后判断就是剩余的记分，即100分减去扣除的分数。

（2）加分法

确定最低可能的表现，然后根据选手优于基准表现的程度逐渐地加分。

加分法的操作方法如下：

首先，根据竞赛的规格和选手的水平确定一个最低可能的表现及相应的记分（基准分），如80分。以这种表现及记分作为判断的基准点，然后认真观察选手的表现，选手的操作优于基准表现时，便根据选手优于基准表现的程度加记相应的记分单位。

如果选手出现严重失误而低于基准表现时，则要根据其劣于基准表现的程度减分。

在茶艺竞赛中，我们大多选用减分法，较为高效、准确。

2. 关于被剔除的评分

为了确保竞赛公平公正，茶艺竞赛一般剔除最高分和最低分，然后求取平均分为选手该模块的得分。特别是在现场亮分的情况下，被剔除的评分往往会造成裁判员的心理压力。被剔除的评分并不表明裁判员的判断有多严重的偏差，恰恰相反，按照裁判规则，不论裁判员评分的偏差大小，总要有两个极端评分被剔除。而被剔除评分的裁判员"守住"了评分变异的"边界"，也保证了整个裁判结果的有效性。因此，裁判员要坚持裁判标准的稳定性，不受被剔除评分影响。

3. 裁判员评分趋势

所有选手的得分，由于地区差异等各种原因，一般从统计学的角度分析，会呈现正态分布的状态，中间段"大"，两头"小"，即"优秀"和"差"占少数，"良好"的占多数。所以，裁判员的评分一般与总体规律相一致。

4. 顺序误差控制

由于无法预料全体选手的水平，裁判对前几位选手的评分往往会比较保守，造成对前几位选手的评分误差，这就是顺序误差。茶艺竞赛通常抽签确定比赛的先后。一般会在前三个作品演示结束后，裁判小组进行评议，统一一下目光，然后再分头评分。在每一位裁判员标准掌握稳定的前提下，减少顺序误差的产生。

三、自创茶艺评分案例分析

裁判按照自创茶艺评分表，给每一位选手评分。表格"扣分标准"栏内各单项之间，有的是递进关系、有的是并列关系、有的是递进与并列关系并存。这三种逻辑关系，扣分方法不同。递进关系，根据程度的轻重扣分，最多扣程度最重的分，如"创意"项目的"主题"这一栏，根据程度轻重扣分分别为2、4、6分，这一栏最多扣6分。若是并列关系，按每一项的发生情况扣分，最多扣各项之和，如"茶艺演示"项目第三项"奉茶"为并列关系，最多扣0.5+0.5+1.0；若是并列与递进复合项，应先以程度轻重扣分，再以发生情况扣分，如"礼仪仪表仪容"栏为复合型的，最多扣分为1.0+1.0。若超过这一栏目的最高扣分数，则所扣分数逻辑上不合理，为无效评分（表16-1）。需要说明的是，"扣分标准"中的"其他因素扣分"是指标准意料之外的失误，扣分数酌情而定，但此栏总的扣分数不得超过"分值分配"总数。

表16-1　自创茶艺评分表示例

序号	项目	分值分配	要求和评分标准	扣分标准
1	创意 25分	15	主题鲜明，立意新颖，有原创性；意境高雅、深远	(1) 有立意，意境不足，扣2分 (2) 有立意，欠文化内涵，扣4分 (3) 无原创性，立意欠新颖，扣6分 (4) 其他因素扣分　　递进关系
		10	茶席有创意	(1) 尚有创意，扣2分 (2) 有创意，欠合理，扣3分 (3) 布置与主题不相符，扣4分 (4) 其他因素扣分　　递进关系
2	礼仪 仪表 仪容 5分	5	发型、服饰与茶艺演示类型相协调；形象自然、得体、优雅；动作、手势、姿态端正大方	(1) 发型、服饰与主题协调，欠优雅得体，扣0.5分　递进关系 (2) 发型、服饰与茶艺主题不协调，扣1分 (3) 动作、手势、姿态不端正，扣0.5分 (4) 动作、手势、姿态不端正，扣1分　递进关系 (5) 其他因素扣分 　　并列关系
3	茶艺 演示 30分	5	根据主题配置音乐，具有较强艺术感染力	(1) 音乐情绪契合主题，长度欠准确，扣分0.5分 (2) 音乐情绪与主题欠协调，扣1分 (3) 音乐情绪与主题不协调，扣1.5分 (4) 其他因素扣分　　递进关系
		20	动作自然、手法连贯，冲泡程序合理、过程完整、流畅，形神俱备	(1) 能基本顺利完成，表情欠自然，扣1分 (2) 未能基本顺利完成，中断或出错两次以下，扣3分 (3) 未能连续完成，中断或出错三次以上，扣5分　递进关系 (4) 有明显的多余动作，扣3分 (5) 其他因素扣分 　　并列关系
		5	奉茶姿态、姿势自然，言辞得当	(1) 姿态欠自然端正，扣0.5分 (2) 次序、脚步混乱，扣0.5分 (3) 不行礼，扣1分 (4) 其他因素扣分　　并列关系

四、成绩计算方法

竞赛总成绩由理论考试、规定茶艺、自创茶艺、茶汤质量比拼六部分的加权成绩组成，合计100分。计算方式：总分＝理论×20%＋技能操作（规定茶艺×20%＋自创茶艺×25%＋茶汤质量比拼×25%＋茶席创作×10%＋调饮茶现制×10%＋点茶×10%）×80%。从高分到低分排名，在总成绩相同的情况下，技能成绩较高者排名在前；在技能成绩依然相同的情况下，以茶汤质量比拼成绩较高者排名在前；在茶汤质量比拼成绩依然相同的情况下，以茶汤质量比拼中的茶汤质量单项成绩较高者排名在前。

第三节　现场点评

竞赛总结与现场点评也是竞赛的重要环节，对于提高提升选手的技能水平与裁判的执裁水平具有重要意义。竞赛现场点评，相当于给所有选手上一堂即兴现场课；客观、公正、科学、直面问题、观点鲜明、思路清晰的现场点评也是裁判队伍职业水平的体现。现场点评的方法一般有两种，一是从茶艺的技、艺、道三个纵向层面进行剖析，二是从茶艺的主题与题材、茶席创作、行茶演示、茶汤质量等横向模块来分析。下面是两种方法点评的案例。

一、第三届全国大学生茶艺技能大赛技术工作总结

......

下面从茶艺的技、艺、道三个层面，与大家分析本届大赛的情况。

第一，"技"的层面。茶艺的落脚点是泡好一杯茶，在充分了解茶叶品质特征、优缺点的前提下，选水、备器、设席，再以投茶量、水温、冲泡时间等参数来调控茶汤。本届大赛技术规程特别强调了"茶汤"质量，新增加了"品饮茶艺"模块，又提高了规定茶艺和自创茶艺中"茶汤质量"的比重。从比赛情况看，大家对茶艺的理解非常到位，茶汤基本上是好喝的。在冲泡方法上，传承与创新并存，有点茶与泡茶、清饮与调饮、壶泡与杯泡等。印象特别深的是品饮茶艺绿茶组4号选手的茶汤，浓淡适中、汤温适宜。要泡好一杯绿茶，其实不是很容易的。

从行茶的动作来看，有单手泡、双手泡，特别是本届大赛有不少男同学参赛，行茶动作沉稳、自然、大方、得体，显示了阳刚之美。

第二，"艺"的层面。首先，茶艺属于艺术的范畴，具有审美性。同学们的茶席、背景、仪容、仪态、动作、礼仪等都给人以美的享受。其次，艺术有很强的感染力，如《闽茶荟萃丝路香》，大气磅礴、非常震撼；《归巢》《茶和千里》等作品，让人感动，产生共鸣。再次，艺术的表现形式更加丰富，茶与歌、舞、戏曲等完美结合。最后，茶艺音乐的选择与运用上有很大突破。音乐载体有器乐、有歌曲、有独奏，也有合奏、有交响乐，音乐种类有传统民族音乐，也有西方古典音乐与现代新音乐的运用。音乐情绪能比较准确地表达作品的主题与思想。

第三，"道"的层面。大家都听过《庄子》庖丁解牛的故事吧。庖丁解牛的声音像音乐，解牛的动作像舞蹈，梁惠王惊叹，"技盖至此乎？"庖丁说："臣之所好者道也，进乎技矣！"庖丁解牛的神妙技术形成和达到最高境界时，他的解牛简直成了艺术的展示过程。解牛如此，茶艺更应如此！我们不仅仅为泡茶而泡茶，为呈现美而美，茶艺有内涵、有精神、有思想。我们非常欣喜地看到，有不少作品体现了"道"的层面。如作品《大碗茶情》，从登泰山途中路边施茶，到老舍茶馆的"老二分"大碗茶，平淡中见真情，一碗茶汤里装的是"仁义厚德、廉美和敬"！《盛誉下的古茶树》，讲述的是被人类采摘伤害过度的古茶树，"病树无声使人愁"，但仿佛让我们听到了古茶树的呻吟声，引起人们对人性的反省和对"天人合一"宇宙观的思考。《归巢》，一碗茶汤里盛的是父母的牵挂。《万里茶路岩韵情》表达了当代大学生的责任与担当。《我们仨》以杨绛先生的作品为背景，体现了较深的文化底蕴。还有好多非常好的作品，由于时间关系，不一一点评。总之，当茶艺融入了儒、释、道传统文化的思想精髓，茶艺作品就有了思想和灵魂！

本次大赛为师生们提供了一个交流切磋的平台，也展现了当代大学生的精神风貌，你们充满朝气、青春和自信的笑容，让我们看到茶产业和茶文化发展的未来和希望！感谢你们！

......

二、2017"多彩贵州，黔茶飘香"贵州省茶艺职业技能竞赛技术总结

......

本届大赛从茶艺的茶汤质量、主题与题材、茶席创作、音乐、讲解与文本等几个方面与大家一起分析、分享。

第一，茶汤质量。本届大赛茶汤质量水平明显好于往届。这是因为"多投茶、高水温、快速出汤"的"贵州冲泡"发挥了非常重要的作用。选手们熟练运用"贵州冲泡"，往往能得到一杯滋味鲜爽、浓度适宜的茶汤。茶艺的落脚点是泡好一杯茶，这是关键。

第二，主题与题材。茶艺的主题与题材多数来源于生活，有真实的情感，体现了贵州的民族风情，贵州的地域文化以及贵州人对茶、对生活的热爱。如《茶育英才》《桥》《当你长大》《山谷里的思念》《黔茶今朝》《茶浓意重》《前面有棵树》《与茶相伴，不忘初心》《茶悟》《茶路》《匠心》等都是非常棒的作品，这些作品让我们感动和感悟。特别是团体赛《爱在山那一边》，讲的是一个真实的故事，五位"北漂"的贵州姑娘，为了推广贵州茶，在外面受委屈、孤独、思念家乡，但是她们仍然坚守，相互帮助、相互鼓励，展现了年轻的贵州茶人对茶产业发展的责任和担当。

第三，茶席创作。这次大赛作品中，茶席特别优秀的有：《穿越千年只为你》，用五个席，将五个朝代连接起来，穿越千年；《山谷里的思念》，青苔、瓦房，就是小时候的外婆家；《物泽天成》表达文人的情怀，"达则兼齐天下，穷则独善其身"；《以茶相伴，不忘初心》是一个经典水平式的布局，器具整体风格高度一致，整体感很强。茶席是以茶、具、人为主体，体现茶（艺）道之美，体现茶道精神，表达茶人的情怀的一个空间、席面等。茶席创作是艺术创作的过程，"外师造化，中得心源"，才能达到"物为我用，物我两忘"的境界。

第四，文本与解说。《念》《思念》《当你长大》《秋意》讲的都是真实的事，所以，讲得非常自然，不做作，也不是在背诵台词。我们茶艺师，不是演员，我们真心实意泡好一杯茶，用心做事，用真心去打动人。茶艺之美归纳为：真、和、雅、静、壮、逸、古七美。

最后，关于茶艺音乐。每个自创作品都选配了音乐，音乐配得最棒的是《兰沁茶》，用的是慢鼓。但大部分作品的音乐不是很协调。

茶艺是科学、文化、艺术与生活完美结合的综合艺术，涉及哲学、美学、茶学、音乐等许多领域。茶艺复兴的时间并不长，但发展非常迅速，当前，真可谓是百花齐放，形势喜人。周国富先生向茶艺老师们提出了"别具匠心演好茶，极致发挥茶文化"的目标，但要达到这个目标，我们还有一段很长的路要走。为此，针对本次大赛，向选手们提几点建议。

第一，大家对比赛的技术规程要好好理解，每一个模块都有考核的要点，大家要好好把握。规定茶艺，主要考核选手的基本功；茶汤质量比拼，主要考核选手的茶汤质量调控能力和待人接物的能力；自创茶艺主要考核选手的创新创意能力，当然这杯茶也要泡好。

第二，对科学、文化、艺术的理解以及审美的能力有待进一步的提高，科学与文化都是精准的，但为什么有些作品主题含糊不清？关键是理解还没到位，我们还要好好学习。

第三，我们要传承、创新与推广并重。"文化是一条从老祖宗那里流过来又流向未来的河"，生动地阐明了文化发展中传承和创新的辩证关系。茶文化的传承发展也是如此。我们茶人，义不容辞地担当着复兴中华茶文化、振兴中国茶产业、再创茶业强国的历史重任，让我们共同努力，让茶文化的这条河流源源不断流向远方！

第十七章
茶会组织

作为一种集会形式，经历了1700多年发展与演变的"茶会"，已经成为重要的社交手段，不断出现在公众的视野。茶会雅集，以茶会友，亦庄亦谐，可文可雅，越来越凸显出它在推进社会和谐进步、促进茶文化繁荣方面的独特优势和重要作用。

第一节　茶会的形成与发展

茶会从三国时期萌芽，到西晋时期初具雏形，南北朝时"茶宴"一词出现，标志着茶宴（会）的正式形成，至唐代，茶宴（会）正式化。

一、什么是茶会

茶会，古称茶宴或茶集，都是指多人集会，共同饮茶，主人以清茶或茶点来招待客人。茶宴的参与主体涵盖了贵族、士族、僧侣等不同阶层，后逐步发展成以文人集会为多，成为文人交朋会友、吟诗作赋、切磋技艺的一种集会形式。聚会时，除了饮茶之外，有时也吃点心，甚至还喝酒吃菜。所以，古代的茶宴、茶会不分，既称茶宴，又称茶会。

现在，人们对茶会与茶宴的界限有区别。只喝茶汤和吃茶点的集会可以称为茶会，而茶宴则是专指餐食以茶菜为主的宴席。

因此，我们可以说：茶会，就是喝茶品茗并用茶点招待宾客的社交性集会；茶宴，是指同时享用茶与菜或以茶与各种原料配合制成茶菜为主的宴会。

二、茶会的起源与形成

1. 茶会的萌芽——三国时期的酒宴

茶会最早从酒宴演变而来。秦汉以后，茶业随巴蜀与各地经济文化交流的深入而增强。尤其是茶的加工、种植，首先向东部、南部传播。三国时期，长江中游和华中地区，在中国茶文化传播上的地位，逐渐取代巴蜀而明显重要起来。孙吴所占据地区，也是其时我国茶业传播和发展的主要区域。此时，南方栽种茶树的规模和范围有很大的发展，而茶的饮用，也流传到了北方豪门望族。

《三国志·吴书·韦曜传》记载："孙皓每飨宴，无不竟日。坐席无能否，率以七升为限，虽不悉入口，皆浇灌取尽。曜素饮酒不过二升，初见礼异时，常为裁减，或密赐茶荈以当酒。至於宠衰，更见逼强，辄以为罪。""皓每于会，因酒酣，辄令侍臣嘲虐公卿，以为笑乐。"韦曜深以为忧，指出"外相毁伤，内长尤恨""皓以为不承用诏命，意不忠尽，遂积前后嫌忿，收曜付狱""遂诛曜"。

"密赐茶荈以当酒"就是最早的"以茶代酒"了。虽然韦曜最终被杀，故事结局不好，但"以茶代酒"这个典故，至今还作为一种酒宴、茶宴上谦让礼敬的待客用语被沿用。三国时期"以茶代酒"的典故，说明当时的酒宴上已有茶的出现，只是茶尚未成为独立的宴会主体，茶器与酒器、食器也是同用。因而，这场酒宴也可以算是茶会最早的萌芽。

2. 茶会的雏形——西晋时期的茶宴

"茶宴"连用，最早出现于南北朝山谦之的《吴兴记》一书，其中提到"每岁吴兴、毗陵二郡太守采茶宴会于此"。南北朝时期，每逢春茶开采时节，吴兴、毗邻（今常州）二郡太守在此举行茶宴，此风俗经唐沿袭到宋代。

但事实上，早在西晋时期，就有了这种围绕茶而展开的宴会形式。

《晋书·桓温传》载："桓温为扬州牧，性俭，每宴，唯下七奠柈茶果而已。"

《晋书·卷七十七·列传第四十七》载："（陆）纳字祖言。少有清操，贞厉绝俗……迁太常，徙吏部尚书，加奉车都尉、卫将军。谢安尝欲诣纳，而纳殊无供办。其兄子俶不敢问之，乃密为之具。安既至，纳所设唯茶果而已。俶遂陈盛馔，珍羞毕具。客罢，纳大怒曰：'汝不能光益父叔，乃复秽我素业邪！'于是杖之四十。其举措多此类。"

桓温推崇的"俭"，陆纳崇尚的"素"，其实就是一种固本、不移、坚守的人文特性，这些都与茶的本色、本性相一致，而茶宴肴馔以适茶为前提，由果实及其加工品、素食菜肴、谷物制品为主构成，正好符合晋代有志之士以茶倡廉、以茶明志的文士理念。所以，西晋时期，这种只供给茶果的宴会得到文人雅士的推崇而慢慢发展起来。

陆纳杖侄与桓温宴饮的茶俗典故，间接地说明了在西晋时期已经出现了只设茶果的茶宴，只是尚未普及，仅仅是部分文人士族用来明志的方式。

三、茶会的发展

到唐代，随着茶文化的兴盛，茶宴（茶会）也开始盛行。到宋代，茶会主导着茶文化，风靡一时。明清时期，茶会顺应茶文化的普及，与茶馆一起开始在民间落地生根。经历了民国抗战时期的沉寂，发展到当代，茶会已经成为一种新型社会交际方式。

（一）唐代茶宴（会）的盛行

唐代是中国饮茶史和茶文化史上极其重要的历史阶段，是中国茶文化的成熟时期，是茶文化史上的一座里程碑。

到了唐代中期，茶已经是"滂时浸俗，盛于国朝。两都并荆渝间，以为比屋之饮。"茶宴也正式化。吕温在《三月三日茶宴序》里描写了文人雅士上巳节茶会雅集之事。钱起《过张成侍御宅》诗中"杯里紫茶香代酒"之句，描写了文人集会"以茶代酒"的情形，说明此时的茶会已经与酒会分离，形成了正式化的集会形式。

但是，唐代对茶会尚未进行统一称呼和规定，既称茶会，也称茶宴或茗宴，主要类型有官方茶宴（会）、文人茶宴（会）以及寺院茶宴（会）。

1. 官方茶宴

（1）宫廷茶宴

唐代宫廷里常常有茶宴。唐代女诗人鲍君徽的《东亭茶宴》描述的是宫人茶宴的情景："闲朝向晓

图17-1　《宫乐图》

出帘柂，茗宴东亭四望通。远眺城池山色里，俯聆弦管水声中。幽篁引沼新抽翠，芳槿低檐欲吐红。坐久此中无限兴，更怜团扇起清风。"诗风从容雅静，内容也正与反映唐代宫廷嫔妃茶宴景象的名画《宫乐图》（图17-1）互相映衬，为我们复原了唐代仕女们闲适优雅的茶饮生活。从《宫乐图》中可以看出，当时的宴席上除了供应茶汤、茶点之外没有其他食物，更没有酒水菜肴，但有乐器演奏，而且演奏者面前也有茶碗，是典型的宫廷茶宴。

唐朝皇宫每年都要举行规模盛大的"清明宴"，以新到的顾渚贡茶宴请群臣，彰显国力，喻示皇恩。唐时在今浙江长兴县顾渚山设贡茶院，每岁采制春茶时，诏派州刺史亲临茶山督办修茶，规定在清明节之前一定要送到长安。李郢《茶山贡焙歌》中有诗句："……驿骑鞭声砉流电，半夜驱夫谁复见？十日王程路四千，到时须及清明宴……"正是言说此事。

唐代诗人也多有诗作描述、咏叹茶宴、茶会之境况，为我们了解宫廷茶宴提供了史实依据。

宫廷茶宴中，茶为明前佳贡，具是名窑贵瓷，水是清泉净流，气氛肃穆，礼节严格，是其他茶宴无法相比的。规模巨大、气势宏伟的宫廷茶宴，对唐代茶会、茶宴之风的兴盛产生极大的推动作用。

（2）新茶品鉴茶宴

唐代茶叶生产发达，出现很多名茶，各地制茶技术也日益提高，精益求精。当时，湖州的紫笋茶和常州的阳羡茶均被列为贡茶，每年早春采茶时节，两州太守都要在顾渚山"境会亭"举行隆重的茶宴，邀请名流共同品尝和评鉴新制贡茶，领略优美的自然风光，鉴赏精美的茶器。皇帝也会派出茶使到"贡茶院""茶舍"，专门监制贡茶，因而形成一年一度的茶宴。这种风俗历代相沿，到宋代时更因产茶区的扩大和制茶方式的发展而进一步盛行起来。

顾渚山茶宴成为当时规模最大、最为有名的茶宴。白居易《夜闻贾常州崔湖州茶山境会想羡欢宴因寄此诗》描绘茶山茶宴盛况：“遥闻境会茶山夜，珠翠歌钟俱绕身。”“青娥递舞应争妙，紫笋齐尝各斗新。”

（3）联谊茶宴（会）

联谊茶宴是唐代地方长官邀集社会贤达为沟通理解、增进友谊而设的茶会，他们以茶言志，既显清高又富有雅趣。最有名的当属以颜真卿、皎然、陆羽、陆士修、李萼、张荐等多名文士为核心的“湖州文人集团”，时常举行茶会。大家在一起谈论时政、吟诗赋文、畅叙幽情，这种地方官和文士参与的联谊茶会，对陆羽煎茶道的推广也起到了很大的作用。

“泛花邀坐客，代饮引清言。醒酒宜华席，留僧想独园。不须攀月桂，何假树庭萱。御史秋风劲，尚书北斗尊。流华净肌骨，疏瀹涤心原。不似春醪醉，何辞绿菽繁。素瓷传静夜，芳气满闲轩。”（颜真卿等《五言月夜啜茶联句》）于这些文人诗人而言，茶会实际上也是诗会。

在唐代诗人刘长卿《惠福寺与陈留诸官茶会（得西字）》和王昌龄《洛阳尉刘晏与府掾诸公茶集天宫寺岸道上人房》里都可以见到联谊茶会的身影。

（4）离别茶宴（会）

离别茶宴是欢送故旧、表示眷恋之意而设的茶宴。唐代官场友人文人之间的送别习俗丰富有趣，有设帐饮酒、折柳送别的，也有设茶宴依依惜别的。唐代诗人元稹著名的宝塔诗《一字至七字诗·茶》在开头前有一小序曰：“以题为韵。同王起诸公送白居易分司东郡作。”表明此诗是诗人与王起等人为送白居易以太子宾客分司东郡的名义去洛阳，元稹作为白居易知己好友，在送别茶宴上即兴赋诗，借茶寓意，表达对白居易品德的赞颂和自己对他的深厚情谊。

2. 文人茶宴（会）

自魏晋以来，文人诗友间聚会、唱和被视为风流雅事。到了唐代，文人茶宴、茶会蔚然成风。他们以茶助清谈，以茶助诗情，“茗爱传花饮，诗看卷素裁。风流高此会，晓景屡裴回。”（释皎然《晦夜李侍御萼宅集招潘述、汤衡、海上人饮茶赋》）兴之所至，出口成章，每每成为千古绝唱。

唐代“大历十才子”之一钱起《过长孙宅与朗上人茶会》诗真实再现了唐代文人茶会中品佳茗、谈玄理、论诗文、挥翰墨的场景：“偶与息心侣，忘归才子家。玄谈兼藻思，绿茗代榴花。岸帻看云卷，含毫任景斜。松乔若逢此，不复醉流霞。”

陆羽在湖州著书期间，皎然、颜真卿等人经常举办“茗溪诗会”等茶会，大力推行陆羽煎茶法，“陆氏文士茶”风行一朝。

茶会素以清净为主，绝不可如酒会一般喧嚣。钱起《与赵莒茶宴》就写到文人雅士在幽静的竹林中举行茶会：“竹下忘言对紫茶，全胜羽客醉流霞。尘心洗尽兴难尽，一树蝉声片影斜。”竹下品茗，主客忘言，尘心洗净，雅兴难尽；夕阳西下，树影绰绰，蝉鸣更衬林幽。蝉竹意象又象征着文人们峻洁高雅的情操。文士们以茶相会，与清风、浮云、流水、幽篁、静野为伴，堪称风雅茶会。

3. 寺院茶筵（会）

唐代社会饮茶风气盛行，禅宗僧人在其中起了有力的推动作用。唐代诗篇所记的茶宴、茶会或茶集，大多都有寺庙僧人的身影。

茶宴（茶会）风尚进入寺院以后，其交流的功能被僧侣所接受，逐渐演变为"茶筵"。唐代丛林茶宴与文人士大夫茶宴，互有影响，互有交集，可谓是三教合流的历史文化演变中的一个具体现象，也是中国茶宴文化的特点之一。

唐代僧人举行茶宴，礼佛参禅，并制定了独特礼仪，后来释怀海开创禅门修行生活仪轨《禅门规式》（即《百丈清规》），对茶汤会中行茶、饮茶的程序和礼仪都做了十分严谨、细致的规定。以径山茶宴为代表的寺院茶会，在东传日、韩后，经过漫长的本土化进程，亦演化成独具民族文化性格的茶会形式。

寺院内的茶会除了严谨仪轨，更多时候是僧众交往的平台。尤其是唐代，僧人中有不少是诗僧，如皎然、灵一、齐己等，他们与士大夫阶层都有密切的诗茶往来，而文士们也乐于在寺院僧房中雅集，啜茗赋诗。"虚室昼常掩，心源知悟空。禅庭一雨后，莲界万花中。时节流芳暮，人天此会同。不知方便理，何路出樊笼。"如武元衡《资圣寺贲法师晚春茶会》所示，彼时的寺院茶会，实际上给那些士大夫们还原了心灵的一方净土，带来了对解脱和自由的向往。

现存的唐代茶诗文记叙、描述的茶宴（茶会），都是由客坐敬茶而兴起的茶集、茶宴、茶会以及有明确目的与主题的社交活动。由此可以看出，茶宴（茶会）得以正式化是在唐代。

（二）宋代茶会的风靡

宋代茶文化达到鼎盛，茶饮方式也更加丰富，文人饮茶风气较唐代更盛，"茗战""斗茶""茶百戏"成为时尚。

1. 宫廷茶宴（会）

宋代最有名的茶会自然是宋徽宗在延福宫举行的曲宴。"宣和二年十二月癸巳，召宰执亲王学士曲宴于延福宫，命近侍取茶具，亲手注汤击拂……饮毕，皆顿首谢。"茶宴参加者身份特殊，又是皇上亲自点茶分赐，影响深远。虽是皇帝，宋徽宗却更像一个艺术家、一个文人，他本人精于茶道，著有《大观茶论》，又擅长点茶、分茶技艺。宋徽宗所绘《文会图》（图17-2），描绘了当时的宫廷文人雅士茶会的一个场景，从图中可以看出，茶会除了点茶、品茶，还有插花、弹琴、焚香等艺术形式，表现出宋代茶会的雅致风尚。宫廷茶宴（茶会）成为宋代茶文化发展的风向标。

2. 文人茶宴（会）

宋代文人非常注重茶饮的艺术性。点茶、焚香、插花、挂画，被宋人合称为"四艺"，是当时文人雅士追求雅致生活的一部分。文人经常举行茶会，并且还有当众进行的"斗茶"（亦称"茗战"）。他们将更多的注意力投向茶及茶理、茶道，通过品鉴茶之形、色、香、味，欣赏茶具的精美、用水的精致和点茶、分茶手法的精妙纯熟，并作诗加以描写和赞叹。宋人江休复《嘉祐杂志》中记载了一则蔡襄与苏舜元斗茶的故事："苏才翁尝与蔡君谟斗茶，蔡茶精，用惠山泉。苏茶劣，改用竹沥水煎，遂能取胜。"

文人茶会时，除了文人雅士自己的"雅斗"，文人也会通过他们的笔墨描写民间的"武斗"。范仲淹《和章岷从事斗茶歌》："北苑将期献天子，林下雄豪先斗美。鼎磨云外首山铜，瓶携江上中泠水。黄金碾畔绿尘飞，紫玉瓯心雪涛起。斗余味兮轻醍醐，斗余香兮薄兰芷。其间品第胡能欺，十目视而十手指。胜若登仙不可攀，输同降将无穷耻。"形象地描述了当时北苑贡焙斗试新茶的场景。南宋刘松年《斗茶图》《茗园赌市图》、元代赵孟頫《斗茶图》等绘画作品，都是描绘宋、元时期男子斗茶场面的佳作。

图17-2 宋徽宗《文会图》

3. 寺院茶宴、茶会

丛林茶宴发展至北宋，茶宴之礼日益重要，广泛实施，最终在清规中备载丛林茶汤盛礼，形成实质上的中国禅茶文化。

宋代的寺院茶会受世俗社会影响较大，极其重视身份等级，已有了专门的禅门清规"茶汤礼"。

最有代表性的就是"径山茶宴"。"径山茶宴"是浙江余杭区径山万寿禅寺以茶代酒宴请客人的一种独特的饮茶仪式，始于唐，盛于宋，流传至今已有1200余年历史。宋代朝廷常在径山寺举办大型茶宴，诸多文人墨客也常去参禅品茶，游山赏景，径山茶宴便以山林野趣和禅林高韵而闻名。作为中国禅门清规和茶会礼仪结合的典范，径山茶宴包括了张茶榜、击茶鼓、恭请入堂、上香礼佛、煎汤点茶、行盏分茶、说偈吃茶、谢茶退堂等10多道仪式程序，宾主或师徒之间用"参话头"的形式问答交谈，机锋偈语，慧光灵现，是我国禅茶文化的经典样式。举办茶宴时，众佛门弟子围坐"茶堂"，依次点茶、献茶、闻香、观色、尝味、叙谊。先由住持亲自冲点香茗"佛茶"，以示敬意，称为"点茶"；然后由寺僧们依次将香茗奉献给来宾，名为"献茶"；赴宴者接过茶后先打开茶碗盖闻香，再举碗观赏茶汤色泽，尔后才启口，在"啧啧"的赞叹声中品味，最后才是论佛诵经，谈事叙谊。

径山茶宴也是日本茶道的来源。日本高僧千光荣西、希玄道元、南浦绍明先后拜谒过径山寺，径山茶宴礼法对日本茶道礼法产生深远的影响。

（三）明清茶会的普及

明清时期，茶文化由上至下，逐渐开始普及。以明代文人士子为主导的清雅茶艺文化开始向民间延伸。到了清代，茶文化更加平民化、大众化，茶会的主体随之发生变化，形式也趋向平实。

1. 文人茶宴（会）

明代茶道崇尚简约之风，泡饮法逐渐取代煎点法成为主流，文人也成为茶会主导人物。对品饮环境、时间、地点、与会宾客、茶具、茶品、用水等，都极为讲究，内容也更加丰富多彩，"评书、品画、论茗、焚香、弹琴、选石等事，无一不精"。

徐渭、冯可宾、许次纾、朱权等一大批文人著书立说，形成文士茶饮理论体系与实践范例典型。

文徵明的画作《惠山茶会图》堪为明代文人茶会实况摹写（图17-3）。

图17-3　《惠山茶会图》

2. 宫廷茶宴

明清两朝，宫廷也经常举行茶宴。

明洪武元年（1368），明太祖大宴群臣于奉天殿。永乐、宣德时期，各种宫廷宴会逐渐正规化，三大节以外，立春、元宵节、四月八日浴佛节、端午节、重阳节、腊八节皆赐百官宴。永乐时期宴于奉天门，其后改在午门外。宴席均设茶食，此时各种宴席的膳品也已基本形成定制，并载入《大明会典》。

明代礼仪规定，宫中筵宴规格分为大宴、中宴、小宴、常宴四种。这些筵宴都有十分明显的政治目的和等级区分，礼节也十分烦琐，皇帝入座、出座、进膳、进酒，均有音乐伴奏，仪式庄严隆重，处处体现出君尊臣卑，等级森严，使得宫廷宴饮呈现出浓厚的礼乐文化氛围。

清康熙首创场面宏大、参与者多达千人的"千叟宴"，康熙帝布告天下耆老，年65岁以上者，官民不论，均可按时赶到京城参加畅春园的聚宴，以示尊老爱老、践行孝德，祈福天下太平、民生富庶。后乾隆效法其祖父，也举办了两次千叟宴。当然，"千叟宴"并不是单纯的茶宴，而是以酒宴为主的皇家御宴。

乾隆举办的重华宫茶宴却是正宗茶宴，是私密性很强的聚会，也可算是新春团拜会的起始。《清朝野史大观》记载，每年新年后三天举行茶宴，由乾隆亲点文武大臣参加，饮茶观戏。从乾隆三十一年（1766）开始，乾隆皇帝将参与茶会的人数规定为十八人。因此，又叫十八学士品茶。其后，人数又增至二十八人，乾隆皇帝自喻此数符合"周天二十八星宿"。重华宫茶宴，喝的茶非常特别，而用的茶具，也是特别制作的"三清茶壶""三清茶杯"。皇帝起头，定下主题与仄韵，大臣们现场联句，内容大多为歌功颂德，为清宫中的饮茶盛事。据考证，从乾隆八年（1745）一直到嘉庆二年（1797），两朝皇帝一共主持了大概48次茶宴，其中有5次不在重华宫，而是在乾清宫。

（四）当代茶会的发展

随着历史向前推移，从酒宴和茶宴中分离出来的茶会也在不断发展，折射出时代的变化与需求。

作为一种社会文化产物，茶会具有鲜明的社会功能性，在推动社会发展、构建和谐社会方面发挥了积极和重要的作用。

辛亥革命后，"茶话""茶会""汤社""清饮"融为一体，演变出一种新的社交形式——茶话会。茶话会作为一种备有茶及茶点的社会性集会形式，有着既随和又庄重、既实用又俭朴的特点。

改革开放以后，随着社会经济的发展，各种茶文化活动如雨后春笋。茶会成为常见的社会交流形式和平台，各种主题茶会层出不穷。

所谓主题茶会，就是以某个主题为核心开展的茶会。它和茶话会有些相似，但却更注重开展的形式和内容。主题茶会多为团体文化产物，发起人、组织者及参与者多是志同道合者。常见的有文人茶会、商业茶会、各类主题雅集活动、无我茶会等。

第二节　茶会的主要类别和形式

根据茶会的演变历史，以及当代茶会发展现状，我们按茶会的主题、形式和内容对茶会进行分类。

一、按主题来分

按主题来分，茶会可分为鉴赏类茶会，时令、节日类茶会，联谊类茶会，纪念类茶会，研讨茶会，喜庆茶会，推广交流商务茶会等。

1. 鉴赏类茶会

鉴赏是指对茶品、艺术品等的鉴赏，是人们对艺术形象进行感受、理解和评判的思维活动和过程。

鉴赏类茶会，就是针对特定的艺术作品进行审美、欣赏、理解、评判的主题茶会。

鉴赏的主体，可以是茶品、书法、绘画、书籍、音乐、诗词、京剧、雕塑、陶瓷、金银、玉器等一切艺术作品，譬如：茶品鉴赏会、音乐茶会、紫砂壶鉴赏主题茶会、书法欣赏茶会等。

2. 时令、节日类茶会

茶的季节性很强，春、夏、秋、冬，饮时、饮式、饮量、饮品也不尽相同，所以人们喜欢在不同的时令、节日举行一些茶会。自古以来，就有在不同的节气举行茶会雅集的习俗。

在传统的节气举行的茶会就是时令茶会。古时按季节制定有关农事的政令，简而言之，就是季、节令。中国最早的结合天文、气象、物候知识指导农事活动的历法《月令七十二候集解》，以五日为候，三候为气，六气为时，四时为岁，一年二十四节气共七十二候。春分茶会、冬至茶会等均属时令茶会。

节日茶会又分为现代节日茶会和传统节日茶会。现代节日茶会如国庆茶会、五一茶会、妇女节茶会、八一茶会、新年茶会等。传统节日茶会如迎春茶会、端午茶会、中秋茶会、重阳茶会等。

3. 联谊类茶会

联谊类茶会是以内部管理人员与员工之间、社会组织成员与社会公众之间，或者社会组织之间以联络感情、增进友谊为目的而组织的茶会。如同窗茶会、茶友联谊会、老三界知青联谊茶会等。

4. 纪念类茶会

纪念类茶会是为纪念某项重大事件而举行的茶会。如"五四"茶会、"七一"茶会、香港回归祖国周年茶会、公司成立周年茶会、毕业纪念茶会、谢师恩茶会等。

5. 研讨茶会

研讨茶会是专门针对某一行业领域或某一具体讨论主题在集中场地进行研究、讨论、交流的茶会。如茶艺研究与推广沙龙、茶和天下茶会暨新闻茶话会，专家们与广大茶友及媒体界人士一起品茶论道。

6. 喜庆茶会

喜庆茶会为庆祝某项事件而进行，如结婚时的喜庆茶会、生日时的寿诞茶会、添丁的满月茶会等。

7. 推广交流商务茶会

推广交流商务茶会指用来进行商务会谈、企业交流、品牌推介的茶会。如茶文化交流会是为切磋茶艺和推动茶文化发展等的经验交流，如中日韩茶文化交流茶会、国际茶文化交流茶会、国际西湖茶会等；茶产品宣传推介会有茶博会、茶产品营销品鉴会、企业品牌展示推介说明会等。

二、按形式和内容来分

按形式和内容来分，茶会可分为茶话会、茶叙、茶汤品鉴（赏）会、禅茶茶会、雅集茶会等。

1. 茶话会

茶话会，顾名思义，是饮茶清谈之会。它是由茶会和茶宴演变而来的。茶话会也是近代世界上一种时髦的集会，人们把用清茶或茶点（包括水果、糕点等）招待宾客的社会性聚会叫作"茶话会"。相比古代茶宴、茶会的隆重与讲究，"茶道"严格的礼仪与规则，茶话会显得更轻松、活泼、愉快、自由。在中国，茶话会已经成为各阶层人士互相谈心、表达情谊、交流感情的重要形式，有时也用于外交场合。

目前，茶话会在中国十分盛行，各种形式的茶话会让人耳目一新。小的如结婚典礼、迎宾送友、同学朋友聚会、学术讨论、文艺座谈，大的如商议国家大事、庆典活动、招待外国使节，都可以采用茶话会的形式，特别是欢庆新春佳节，采用茶话会形式的越来越多。各种类型的茶话会，既简单、轻松、节俭，又隆重、愉快、高雅，是一种效果良好的集会形式。

2. 茶叙

茶叙是时间比较短暂、形式比较简单的茶话会，指通过喝茶聊天，来畅叙友情、交流思想。因其形式简单、氛围轻松而颇受欢迎。单位、部门、家庭、亲友等，都可以选择这种茶叙。

3. 茶汤品鉴（赏）会

茶汤品鉴会是以推介茶叶新品、鉴评茶叶品质、提升品质认知为目的的茶会。一般来说，为达到对茶叶品质相对客观的认知，品鉴会要求茶品统一、器皿统一、冲泡方法统一。一次品鉴会可以单独品鉴一款茶，也可以对比品鉴同一类茶。

还有一种针对茶汤作品的品赏会。这种茶汤品赏会，一般是有资历的、比较权威的专业茶艺师或者茶叶品鉴大师，为茶友们呈现完整的艺茶过程，奉献精心冲泡好的茶汤，将冲泡演绎过程与茶汤作为艺术作品，供来宾欣赏。2015年，中国茶叶学会在青岛首创"百家茶汤品赏会"，获得圆满成功。

4. 禅茶茶会

禅茶是指寺院僧人种植、采制、饮用的茶，主要用于供佛、待客、自饮、结缘赠送等。当今的禅茶茶会起源于从唐代开始流行的寺院茶会。传统的禅茶茶会流程严谨，当今，禅茶茶会也呈现出与社会接轨的开放姿态，进一步社会化、世俗化。

如杭州灵隐寺"云林茶会"以"慈悲、包容、感恩"为主题，听闻佛学院法师开示主题，品香茗、聆佛音、悟禅意。黄梅五祖寺"世界禅茶文化交流大会"上，禅茶书画展、禅茶文化交流、茶人联谊会、茶供祈福法会、"天下祖庭·百家茶席"禅茶会等丰富多彩的内容，吸引了众多信众和茶友，既弘扬了佛法，也广结了善缘、茶缘。

5. 雅集茶会

雅集，源自古代，专指文人雅士吟咏诗文、议论学问的集会。"吟咏诗文"，指在雅集现场因时、因地、因主题而吟咏、创作古体诗词。

图17-4 现代茶会

古代正统的雅集都以吟诗作文、泼墨挥毫为主角，虽然现场会有其他雅文化元素如琴、棋、茶、酒、香、花等参与，但只是配角。古代雅集形式有曲水流觞、诗酒合唱、书画遣兴、文艺品鉴，偶有歌舞助兴，淋漓尽致地呈现着古代文人雅逸的艺术情怀和生活状态。作为传统文人的一种文化情结，雅集之上也存留了大量名垂千古的文艺佳作，譬如《兰亭序》《滕王阁序》等。

史上较著名的雅集，有西晋石崇的"金谷园雅集"，东晋王羲之的"兰亭雅集"，唐朝让王勃一夜成名的"滕王阁雅集"等，无一例外都是以创意诗文为主。也有政治色彩浓郁的唐代白居易"香山九老会"、北宋王诜"西园雅集"等。

传统雅集蕴涵着中国文人"外适内和"的精神诉求，其中尤以自由、和谐为重。

现如今，雅集也成为人们追求写意、诗意化生活的一种方式，三五知己、同道好友，以茶为媒，分享艺术生活，实现生活艺术化。

"雅集"这一具有两千余年历史的传统形式，如果能够在今天切实做到去功利化，促进文艺的多学科碰撞、交叉，展现自由、宽松、情趣，实现真正意义上的回归，也是讲好中国故事、凸显文化自信的一个不可忽视的场域。

第三节　茶会的特点与要素

就茶会本身而言，它具有鲜明的时代性、主题性、主体性，同时具备主题、时间、地点、内容和参会者等几个基本要素。

一、茶会的主要特点

主题鲜明、内容与形式契合主题、运行过程完整，是一场茶会的基本特点。

1. 主题鲜明

所谓主题，是指文艺作品或者社会活动等所要表现的中心思想，泛指主要内容。主题茶会就是突出某一主要内容的茶会形式。如同一篇文章具有明确的中心思想，一个主题茶会也一定有一个鲜明的主题。这样，茶会才会具有清晰的指导思想以及设计思路。主题突出，茶会内容才会饱满有魂。

2. 内容与形式契合主题

茶会的所有环节及形式，都必须为准确表达主题而服务。茶会的议程、节目的内容、活动的设计、主持词、风格营造、平台宣传、邀请函等，都要围绕主题展开。内容不宜过于庞杂，形式要与主题契合，不能两张皮。主题是魂，具体内容是骨，表现形式是肉。根据确定的主题，也可以采取复合的茶会形式。

3. 运行过程完整

从前期策划、确定主题、组建专班、讨论拟定方案、确定参会者、现场布置，到茶会正式举行，茶会有完整的策划运行过程。尤其是正式举行，从迎宾、签到、入场、茶会开始、进行、茶歇、结束、送别、收场，步步相连，环环紧扣。

二、茶会的基本要素

鲜明的主题是最基本的要素；完备的茶会方案是行动纲领；得力的茶会组织者与相宜的茶会参与者

是茶会和谐成功的主体；茶品质量与特色是茶会重点；突出主题的茶席起到营造茶会风格的重要作用；满足茶会所有需要的物资条件是根本保障；茶会场所的选择、场地布置很关键；主办方与品茗者都能参与的合适时间才能聚人气。

1. 主题

鲜明的主题是灵魂、是核心、是最基本的要素，它对一场茶会起着引领作用。根据茶会目的事先确定好主题，才能更合理地规划出所需茶品、茶会流程、举办时间、举办地点、所需物料、工作人员分配等。主题的提炼要简洁、鲜明、有特色、有意味。

2. 时间

主题、品茗者、内容、季节、时令、天气，是影响一场茶会具体时间的关键因素。

① 不同主题对应不同时段，譬如时令类茶会在特定时段，谢师恩茶会在毕业季。

② 选择大部分品茗者能出席的时间，错开节假日外出高峰期，可以提高品茗者参与率。

③ 提前关注天气情况，正式茶会最好选择天气晴朗的时机。

④ 按茶会内容特点选择时间点，如：清晨、上午、下午、傍晚、晚上等。

⑤ 茶会正式举行时长不宜过长，90分钟左右较适宜。

⑥ 一经确定，一般不宜更改，如有变动，必须一一联系说明原因并致歉。

3. 地点

应尽量从参与者出行便利的角度来决定活动地点。茶会现场不管是室外还是室内，一定要实地勘察，优先考虑供水供电问题，再根据交通情况、主题、预计人数最终一一对比、筛选，决定最终活动场地，并提前预订。

（1）选择合适场所

室内，礼堂、教室、会议室、茶楼等都可以。优点是空间比较集中，水电、桌椅、多媒体等方便，背景设计容易，现场效果好，可控性强。适合主题突出、仪式感强、封闭性好，对现场音效要求高的茶会，如茶道大师茶汤欣赏会、茶汤品鉴会。

室外，公园、操场、山间、水旁，优点是自然、清新、活泼、自由，适合怡情怡性、交友茶叙的雅集。选择室外必须考虑天气因素。

（2）确保硬件必备条件

茶会现场必须保障必需的音效设备，提供足够的桌椅板凳及茶具，保障水电供应等。

（3）交通、食宿便利

茶会地点选择时要充分考虑周边交通、餐饮、住宿的条件，尽量选择交通便利、停车方便、食宿安全舒适的地段，以来宾为本，周详思考。

（4）现场踏勘，确保安全

首先，多筛选几个符合条件的地方，对茶会外围环境、茶会现场进行实地勘察，比较选择，确定地址。然后再进一步进行详细勘察，对现场空间、舞台位置及大小、茶席桌椅、用电、用水、多媒体、休息室、准备间、茶水间等进行一一考察，必要的时候，要拿到详细尺寸数据，按照茶会方案绘出详细的会场布置图。其次，是观察现场的外围环境及内部的安全性，设计安全通道，确保不出现安全事故。

4. 内容

根据茶会的主题设计内容，既要形式新颖，又要内容丰富。主题清晰，不能旁逸斜出，偏离主题；也不能忽略主次关系，避免喧宾夺主（详细要求见下节）。

5. 参与者

参与者包括泡茶者和品茗者，茶会是泡茶者与品茗者合作完成的作品。参与者的品位，在很大程度上决定着茶会品质的高低。

① 根据茶会目的与类别，邀请合适且相宜的品茗者。

生活雅集、专业鉴赏、艺术沙龙，目的不同，对参与者的要求自然不同。要充分考虑与会者身份是否与茶会主题契合。参加茶会，应是志趣相投、情趣高雅、尚美敬美之同好者。

② 根据场地大小、茶会规模确定人数。

③ 对年长、身体状况特殊的品茗者，邀请、迎送、席间照顾，都要一一落实。

④ 提前核实品茗者相关准确信息（身份、电话、茶饮偏好、身体状况等）。

⑤ 若需品茗者发言，需事先通知。

第四节　茶会组织与流程

组织一场成功的茶会，详尽、流畅的活动流程设计是基本前提和关键保障。

策划及运行包括前期的筹划、准备、确定主题、拟定方案、确定主持人及主持词、明确组织者与执行者、布置现场、预演，一直到茶会正式举行。

一、组建专班

① 建立筹备组（筹委会）：这是开展茶会的第一步，可以确保茶会所有的工作进程井然有序，最终成功举办。

② 筹备组组成：茶会主办方确定筹委会第一负责人（组长），抽调相关部门人员共同组建而成。即便是购买第三方服务，主办方也必须作为主要负责人共同参与。

③ 筹备组的职责：商定茶会主题，确定时间、地点、内容；拟定邀请品茗者人选；策划茶会方案、明确职责分工、督促进程落实、协调各方关系。

二、确定主题

茶会主题反映茶会主办方的目的、宗旨。主题的确定，取决于茶会组织者想要表达的思想、诉求、情感等。主题一定要集中、鲜明，不能花开多枝，喧宾夺主。

一般来讲，茶会主题可以从以下几个方面入手：以茶为主体，譬如茶汤品鉴会、茶品鉴赏会；以人为主体，譬如茶道大师茶汤作品欣赏会、艺术家交流茶会；以时间为主体，譬如时令节气茶会；以情感体验为主体，譬如感恩茶会、毕业茶会等；以空间体验为主体，譬如茶空间体验茶会、户外山野茶会；以茶具等艺术作品为主体，譬如名壶鉴赏会、名画鉴赏会等。

三、拟定方案

完备的茶会方案是行动纲领指导。茶会方案内容包括活动主题、时间、地点、参与人员、活动进程落实、组织分工、场地布置、茶会流程、经费预算、应急预案等，涵盖筹备、执行的所有环节。

关于主题、时间、地点、参与人员，前面有述，不再重复。

1. 活动进程落实

按照茶会流程，安排专人对每一阶段进行落实跟进，具体任务如下：

① 调查参与热情度，访问拟请茶客，听取意见。

② 成立活动筹备小组，完成茶会筹备方案，确认邀请来宾名单、信息及参与项目。制作并发出邀请函，告知与会人员。

③ 确定茶会节目流程。相关节目参与表演人员的训练。

④ 预定会议场地，确定场地布置方案（平面图、空间设计、背景）。

⑤ 完成本活动相关宣传方案，制作宣传单、横幅、指示牌等。

⑥ 茶席布置人员确定茶席布置方案。

⑦ 完成道具准备工作（现场、节目的要求）。

⑧ 布置场地。音响设备、礼品、茶点、水果、水准备到位。

⑨ 检查各项工作是否全部落实到位。

⑩ 策划完成彩排预演，总结疏漏，完善环节。

2. 组织分工

按照茶会进程，可以成立秘书组、会务组、后勤保障组等。

① 秘书组的主要职责

负责文稿撰写：茶会筹备活动方案、茶会活动正式方案、主持人主持词、领导讲话稿、茶会手册等；

负责宣传资料：宣传品制作、邀请函、新闻通稿；

负责邀请嘉宾：审核并确认来宾名单及信息；制作并呈送纸质邀请函；发送电子邀请函；

负责节目流程：确定节目流程，监督节目彩排。

② 会务组的主要职责

综合协调：维持现场秩序，并及时协调茶会期间任何事宜；

茶会座位安排：按照茶会要求备齐桌椅、姓名牌，安排来宾就座；

茶会现场背景设计：主题背景墙、屏风、横幅、电子屏；

茶会设备配置与维护：音响、摄像、照相、电脑、音乐播放；

礼品、服装、茶、水、道具：确定份数与要求、采买购置。

③ 后勤保障组的主要职责

场务维护及服务：茶会安保问题，现场秩序维护，排除干扰，紧急事件处理；

茶会所需各项材料搬运及布置：桌椅、道具、礼品、文本、茶水等到达茶会现场；

茶会现场具体布置：协助会务组布置茶会现场（主题背景墙、签到墙、欢迎标语、指示牌、电子屏、音响）；

饮食、交通、住宿安排：落实茶会相关人员餐饮、住宿、来往交通。

3. 经费预算

举办一场有规模、有格调的主题茶会，需要一定的经济条件做保证。茶会组织者事先要进行经费预算，并制订出详尽的经费使用方案，经费使用要有专人负责，管理更要规范。

经费预算主要包括：

① 设备类：摄影、音响设备租赁，场地租赁，桌椅租赁；

② 茶会用品：茶席（茶具、茶品、铺垫）、服装、水、鲜花、水果、随手礼品；

③ 食、住、行：嘉宾食宿、交通，车辆租赁；

④ 宣传费：专业主持、主讲嘉宾酬劳，文稿撰写、新闻报道、专业录像、照相等酬劳。

4. 会场布置

主题背景设计与布置，横幅、指示牌、电子屏、签到处及空间装饰。

5. 应急预案

应急预案是指面对突发事件，如自然灾害、重特大事故、环境公害及人为破坏的应急管理、指挥、救援计划等。茶会活动的现场处置方案应具体、简单、针对性强。

处理突发事件的原则是预防、应急、善后相结合，以人为本，安全第一。要明确目的，有序应对突发事件，最大程度减少突发事件及其造成的损害。

茶会方案里，要完善组织指挥体系，明确具体职责。明确预警和预防机制、应急响应措施（应急组织管理指挥、应急救援保障、综合协调、紧急处置、安全防护、善后处置）。

四、主持人与主持词

茶会正式开始后，主持人就是整场茶会的引导者。茶会能否成功，或者效果如何，很大程度上取决于主持人的临场发挥。

主持人的核心任务是主导现场活动进程，调节活动氛围。

主持人应该具备的综合能力有：主导现场活动的把控能力、熟练运用主持技巧的能力、处理意外环节的应变能力、感召观众的亲和能力。

主持人的基本素质有：较强的语言表达能力、良好的心理素质、扎实的文字功底、清晰的逻辑思维能力、独特的个性风采。

好的主持词，特别是重要内容的解说部分，可以准确传达茶会主题，调动参与者的热情，引发共鸣共感。主持词的撰写，要安排专人负责。围绕主题和活动内容，按照茶会进程，既要简洁精炼、突出重点，还要不输文采、引人共鸣。

五、组织者与执行者

茶会组织者的角色定位是指导者、支持者。他们负责定方案、搭班子、带队伍、聚资源，强调决策力。其主要职责是：

① 组建策划专班。物色合适人选，成立茶会筹办工作小组。确定茶会执行人员及岗位职责。

② 确定茶会主题。商讨、确定茶会主题及设计思路。

③ 审查活动方案。对工作小组呈报的茶会活动具体方案进行审查、修改、定稿。

④ 协调各方资源。尽可能为茶会所需的各项事务提供宏观层面的协调帮助。

⑤ 评价茶会绩效。茶会结束后，组织茶会工作组进行总结反思。总结经验，反思不足，表彰优秀，督促后进，并形成相应文本档案。

茶会执行者应遵规则、重行动、出结果、按流程，强调执行力。他们的职责就是坚决执行茶会活动方案，在实施过程中如果发现问题，就地解决问题；不能解决的，及时向领导层汇报，并跟踪处理结果。

六、现场布置

茶会现场布置的要求是主题突出、风格协调、安全便利、以人为本。

主题茶会的场地布置，主要包括迎宾引导、指示牌、签到处、净手处、抽签处设置；现场舞台主题背景及空间布置；茶席布置；公共茶水区域设置；嘉宾休息室布置等。

其中，现场主题背景与茶席是关乎茶会主题呈现的最直接、最重要的载体，其位置、形状、颜色、风格，都要精心设计与安排。

现场布置要以人为本，人行通道、进出口、台阶、水电等，都要以安全便利为前提。

茶会正式开始前，要提前进行场地布置。室内茶会，最好提前一天全部到位，并进行预演。室外茶会，条件允许的情况下，可以提前预演彩排。

预演是按照茶会正式流程提前彩排。预演的重点是熟悉整个流程，注意各个细节、场务准备、衔接过度、主持与节奏等，尽量及早发现可能存在的问题，以便及时改善，保证正式茶会顺利进行。

图17-5　茶会现场布置（陈钰 提供）

七、茶会举行

茶会正式举行环节最需要关注的因素是茶会流程设计。一般来说，一场茶会可以参考的基本程序如下：

① 准备就绪，静候嘉宾。

② 迎宾：导引指示、签到、净手、抽签。

③ 入场：引领嘉宾入座。

④ 茶会正式环节：开场白、嘉宾致辞、进行主要内容与环节。

⑤ 中场茶歇。

⑥ 茶会正式环节：开场白、嘉宾致辞、进行主要内容与环节。

⑦ 茶会结束。

⑧ 合影。

⑨ 送归（离别宴）。

八、总结

茶会结束以后，除了正面宣传报道，更要组织所有参与的工作人员讨论、分析、总结茶会的经验与不足，形成书面总结报告，文字、图片、音频等资料归档。

第五节　茶会实施的关键点

确保主题茶会顺利实施与成功举办，有很多关键要素。在实施过程中，有些关键性细节甚至直接决定成败。其中最为关键的几个细节，是主题把握、风格营造、节奏控制、流程设计、后勤保障。

一、主题把握要准确

茶会主题的总体要求：要准确、鲜明，有深度、有高度。应体现以下几个特性：

① 时代性。茶会主题要充分体现时代风貌，紧密结合当前社会需求，与时俱进地反映新时代的物质文明、精神文明风貌，延伸、拓展茶文化内涵。

② 积极性。茶会主题要积极、健康、高雅，崇尚真善美，弘扬正能量，表达人们对美好生活的期望和诉求。茶会主题不能悲观、消极、庸俗。

③ 创意性。茶会主题可以新颖、独特，有创造性、意趣性、个体性。但切忌为追求新奇怪诞而陷入恶趣、俗趣。

④ 情感性。茶会主题要容易引起参与者的共鸣、共感。以真诚用心、真正好茶、真实情感来打动参与者，激发参与者的热情，使其积极响应茶会组织者，一场茶会才会达到情感融通、气氛融洽的效果。

二、风格营造见特色

一场茶会实际上从品茗者接到邀请函就开始了。关注每个细节，做到风格鲜明协调，能引起参与者的认同，调动参与者的激情。

风格营造的总体要求是主题突出、风格协调、特色显著。

主题突出，从邀请函、签到墙、主题背景、音乐、服装，到签到卡、座席卡、茶品卡、茶点搭配等，茶会现场所有的设计与布置，都要围绕主题，彰显主题。

茶会要有鲜明的风格，就要注意整体协调，要求签到墙、背景墙、签到卡、座席卡、茶品卡、茶点的颜色、形状、质地、位置等，都要精心设计；音乐和服装的选择，也要慎重考虑。以期协调、美观，烘托茶会主题。

茶席设计在风格营造上起着很重要的作用，能够奠定茶会风格基础。

茶席上的铺垫、茶具、插花、工艺品的质地、款式、颜色、形状，都需要经过认真选择与配置，非必须不上席都要为茶品服务、为茶会主题服务。要求表现主题，和谐统一，风格鲜明。

图17-6　茶会进行（陈钰 提供）

三、节奏控制能自如

茶会的节奏控制，是保证茶会有条不紊、顺利进行的重要法宝。总体要求是环节紧凑、衔接自如、缓急有致。应注意以下几点。

① 茶会章节板块设置要紧凑合理。一场茶会，按照主题内容和时间长短，可以分设成几个章节板块，章节版块的衔接、转换要紧凑，不能出现"断片儿"、冷场，或者跳跃性太强、没有过渡、前后内容之间衔接生硬。

② 重视开场、中场、散场的准备与管理。良好的开端是成功的一半，茶会开场前的准备至关重要。所有工作人员必须提前到岗，尽量做到事无巨细、考虑周全。

茶会中场休息时段，是所有工作人员调整状态、整理茶席、更换茶品、增添开水、清洗茶具、纠正和弥补可能存在的瑕疵的最佳机会。同时，茶歇时段，场外的公共茶点、茶水等要及时备好，在嘉宾自由活动期间提供服务。

散场时段的控制是最容易被忽略的一个环节。茶会的结束应在送别所有的茶友以后。临近尾声，茶会现场控制的主动权依然在组织者和主持人手里，要做到善始善终，干净利落地结束，让人有余音绕梁、意犹未尽之感。

③ 关注环节之间的衔接。从一个环节到下一个环节，都要有良好、自如的过渡处理，场控与主持人要密切配合，根据茶会主要内容，安排好环节的过渡衔接。

④ 依靠主持人的随机应变。主持人是茶会进行的主导者，在整个茶会过程中，主持人除了根据现成的主持词来主导环节进行之外，更重要的作用还体现在冷静应对突发意外情况。

第六节　案例分析

主题明确、环节清晰、成效显著的茶会具有借鉴意义。本节以中国茶叶学会第三届茶艺师资培训班感恩谢师茶会为例，对茶会案例进行分析。

一、茶会时间

2017年12月6日上午（毕业之际）。

二、茶会地点

中国农业科学院茶叶研究所3号楼4楼会议室。

三、茶会主题与名称

"源·缘·圆"——中国茶叶学会第三届茶艺师资班感恩谢师雅集茶会。

图17-7　茶会即将开始

四、茶会结构与内容

1. 第一篇章"源——为有源头活水来"

① 茶牵你我，爱为心源。

② 母校情深，学习之源。

2. 第二篇章"缘——相逢原来为茶缘"

① 师恩谆谆，如沐春风。

② 恩师寄语，余味无穷。

③ 茶路心语，感恩茶缘。

④ 良师益友，情深谊长。

3. 第三篇章"圆——茶德传播同心圆"

① 圆满毕业，颁证感言。

② 推陈出新，从容成圆。

③ 言出肺腑，诗颂师恩。

④ 用心传播，圆融展望。

五、茶会流程

9:00 抽签、净手、入场。

1. 上半场

① 9:30—9:35 磬声一下，嘉宾入座、止语。

② 9:35—9:40 司仪主持茶会，介绍来宾。

③ 9:40—9:50 自创茶诗朗诵《茶之歌》。

④ 9:50—9:55 请老师代表致辞。

⑤ 9:55—10:05 磬声三下，第一款茶汤品鉴——本班同学企业品牌龙湫毛峰，感恩老师们春风化雨，滋润心田。磬声一下，品鉴结束。

⑥ 10:05—10:10 任课老师代表致辞。

⑦ 10:10—10:15 欣赏同学们精心制作的感恩视频《茶路心语》。

⑧ 10:15—10:25 中场休息（嘉宾自由品尝场外公共茶水、自制茶点、水果）。

2. 下半场

① 10:25—10:30 磬声一下，入座、止语。

② 10:30—10:40 磬声三下，第二款茶汤品鉴，茶品是同学企业品牌——云南高朋普洱茶，品味浓郁陈香，体悟成长与收获的喜悦。磬声一下，品鉴结束。

③ 10:40—10:55 表彰"优秀班干部""优秀学员"，颁发毕业证书。

④ 10:55—11:00 学员代表发表感言。

⑤ 11:00—11:10 磬声三下，第三款茶汤品鉴，同学企业品牌茶——缙云黄茶，从香滑细腻的口感中感悟茶人艰辛的实践、反复的探索与创新的喜悦，品味茶人传承茶文化的平和而坚定的初心。磬声一下，品鉴结束。

⑥ 11:10—11:20　全体学员为老师们朗诵自创诗歌《师恩颂》，诵毕，献花。

⑦ 11:20—11:25　主持人总结茶会主题，宣布茶会结束。

⑧ 11:25—12:00　自由交流、合影留念。

六、茶会的主要特点

主题鲜明、层次清晰、节奏紧凑、内容丰富、内涵深厚、真情感人。三个篇章独立成篇又凝聚一体，紧紧围绕毕业感恩谢师这个主题，表达了学员们对母校、对恩师、对同学的深情厚谊，表达了当代茶人们为茶奉献、为茶奋斗、为茶锤炼、为茶精进的精神风貌（图17-8）。

图17-8　中国茶叶学会第三届茶艺师资班感恩谢师雅集茶会

图17-9　氛围营造

　　茶席设计与整体风格营造特色鲜明，12个茶席呈现了春、夏、秋、冬四季的色彩，既是大自然的再现，也是岁月的流转，是茶人的成长，是茶品的发展；圆形的布局是茶缘的回旋，是茶德的传播，和而不同，同心成圆。主持词、会场背景、茶签、茶点、茶品、茶席设计、节目内容都成为茶会主题展示的一部分，实现了情景交融（图17-9）。

管理篇

第十八章
茶艺馆的规划与风格

茶艺馆的设计与布置，就是根据茶艺馆的经营目标，对外部环境和内部空间进行统筹安排。

第一节　茶艺馆的规划与选址

茶艺馆经营者根据自身的经营目标，结合茶艺馆周边环境，提出茶艺馆设计的风格和档次定位的意见。通过茶艺馆的规划，优化茶艺馆内部装饰与布局，营造茶艺馆整体的休闲品茗艺术氛围。

一、茶艺馆规划的要素

茶艺馆的规划要素主要包括以下四方面。

1. 基本要素

诸如茶、水、茶具，室内所有用具摆饰；水、电、燃气、停车场、排污设施；服务员、茶艺师、保安人员等都应该是茶艺馆规划中不可或缺的基本要素。

2. 环境要素

周边环境因素是茶艺馆规划时需要考虑的重要因素之一，茶艺馆的选址及自身建筑的体量风格要与周边自然环境和周边的建筑协调一致。同时，茶艺馆的选址还应充分考虑环境的优美性，吸引茶客。

3. 人文要素

除考虑自然环境与茶艺馆的协调一致，也应充分考虑茶艺馆与周边的人文环境要素的相融、相结合。

4. 经济要素

充分摸清楚茶艺馆周边的商业动态和当地社会的经济发展状况，充分了解周边顾客的购买能力，合理设计产品，激发更多的消费需求。

二、茶艺馆选址的重要性

选址对茶艺馆的经营起到至关重要的作用。茶艺馆在选址的过程中，应充分考虑茶艺馆的自然、人文、环境、交通等因素。从老舍茶馆1988年以来的发展经历来看，得天独厚的地理位置是老舍茶馆成功的关键因素之一。北京老舍茶馆位于天安门广场西南侧，站在老舍茶馆大门口，正阳门就在眼前，一眼望去是毛主席纪念堂、人民英雄纪念碑、国旗台、长安街、金水桥、天安门等，所以业内人称其为皇城根儿的茶馆。老舍茶馆自改革开放以来，已接待来自世界五大洲70多个国家的500多万名中外宾客，成为中外文化交流的重要平台。

三、茶艺馆选址的要求

1. 环境要求

优美的自然环境、恰当的植被、清新的空气是茶艺馆选址最基本的环境要求。到茶艺馆消费的人群中很大部分是工作之余来休闲、放松的，因此，优雅的茶艺馆环境，自然成为人们休闲、消遣的首选（图18-1）。

2. 商业配套要求

如果茶艺馆周边是高档写字楼的稠密区或休闲购物一条街，那么一定会有许多白领和休闲的市民茶客来茶艺馆。写字楼的白领们会有许多商务洽谈，休闲市民会在购物街逛街购物后来茶艺馆休闲喝茶。所以，茶艺馆选址要充分考虑周边的商业业态、商务设施配套。

3. 经济发展要求

茶艺馆应选择建在经济繁荣发达的地区。我国许多城市茶馆的兴衰与城市经济的兴衰紧密相连，经济兴则茶馆兴，经济衰则茶馆衰。茶艺馆是在人民群众满足温饱的基础上发展起来的一个新兴行业。北京、上海、杭州、深圳等城市在改革开放后，经济快速发展，茶艺馆也如雨后春笋般拔地而起。

图18-1　杭州湖畔居茶楼

第二节　茶艺馆的特色与风格设计

茶艺馆的特色是茶艺馆经营成功的关键。茶艺馆应立足自身优势，走差异化路线，重视口碑营销，充分发挥茶艺馆的特色。

一、茶艺馆的特色与风格

有的茶艺馆以经营某种茶类为特色，如红茶馆、花茶馆、绿茶馆等；有的茶艺馆以品茗方式为特色，如工夫茶馆、自助茶艺馆、清茶馆；有的茶艺馆以功能为特色，如书吧茶艺馆、陶吧茶艺馆、乡土茶艺馆等。茶艺馆的特色是为了吸引不同需求的茶客，在满足客人在饮茶要求的前提下，为他们提供更多个性化的服务（图18-2）。

茶艺馆的风格，是指茶艺馆的装修、装置风格，茶品、茶具的选配风格，冲泡方式、茶艺演绎方式等。茶艺馆应通过构建不同的特色与风格，打造其核心竞争力。

二、茶艺馆的设计原则

1. 注重细节

茶艺馆的细节对茶艺馆形成自身特色具有重要作用。茶艺馆的设计，由众多个细节组成，只有充分理解每一个细节对造物的作用，认真地做好细节，才能让细节的匠心之作在整体氛围中闪光发亮，形成令人难忘的个性化特色。

图18-2　特色茶空间（陈云飞 提供）

2. 注重与传统茶文化的有机融合

传统文化与设计的交融，能使日常生活中常见的饮茶活动获得文化属性的提炼与升华。

总的来说，通过设计将日常饮茶过程中的文化现象，更好地呈现在消费者眼前，让更多的人觉得茶文化与日常生活相依相连，使人的生活更有充实感。所以设计来源于茶生活，要认真、仔细观察日常生活中饮茶的全部过程，认真地分析、思考其间每一个细小举动的内涵，通过设计将中国文化贯穿于茶馆功能的细微之处，连接人们日常生活中的礼仪、习俗，呈现出茶的精神内涵，体现中华民族的茶文化。

图18-3　茶艺馆厅堂

三、茶艺馆的设计方法

茶艺馆的设计包括色彩的总基调、空间中的每个细节等。在茶艺馆的设计中体现特色与风格，首先要确定茶艺馆的格调与类型，是传统式，还是现代式；是西洋式，还是乡土式，以此确定茶艺馆外部建筑风格，处理好茶艺馆与周边自然环境的关系。其次，以确定的茶艺馆主体格调对茶馆建筑内部进行设计。如大门的款式、室内的结构布置、装饰基调等都要服从总格调，使茶艺馆整个空间拥有预期的意境与格调。再次，还要注重茶艺馆内部装饰，包括茶具、茶席的空间等设计，室内的全部陈设与摆件，都要体现最初确定的基调，通过设计来突出个性、特色与风格（图18-3）。

第三节　茶艺馆的空间布局与内部陈设

空间布局与内部陈设是相互依存的，空间布局是展示文化底蕴的重要手段，内部陈设则从细处显现特色风格。

一、内部陈设与空间布局

茶艺馆的内部陈设通常是指茶艺馆的室内陈设。陈设品包括家具、灯光、织物、装饰工艺品、字画、茶具、烧水电器、盆景、插花、挂画，以及出售的茶叶、茶制品等。内部陈设在茶艺馆空间设计中，有时会起到画龙点睛的作用。

茶艺馆的空间布局，广义上讲就是茶艺馆内部空间的整体布局。一个茶艺馆从功能上往往由三个最基本的空间构成：一是客人品饮的空间；二是经营管理所用的基本空间；三是工作人员的工作空间。

通过内部陈设的空间布局，可以为品茗过程增添意蕴，创造茶文化精髓的无限意境，使之升华成为一种茶文化艺术。

二、内部陈设应注意的问题

细致把握和展示茶艺馆内部每一件陈设，如字画、织物等，让每一样陈设都体现出茶艺馆主题与创意。

1. 在布局上力求基调一致

无论是木沙发茶椅，还是各式烧水茶器，通过空间摆放的层次、疏密，应让人感觉到是协调统一的整体，体会到每一件物品所折射的茶文化意蕴，感受到中国优秀传统茶文化的亲和力，领略茶艺馆内部空间的实用与美感。

2. 茶具摆放疏密有致

茶具摆放应恰当，有呼应、有对比、有层次。茶艺馆的内部陈设，应让人在品茗时享受茶这一神奇树叶特有的风味，获得物质享受的同时，又可以领略千百年来我们祖先创造的各种茶具、茶器，还有煎茶、点茶、撮泡等各种茶艺享受。感受林林总总的茶器、茶具和茶家具的配置带来的茶空间美。

3. 色彩协调

做到色彩美应在统一中求变化，又在变化中求统一和谐。茶艺馆内部陈设不同，如巴西花梨长茶桌自然木质色彩呈浅红色，配上橙黄桌旗、晶莹透亮的玻璃水壶和青花茶盖碗、红泥紫砂的茶壶等，构成色彩斑斓的空间画面。我们要用更高的色彩审美去搭配、布置空间。努力让陈设布置中的色彩统一，在统一协调色彩中求陈设色彩的变化，在协调配置色彩的变化中求统一与和谐。

三、内部陈设与外部形象

茶艺馆内部与外部空间的关系，应该是相辅相成的，虽有分隔区别，但又有机联系、有机统一、局部服从整体。茶艺馆的外部形象能彰显茶艺馆的主体形象，而内部空间所布置的陈设就是要进一步营造茶艺馆清静优雅的环境和文化艺术氛围。外部空间主要是茶艺馆建筑的轮廓、风格和主体色调，应该给人一种大气整体的审美情趣。而内部给人的感觉应该是小中见大、缜密有序，不仅可以映射一个地区一种文化的发展水平，让人们从中看到中国传统文化的元素，也能看到大众审美与传统文化元素的内在联系，在茶馆空间设计中萦绕中国传统文化，优化大众生活环境。这种内部空间与外部空间是相互呼应的，是一脉相承和有机统一的，是你中有我、我中有你，水乳交融的，是来源于人们日常生活、又高于日常生活的茶文化艺术的显现。

第十九章
茶艺馆的管理

茶艺馆的管理，是指茶艺馆经营过程中对涉及经营的人、财、物的管理。茶艺馆通过建立合理可行的规章制度、进行日常检查与监督等，获得经营的最大效益及树立企业品牌、形象。

第一节　茶艺馆管理规章制度

茶艺馆的规章制度，是指管理人、财、物所依据的法则或标准，可操作的、可检查对照执行的文字条款的总和。

一、茶艺馆的规章制度

茶艺馆的规章制度包括章程、管理办法、规则、其他管理办法等。

1. 章程

一般章程相对宏观，如董事会章程、工会章程等。章程是针对企业上层建筑的。

2. 管理办法

管理办法是茶艺馆日常管理中最多见的，具有较强的针对性和可操作性。如高档茶具管理办法、日用小毛巾专用洗衣机洗涤及管理办法等。这些办法往往突出管理而且在日常经营中不断修正、不断补充、不断充实。

具体对物而言，如财务管理办法、仓库物品保管与领用办法；对人而言，如员工岗位职责、考勤办法等。办法往往规定得比较具体，有较强的操作性，具有检查、对照性。

3. 规则

规则一般针对茶艺馆的设备操作与使用。这类规则性制度往往技术性强，科学知识含量高，针对专业技术人员而设定。

4. 其他管理办法

其他管理办法，如奖惩办法、告示、说明等，也是茶艺馆的一类制度。奖惩办法，是针对人力资源的特殊性制定的一种管理办法，通过奖惩办法激励人的主观能动性，实现人力资源利用的最大化。告示在茶艺馆临时出现的一些情况时使用，写明要求大家共同配合做到的事项；说明与告示作用相同，针对茶艺馆临时出台的制度，以说明的方式要求大家规范自己的行为。

二、规章制度制定的目的与意义

规章制度制定的目的，就是利用规章制度规范经营活动的开展，规范经营活动中人的行为，最终实现企业经营的目标。制定规章制度，追求茶艺馆经营与茶艺馆员工和谐的最佳结合点，达到茶艺馆发展与员工得益共赢的目的。

1. 有利于企业管理

规范服务标准，规定物资数量的标准有利于物资用量的控制，如茶叶投放量标准能有效控制茶叶的用量。控制茶艺馆经营的茶叶用量就是茶艺馆经营中的重要环节。运用茶艺馆规章制度能强化对经营过程中重要物资的控制与管理，在制定茶艺馆规章制度时应充分认识到这一因素与作用。

2. 规范茶艺馆经营过程中员工的行为

茶艺馆规章的制定除了有利于经营过程中对物的控制与管理，更重要的是规范经营过程中人的行为，通过规范人的行为来追求人力资源利用的最大化。人是企业经营过程中最重要的因素，通过制定规章制度，规范这一过程中人的行为来体现企业的特色，通过人的亲和力让茶的自然属性与社会属性得到最大的发挥，让茶客的需求同时得到最大的满足。这种规章制度的制定，应该是人力资源发挥作用的根本保证，也能使人的主观能动性得到最大限度发挥。

3. 打造企业品牌、树立企业形象的有效保证

制定茶艺馆规章制度的最终目的是保证茶艺馆经营目标的实现。在这一目标实现过程中，构建企业的品牌、企业的形象是实现目标的重要途径。茶艺馆的品牌与形象对茶艺馆的经营至关重要。没有品牌、没有形象就难以赢得市场、难以在激烈的市场竞争中占领市场。而服务标准的制定是实施品牌、形象战略的重要保证。树品牌靠企业服务的一举一动、一言一行，而规章制度的制定恰恰是规范企业一举一动、一言一行的保证，用日积月累的规范言行来体现企业的服务宗旨、体现企业的经管理念，方能树立诚信待客、优质服务、顾客至上的企业形象。

综上所述，茶艺馆规章制度的制定，对加强茶艺馆物资的管理，规范工作人员的行为，树立企业品牌、形象都能起到关键作用。

三、规章制度制定的原则

茶艺馆的规章制度制定，应从宏观和微观两个层面考虑。

1. 科学合理的原则

茶艺馆在服务顾客的过程中有许多组合环节，为保证这些组合环节的规范性，就需要制定服务标准。广义的标准就是让茶的自然属性与社会属性最大限度地得到发挥、顾客需求最大限度地得到满足，从而实现企业经营目标。

2. 满意舒适的原则

服务的好坏最终是由被服务的人来评判。所以在制定服务标准时，除科学合理以外，还应充分考虑被服务对象满意、舒适的原则。比如制定服务硬件标准，茶桌、茶椅的高低尺寸，位置大小的设计，应充分考虑顾客坐着喝茶的舒适度；又比如小毛巾的要求，除了干湿度，对温度也有标准，夏季不能太烫，冬季不能太冷，具体到什么程度就是以客人满意为原则。满意、舒适的原则除了我们按科学规律办事以外，实质上也是以人为本、顾客至上的体现。

3. 可操作性的原则

所有的服务标准都要通过人去执行，所以在制定服务标准时应考虑人的因素，考虑到可操作性，比如茶艺师站立服务标准（站立姿态、仪表、仪容），在设立具体要求的同时要考虑茶艺员的体能承受程度，要求太高、时间太长，人承受不了就不现实。前面讲了顾客满意、舒适的原则，但在实际执行时有的顾客会提出一些过高的要求，所以在制定标准时也应考虑可操作性的因素。

4. 服从企业经营目标的原则

企业的一切行为应该是围绕企业经营的目标来展开的，服务标准的制定也不例外。前面讲了满意舒适原则，这个原则也应该是在服从企业经营目标下展开的。比如茶座位置的设计尺寸尽可能宽敞一点，但不计成本盲目追求形式、一味满足客人需要而牺牲经营者的利益，这在现实生活中是不可能的。在追求满足客人需求的同时，应充分兼顾到茶艺馆经营目标的实现，这几者结合求得最大的和谐统一才是可行的、现实的。

四、规章制度的实施与落实

第一，认真学习并深刻领会规章制度的要领与内涵，熟悉本职工作的职责范围，认识规章制度的必要性，努力使规章制度成为自己工作的准则。

第二，严格按照规章制度所确定的职责范围、计量标准、作息时间、技术要求、工作程序等要求做好自身工作，并在这一过程中努力做到自觉执行规章制度。

第三，认真对照进行考核。对规章制度执行得如何，通常可通过考核进行检查。比如能源利用考核制度要求万元成本指标逐年有所下降，那么对能源利用制度执行情况的考核，就要通过数据对照来判断执行结果。同样，茶艺馆也可用这样的方法来对照执行茶艺馆主要原材料用量的管理。

第四，检查也是一种执行形式。企业有许许多多的规章制度，检查也是落实企业执行规章制度的好办法。检查分为定期和不定期两种，可以是整体检查，也可以检查局部的一个环节。对检查中发现违章的，可以用行政手段限令改正；检查中发现好的，可以用表彰的形式奖励。

第二节 茶艺馆的日常检查、监督与指导

日常检查、监督指导，是管理的重要手段和保证，就是实事求是地从茶艺馆经营的实际出发，把工作做得更完美，把优秀的传统茶文化发扬光大。

一、日常检查的目的与意义

茶艺馆日常检查的目的就是在规章制度的指导下，结合日常经营运作的实际，将经营运作中的重要环节和容易出现问题、疏忽的地方，通过日常检查的手段来确保茶艺馆服务做得让客人更满意。

二、日常检查的主要内容

茶艺馆日常检查应该是茶艺馆日常经营工作中的一项常规性工作，包括检查硬件茶桌、茶椅、音响、电器、供水泡茶系统、配套的茶点水果等。日常检查主要内容是茶艺馆茶叶质量、茶具质量和泡茶用水的日常检查。

1. 茶叶质量的日常检查

茶叶质量是茶艺馆的生命。一般茶馆，六大茶类都会有备货，特别是珍贵的名茶，保管不当，质量就会发生变化，丧失真香真味。所以日常茶叶质量检查，主要是对茶叶的含水量、保管茶叶环境和茶叶感官品质进行辨别和检查，确保茶叶的质量。

2. 茶具质量的日常检查

茶艺馆茶叶种类很多，不同的茶需要用不同的茶具来冲泡。日常检查茶具，要先检查茶具是否干净、器具有没有缺损，因一般茶艺馆茶器具用量大，使用过程中难免有磕磕碰碰。及时发现和替换有缺损的茶具，是日常检查中一项重要的工作。

3. 泡茶用水和食材的日常检查

食材是否新鲜、泡茶用水是否洁净关系到客人的健康，每日做相应的检查，以确保水和食物安全。

第三节　庆典促销活动

庆典促销活动能让更多的人了解和认识茶艺馆，使茶艺馆的经营更显生机。

一、庆典促销活动的一般流程

① 利用庆典活动介绍，来介绍企业自身的宗旨、理念、规模，让顾客在了解单位产品前，先了解企业，了解企业在同行业中的地位，进而了解企业产品。

② 产品促销，包括企业生产的主要产品和经营的相关产品，包括茶饮、茶点、茶服、各类茶叶、茶具、茶礼品，还包括相关由茶衍生的茶科研前沿产品。

③ 服务促销，环境服务、形式服务（茶水自助、选座、预约、奖励、主题活动、上门等），人员服务（快捷等其他要求），情感服务（打折、赠礼、免单、礼贺、帮助）等。

④ 文化促销，产品详细介绍资料、书籍。

⑤ 多元的促销，节庆促销、活动促销、加盟促销、培训促销等。

⑥ 调查反馈，在介绍完促销活动后，可安排与参加活动者互动，设计一些调查表请参加活动的人填写，如产品意见征求表、市场需求调研表等。

二、庆典促销活动实例分析

2008年杭州一家茶艺馆开业10周年，茶艺馆在店庆之际，邀请茶艺馆的部分客人和关心支持茶艺馆工作的人士参加店庆促销活动。

茶艺馆店庆促销活动主要是从茶艺馆"人无我有、人有我优"的理念出发，向来客介绍茶艺馆相关方面的硬件，并对茶艺馆的产品做了文字、图片产品说明，并带领客人参观了后场。

客人在后场看到了茶艺馆泡茶用的水，是每天去山泉水厂装运来的山泉水，用水泵送到专用水箱，再送至开水箱烧制，然后用茶壶灌装，冲泡茶。

公关部的讲解员通过图片向大家介绍了茶艺馆用的主要茶类，都是由茶艺馆主要负责人带领有关人员去茶叶源头采购，回来以后分类存放。还组织大家参观后场的茶点房、水果房，查看每天进货的记录台账。通过现场参观，大家了解了茶艺馆内部质量管理的方方面面，大大提高了对茶艺馆的信任感，加深了对茶艺馆品牌以及产品的认知度。

庆典促销会中，茶艺馆为参加活动的客人准备了由江西景德镇国瓷办烧制的小茶壶礼品，让江西烧制茶壶的师傅介绍茶具烧制的用料、工艺等方面的知识，从了解水、茶叶到了解茶具知识，使大家对茶文化有了进一步的认知。

庆典促销活动专门介绍了茶艺馆的茶点产品——临安山核桃，对山核桃承诺按颗买，500克偏差不超过3颗，还由产地山核桃农民讲解保证质量的诀窍，让客人大开眼界。

茶艺馆庆典促销活动上展示了长嘴壶茶艺，让客人了解茶文化的多样性，活动最后让客人填写促销回访单。

这家茶艺馆10周年的店庆促销活动可谓形式多样，内容丰富。许多参加活动的客人感言，过去认为茶艺馆环境好、茶价高，通过这次庆典促销，他们对茶艺馆有了全面认识，据当时统计，通过这次庆典促销活动，除客人喝茶数量增加以外，茶艺馆的茶具和茶点销售都有了较大幅度的提高，由此证明利用企业的庆典活动促销企业产品、提高企业效益是有效的。

第四节　突发事件的处理

处理突发事件是现代茶艺馆经营过程中不可避免。茶艺馆是一个公共的休闲场所，涉及社会各界群众，又兼营吃喝，涉及燃气、电、水等公共设施。在日常经营中，虽然每个茶艺馆结合自身制定各种规章制度来确保经营和安全，但或多或少会出现各种各样的突发情况。

一、突发事件的防范与预案

要预防随时可能发生的突发事件，提前做好预案，这样才能在突发事件发生时沉着应对，将突发事件造成的损失减到最小。做好预案，一是根据经营工作实际落实责任，明确预案责任。二是定时、定期调查，收集安全信息，并对信息进行判断分析。对安全隐患进行预防、排除、采取相对应的措施。三是对容易发生意外的环节、茶艺馆员工和相关人员，组织不定期的培训教育，提高大家的防范意识，绷紧安全弦。四是做好消防演练，培养火灾突发时处理事件的能力。尽力做好食品卫生安全工作，认真做好水、电、燃气的消防安全工作，确保茶艺馆安全经营。

二、突发事件处理案例分析

2010年杭州某茶艺馆有顾客集体投诉，说吃了茶艺馆的某食物，导致6人上吐下泻，经卫生检查确诊为食物中毒。接到群众举报，卫生防疫站在询问了顾客情况、查看了卫生检查报告后，证实是一起食物中毒案，并介入调查，勒令这家茶艺馆停业整顿。从茶艺馆库存的全部食物检查情况来看，茶艺馆的食品总体是合格的，茶艺馆认为那天茶客有近两百位，只有6位客人中毒，只是偶然情况。茶艺馆先向客人进行了道歉与赔偿，再从自身出发，举一反三认真地做了检查分析，发现茶楼中的熟食由于管理问题，可能导致事故。于是改进了管理办法，对熟食采用推车分配制。此后，该茶艺馆再也没有发生过类似的食物中毒事件。

第二十章
茶艺培训的组织

茶艺培训是近20年兴起的一类培训，具有鲜明的行业特色和时代特点。特别是近年来，随着茶文化的繁荣，茶艺培训作为一个"茶文化产品"，已成为第三产业的重要组成部分，为促进茶文化传播和茶产业发展做出贡献。依据《茶艺师国家职业技能标准》，本章"培训"是指"企业内部培训"。

第一节　培训计划编制

在人才培育体系中，如何根据产业需求编制培训计划、如何实现企业战略发展需求与员工个人价值需求的统一，是人力资源发展必须解决的问题。编制培训计划应基于"以需定培"的原则，坚持培训以"推进个人及组织的绩效改进"为方向，结合业务部门的需求，直接以岗位行为和绩效要求为目的，设计以员工为中心的岗位成长学习路径（图20-1）。

一、制定培训目标

培训计划的编制，首先要调研、分析员工对茶艺培训的需求，整理培训需求清单，确定培训需要解决的问题，并依此制定培训目标。

员工培训需求的确定，主要是通过对企业实际进行分析，找出现实与企业目标之间的差距，找到薄弱环节在哪里，从而确定员工需要参加何种培训、企业应该组织什么培训。现实分析主要包括企业组织

图20-1　茶艺修习（陈钰 提供）

需求分析、企业工作需求分析、员工个体需求分析三个方面。

1. 企业组织需求分析

分析企业自身的外部环境和内部条件，确定本企业的经营战略和需要的人才。或者对企业已有人员做整体考核、检测与评估，找出其与企业经营发展的差异。如何缩小这种差异，就是培训的目标。

2. 企业工作需求分析

通过工作需求分析来确定工作任务、完成这些任务需要什么技能，以及完成到什么程度合乎标准。通过分析来了解企业各个经营发展环节所需要的工作量与员工实际能力之间的差异。通过培训来缩小这种差异，即为培训目标。

3. 员工个体需求分析

即对员工个体完成工作任务的实际能力与工作要求之间的差距进行分析，或者找出员工个体在完成具体岗位实际工作中存在的问题。也可以通过员工的模范表现评价获得标杆数据。在确定不规范、确实需要改正的情况下，将这一类的纠正内容列入培训需求。

二、编制培训计划

根据企业经营发展的目标、各项资源现有存量、被培训人员的具体情况，编制培训计划，并在选择被培训人员时充分考虑培训是否能真正促进企业的经营和发展、是否真正能帮助企业员工提高素质和技能。

培训计划还应说明用什么方式、用多少时间、多少成本来完成培训，同时充分考虑企业员工培训的实效性、直接性、可操作性和现实性。

第二节　培训的形式和方法

培训的形式通常有传帮带的学徒式培训，即老员工带新员工；还有员工内训，即聘请专业讲师来企业指导或选派员工到培训机构学习，可以是全脱产、半脱产、业余等形式。培训方法有课堂授课、案例分析、实际操作、现场模拟，以及在线学习等。

一、培训的形式

1. 老员工带新员工

不少企业都会采用这样的方式，既不花费很多的专门时间，还能达到不错的效果。但是这种培训形式只适用于新员工入职。新员工入职时对所在单位环境陌生，工作任务一时难以承担，老员工本身具备多年的工作经验及对工作环境的熟悉，采用老员工一对一带新员工即师授徒学的培训方式，效果比较明显。

2. 专业讲师来企业指导

现代社会快速发展，市场上有很多可以为企业进行员工培训的专业培训机构，这些培训机构的讲师有着专业的培训理论和技能水平，对员工必备的各项技能有所了解，因此他们可以为员工提供专业的知识讲解和操作指导。根据企业的目标及员工的课程需求，灵活运用企业的运营时间，合理安排员工统一内训，可以达到较好的培训效果。

二、培训的方法

1. 使用在线培训系统

对于企业来说，上面的两种培训形式较为传统，不论是在培训形式上，还是在培训手段上都存在着一定的局限性。而运用互联网和移动终端的在线培训模式，能够弥补传统培训的不足。针对学习人群的不同，企业各部门的员工需要学习的知识也不一样。对于企业高层管理人员可以整合一些高级职称或名师的课程；中层管理人员可以设置管理类或实战类的课程；而对于基层员工，可设置大量的技能类课程或技术类课程。在线培训系统的亮点在于采用视频直播、视频点播、资源分享、在线学习、在线考试等个性化、定制化的培训服务。

2. 课堂授课

课堂授课属于传统培训方式，是指授课老师在课堂之上通过语言或肢体语言进行讲解，系统地向学员传输知识、技能等内容，使抽象的知识变得具体形象，浅显易懂，一次性传播给众多学员的培训方法。授课老师要因材施教，认真备课，结合学员特点进行培训和训练。授课时语言表达要准确，有严密的科学性、逻辑性，结合现代多媒体设施与教学实物，使学员在培训过程中做到主动学习。授课老师可边讲解边演示，以加深学员对讲授内容的理解。同时要注意学员的实时反馈，调控培训活动的内容。

第三节　培训计划的实施

培训计划的实施是整个员工培训中的关键步骤，应着重注意以下几个方面。

一、培训的课程设计

培训课程的设计应该服务于培训的目标。每一种知识和技能都需要通过相关的课程来完成，因此培训课程的设计要考虑科学性、系统性，更要考虑实用性。

二、培训教师和受培训员工的选择

培训教师既要有广博的专业知识、理论知识，更需要有丰富的实践经验和扎实的技能功底。

根据实际情况，不同的专业技术培训要因人而异、因事而异。应根据实际工作需要和个人的具体能力，来安排培训人员。

企业文化、茶与茶文化基础知识每个员工都应进行培训，对专业性更强的茶业品鉴、茶艺演示、茶业经营管理等培训，要根据企业各个发展时期的不同需要和不同岗位员工的情况来安排。

三、培训的时间安排

企业员工培训，应该考虑员工都是在实际工作岗位，安排员工培训要因事而异，合理安排。一般在营业的淡季多安排一点，旺季应尽量少安排，场地也尽可能因地制宜。

四、培训的经费

培训经费主要根据企业自身的实际，量力而行，在经济许可的情况下，尽可能多安排有实物、可以动手操作的培训。

五、培训的规章制度

员工培训同样需要纪律保证，有的通过考试考核来评判培训效果，有的通过奖励来激励培训中表现好的员工，以带动全体培训员工的积极性，保证培训取得良好的效果。

六、培训的实施

具体实施是培训的实质性工作，老师教，员工学；师傅带，徒弟跟。老师、师傅与员工、学徒在实际培训与操练过程中进行交流，运用适当培训方式取得良好的培训效果，及时纠正偏差，达到预期目的。

第四节　茶艺队的组建与训练

为了扩大企业的影响力，传播好茶文化，可以建立一支茶艺队，参加宣传活动和有关的茶艺竞赛活动等。茶艺队应该怎么组织、组建后又如何进行训练？现简要介绍如下。

一、茶艺队的组建

① 组建班子，人员包含指导教师、领队及后勤负责人员。

② 选择队员，应从形象气质及文化素养各方面考虑。

③ 选配茶器具。绿茶玻璃杯泡法、红茶瓷盖碗泡法、乌龙茶紫砂壶双杯泡法为三大基础练习茶艺。此外，可根据当地特色茶类选配器具。

④ 选择背景及茶席布置用具，包括铺垫、插花、有关工艺品、背景布置挂轴等。

⑤ 选择服饰及妆容。茶艺演示的服饰必须反映演示的茶类所代表的民族、地域的特色。一般选用旗袍、短袄、长裙、长裤等，特殊类型的有民族服装、古装等。服装色彩素雅、和谐。演示者不能佩戴宽大的装饰品，宜淡妆，切忌浓妆艳抹。

二、茶艺队的训练

（一）茶艺知识培训

茶艺队组建后，首先要进行茶艺知识的培训，主要内容有：

1. 中国茶的发展历史

重点介绍唐、宋时期的茶文化历史，以及唐煮茶法和宋点茶法，让队员对中国历史上茶业发展的重要时期及该时期的茶叶饮用方法有所了解。

2. 中国茶的基本知识

包括茶的生产和加工要点、六大茶类的品质特点、再加工茶类的种类、茶与人体健康、茶叶的贮藏和保管等内容。

3. 学习泡茶基本知识

① 选水。学习水的类别，学习古人选水，了解我国泉水资源。

② 了解各类茶沏泡中对水温、水量的要求。

③ 学习各类茶在沏泡时对茶量、茶水比的要求。

④ 学习各类茶冲泡时间和续水次数。

⑤ 学习和了解少数民族茶艺。

⑥ 学习茶的清饮和调饮方法。

⑦ 学习和了解仿古茶艺。

⑧ 了解国外饮茶方法。

（二）形体训练

主要指茶艺演示中行走、奉茶、坐姿以及多人集体演示时的形体训练。

1. 站姿

站立时要求挺胸、收腹、双眼平视、面带微笑、精神饱满。女队员站立时，脚跟靠拢，脚尖略分开，呈V字形，双手不端盘时虎口相对，双手交叉，右手在上。男队员双脚略微分开，不宽于肩，双手置放在身体两侧。

2. 行姿

要求上身挺直，目光平视，肩部放松，面带微笑，双手如不端茶盘，女士虎口相握于腹前，男士双手前后自由摆动。

3. 坐姿

① 泡茶时坐姿。挺胸、收腹、双腿并拢，面部表情自然放松，双手按泡茶要求进行操作。

② 入座姿势。茶艺队员入座时要轻而缓，轻轻坐下，不可坐满椅子，臀部外缘在椅子1/2～2/3处入座，坐下后，神态自然放松。

（三）熟练掌握各类茶的沏泡方法

主要内容有：

① 绿茶沏泡：杯泡法、盖碗泡法、壶泡法。

② 红茶沏泡：盖碗泡法、壶泡法。

③ 乌龙茶沏泡：紫砂壶双杯法、单杯法，小盖碗泡法。

④ 其他有关茶类的沏泡：根据当地茶类的要求进行设计。

参考文献

北京大学古文献研究所，1999. 全宋诗[M]. 北京：北京大学出版社.

程启坤，江和源，2005. 茶的营养与保健[M]. 杭州：浙江摄影出版社.

陈彬藩，余悦，关博文，1999. 中国茶文化经典[M]. 北京：光明日报出版社.

陈刚，2018. 美学导论[M]. 北京：高等教育出版社.

陈继儒，1995. 岩栖幽事[M]. 济南：齐鲁书社.

陈师道，朱彧撰，1989. 后山谈丛 萍洲可谈[M]. 上海：上海古籍出版社.

陈寅恪，2020. 隋唐制度渊源略论稿 唐代政治史述论稿[M]. 北京：团结出版社.

陈宗懋，2000. 中国茶叶大辞典[M]. 北京：中国轻工业出版社.

陈宗懋，杨亚军，2011. 中国茶经[M]. 上海：上海文化出版社.

陈祖椝，朱自振，1981. 中国茶叶历史资料选辑[M]. 北京：中国农业出版社.

大益文学院，1999. 中国式茶会[M]. 南京：江苏凤凰文艺出版社.

德辉编，李继武校点，2011. 敕修百丈清规[M]. 河南：中州古籍出版社.

丁福保编，1959. 全汉三国晋南北朝诗[M]. 北京：中华书局.

房玄龄注，刘绩补注，刘晓艺校点，2015. 管子[M]. 上海：上海古籍出版社.

房玄龄等，1974. 晋书[M]. 北京：中华书局.

高适，1992. 高常侍集[M]. 上海：上海古籍出版社.

葛洪，杨明照校笺，1997. 抱朴子外篇校笺[M]. 北京：中华书局.

顾野王，胡吉宣校释，1989. 玉篇校释[M]. 上海：上海古籍出版社.

关剑平，1992. 中国佐茶食品的形成和发展[J]. 茶报，(3):35-40.

关剑平，2014. 陆羽的身份认同——隐逸[J]. 中国农史，33(3):135-142.

关剑平，2014. 唐代饮茶生活的文化身份——隐逸[J]. 茶叶科学，34(1):105-110.

关剑平，2009. 文化传播视野下的茶文化研究[M]. 北京：中国农业出版社.

郭丹英，王建荣，2009. 中国茶具流变图鉴[M]. 北京：中国轻工业出版社.

郭璞注，陆德明音义，邢昺疏，1997. 尔雅注疏[M]. 上海：上海古籍出版社.

洪迈撰，夷坚志，2010. [M]. 北京：中华书局.

洪兴祖，白化文等点校，2002. 楚辞补注[M]. 北京：中华书局.

湖南省博物馆，中国科学院考古研究所编，1973. 长沙马王堆一号汉墓[M]. 北京：文物出版社.

胡西洲等，2017.龙井茶特征香气成分分析及种类判别[J]．分析科学学报，33(3):352-356.

黄征，张涌泉校注，1997.敦煌变文校注[M]．北京：中华书局.

计有功辑撰，2013.唐诗纪事[M]．上海：上海古籍出版社.

焦赣，2014.焦氏易林[M]．北京：中国书店.

皎然，2016.皎然诗集[M]．扬州：广陵书社.

江和源，2009.茶儿茶素的功效特性与开发利用探讨[J]．中国茶叶，31(4):14-17.

江用文，童启庆，2008.茶艺师培训教材[M]．北京：金盾出版社.

江用文，童启庆，2008.茶艺技师培训教材[M]．北京：金盾出版社.

金元浦，谭好哲，陆学明，1999.中国文化概论[M]．北京：首都师范大学出版社.

李白，杜甫，1989.李太白集 杜工部集[M]．长沙：岳麓书社.

李斗，汪北平，涂雨公点校，1960.扬州画舫录[M]．北京：中华书局.

李觐，1981.李觐集[M]．北京：中华书局.

李亚慧，2013.培训管理方法与工具[M]．北京：中国劳动社会保障出版社.

李仲广，卢昌崇，2004.基础休闲学[M]．北京：社会科学文献出版社.

廖建智，2007.明代茶文化艺术[M]．秀威资讯科技股份有限公司.

梁子，1992.法门寺出土唐代宫廷茶器巡礼[J]．农业考古，(2):103-105.

梁子，1995.唐代宫廷茶道[J]．农业考古，(2):114-124.

梁子，1997.中国唐宋茶道（修订版）[M]．陕西：陕西人民出版社.

刘长卿，独孤及，韦应物，1989.刘随州文集.韦刺史诗集.毗陵集[M]．上海：上海书店出版社.

刘伟华，2011.且品诗文将饮茶[M]．昆明：云南人民出版社.

刘义庆，刘孝标注，余嘉锡笺疏，1994.世说新语笺疏[M]．上海：上海古籍出版社.

柳宗元，尹占华，韩文奇校注，2013.柳宗元集校注[M]．北京：中华书局.

林瑞宣，2012.韩国茶道九讲[M]．坐忘谷茶道中心.

陆建良等，1999.安吉白茶阶段性返白过程中的生理生化变化[J]．浙江农业大学学报，(3):245-247.

陆游，1985.剑南诗稿校注[M]．上海：上海古籍出版社.

陆羽，2019.茶经[M]．北京：国家图书馆出版社.

罗竹风，1993.汉语大词典[M]．上海：上海辞书出版社.

毛亨传，郑玄注，陆德明音义，孔颖达疏，1997.毛诗正义[M]．上海：上海古籍出版社.

欧阳询，汪绍楹校，1999.艺文类聚 下[M]．上海：上海古籍出版社.

潘城，2018.茶席艺术[M]．北京：中国农业出版社.

彭定求等，2013.全唐诗[M]．北京：中华书局.

钱时霖，1989. 中国古代茶诗选[M]．杭州：浙江古籍出版社.

钱时霖，2016. 历代茶诗集成[M]．上海：上海文化出版社.

裘纪平，2004. 宋茶图典[M]．浙江：浙江摄影出版社.

阮浩耕，沈冬梅，于良子，1999. 中国古代茶叶全书[M]．浙江：浙江摄影出版社.

苏轼，1986. 苏轼文集[M]．北京：中华书局.

沈冬梅，2015. 茶与宋代社会生活[M]．北京：中国社会科学出版社.

沈冬梅，2014. 宋代文人:茶文化行为主体的角色承担[J]．农业考古，(5):38-45.

尸佼，汪继培辑，朱海雷撰，2006. 尸子译注[M]．上海：上海古籍出版社.

舒玉杰，1996. 中国茶文化今古大观[M]．北京：北京出版社.

司马迁，1982. 史记[M]．北京：中华书局.

四水潜夫辑，1984. 武林旧事[M]．杭州：浙江人民出版社.

唐圭璋，2013. 全宋词[M]．北京：中华书局.

滕军，2004. 中日茶文化交流史[M]．北京：人民出版社.

托马斯·古德尔，杰佛瑞·戈比，成素梅，马惠娣，季斌，冯世梅译，2000. 人类思想史中的休闲[M]．昆明：云南人民出版社.

宛晓春，2003. 茶叶生物化学(第三版)[M]．北京：中国农业出版社.

王安石，1999. 王安石文集[M]．北京：中国文史出版社.

王飞权等，2013. 闽北夏暑乌龙茶加工过程中生化成分的变化及其品质分析[J]．武夷学院学报，32(05): 28-32.

王秋霜等，2017. 普洱茶理化品质及特征"陈香"物质基础研究[J]．食品工业科技，38(5):308-314.

王伟伟，2020. 谷帘泉水冲泡庐山云雾茶条件优化[J]．江西农业大学学报，42(1):127-134.

王郁风，1992. 法门寺出土唐代宫廷茶具及唐代饮茶风尚[J]．农业考古，(2):106-113.

吴自牧，1984. 梦粱录[M] . 杭州：浙江人民出版社.

夏涛，2016. 制茶学（第三版）[M]．北京：中国农业出版社.

徐建融，1992. 中国美术史标准教程[M]．上海：上海书画出版社.

徐珂，2017. 清稗类钞[M]．北京：中华书局.

许慎，段玉裁注，1989. 说文解字注[M]．上海：上海古籍出版社.

薛金金等，2020. 工夫红茶品质化学成分及加工工艺研究进展[J]．食品研究与开发，41(18):219-224.

萧统编，1986. 文选[M]．上海：上海古籍出版社.

萧子显，1972. 南齐书[M]．北京：中华书局.

辛董董，张浩，李红波，莫海珍，2019. 不同茶类挥发性成分中主要呈香成分研究进展[J]. 河南科技学院学报，47(6):21-28.

姚国坤，王存礼，程启坤，1991. 中国茶文化[M]. 上海：上海文化出版社.

姚国坤，2004. 茶文化概论[M]. 浙江：浙江摄影出版社.

姚合，1994. 姚少监诗集[M]. 上海：上海古籍出版社.

姚思廉，1982. 陈书[M]. 北京：中华书局.

杨朝英集，1986. 朝野新声太平乐府 [M]. 上海：复旦大学图书馆.

杨衒之，范祥雍校注，1982洛阳伽蓝记校注[M]. 上海：上海古籍出版社.

杨亚军，2014. 评茶员培训教材[M]. 北京：金盾出版社.

殷玉娴，2008. 唐宋茶事与禅林茶礼[D]. 上海：上海师范大学人文与传播学院.

应劭，王利器校注，2010. 风俗通义校注下[M]. 北京：中华书局.

于良子，2011. 茶经（注释）[M]. 杭州：浙江古籍出版社.

于良子，2006. 谈艺[M]. 杭州：浙江摄影出版社.

于良子，2003. 翰墨茗香[M]. 杭州：浙江摄影出版社.

圆仁，顾承甫，何泉达点校，1986. 入唐求法巡礼行记[M]. 上海：上海古籍出版社.

宗白华，1987. 美学与意境[M]. 北京：人民出版社.

宗懔，姜彦稚辑校，1986. 荆楚岁时记[M]. 长沙：岳麓书社.

曾敏行，1986. 独醒杂志[M]. 上海：上海古籍出版社.

赵岐注，孙奭疏，1997. 孟子注疏[M]. 上海：上海古籍出版社.

张高举，王竞香，1995. 从法门寺唐代地宫出土的一套茶具看唐代茶与茶文化的发展和繁荣[J]. 农业考古，(2)：157-167.

张正雄，陈锦航，姚皓杰，2018. 宫廷茶文化与寺院茶文化之比较研究[J]. 农业考古，(5):17.

张志聪（隐庵），王宏利，吕凌校注，吴少祯主编，2014. 黄帝内经素问集注[M]. 北京：中国医药科技出版社.

周国富，2019. 世界茶文化大全[M]. 北京：中国农业出版社.

周智修，薛晨，阮浩耕，2021. 中华茶文化的精神内核探析——以茶礼、茶俗、茶艺、茶事艺文为例[J]. 茶叶科学，41(2):272-284.

郑培凯，朱自振，2007. 中国历代茶书汇编校注本[M]. 香港：商务印书馆.

郑玄注，陆德明音义，孔颖达疏，1997. 礼记注疏[M]. 上海：上海古籍出版社.

郑玄，陆德明音义，贾公彦疏，1997. 周礼注疏[M]. 上海：上海古籍出版社.

朱红缨，2013. 中国式日常生活：茶艺文化[M]. 香港：中国社会科学出版社.

朱熹集注，1985. 四书集注[M]. 长沙：岳麓书社.

中国就业培训技术指导中心，2004. 国家职业资格培训教程 [M]. 北京：中国劳动社会保障出版社.

政协杭州市上城区委员会 杭州市上城区茶文化研究会，2018. 点茶：南宋皇城根下的文化记忆[M]. 浙江：杭州出版社.

GB/T 23776-2018 茶叶感官审评方法.

GB/T 14487-2017 茶叶感官审评术语.

T/CTSS 3-2019 茶艺职业技能竞赛技术规程.

布目潮沨，1995. 中国吃茶文化史[M]. 东京：岩波书店.

京都大学文学部国语学国文学研究室编，1971-1977. 诸本集成倭名类聚抄[M]. 京都：临川书店.

山田庆儿编，1985. 新发现中国科学史资料研究·论考篇[M]. 京都：京都大学人文科学研究所.

筒井纮一，2002. 怀石研究[M]. 京都：淡交社年.

伊藤干治、渡边欣雄，1975. 宴[M]. 东京：弘文堂.

中尾佐助，1975. 栽培植物と農耕の起源[M]. 东京：岩波书店.

Afterword

后记

经过近四年的筹备，由中国茶叶学会、中国农业科学院茶叶研究所联合组织编写的新版"茶艺培训教材"（Ⅰ～Ⅴ册）终于与大家见面了。本书从2018年开始策划、组织编写人员，到确定写作提纲，落实编写任务，历经专家百余次修改完善，终于在2021—2022年顺利出版。

我们十分荣幸能够将诸多专家学者的智慧结晶凝结、汇聚于本套教材中。在越来越快的社会节奏里，完成一套真正"有价值、有分量"的书并非易事，而我们很高兴，这一路上有这么多"大家"的指导、支持与陪伴。在此，特别感谢浙江省政协原主席、中国国际茶文化研究会会长周国富先生，陈宗懋院士、刘仲华院士对本书的指导与帮助，并为本书撰写珍贵的序言；同时，我们郑重感谢台北故宫博物院廖宝秀研究员，远在海峡对岸不辞辛苦地为我们收集资料、撰写稿件、选配图片；感谢浙江农林大学关剑平教授，在受疫情影响无法回国的情况下仍然克服重重困难，按时将珍贵的书稿交予我们；感谢知名茶文化学者阮浩耕先生，他的书稿是一字一句手写完成的，在初稿完成后，又承担了全书的编审任务；感谢中国社会科学院古代史研究所沈冬梅首席研究员、西泠印社社员于良子副研究员，他们为本书查阅了大量的文献古籍，伏案着墨整理出一手的宝贵资料，为本套教材增添了厚重的文化底蕴；感谢俞永明研究员、鲁成银研究员、陈亮研究员、朱家骥编审、周星娣副编审、李溪副教授、梁国彪研究员等老师非常严谨、细致的审稿和统校工作，帮助我们查漏修正，保障了本书的出版质量。

本书从组织策划到出版问世，还要特别感谢中国茶叶学会秘书处、中国农业科学院茶叶研究所培训中心团队薛晨、潘蓉、陈钰、李菊萍、段文华、马秀芬、刘畅、梁超杰、司智敏、袁碧枫、邓林华、刘栩等同仁的倾力付出与支持。他们先后承担了大量的具体工作，包括丛书的策划与组织、提纲的拟定、作者的联络、材料的收集、书稿的校对、出版社的对接等。同样要感谢中国农业出版社李梅老师对本书的组编给予了热心的指导，帮助解决了众多编辑中的实际问题。此外，还要特别感谢为本书提供图片作品的专家学者，由于图片量大，若有作者姓名疏漏，请与我们联系，将予酬谢。

"一词片语皆细琢，不辞艰辛为精品。"值此"茶艺培训教材"（Ⅰ～Ⅴ册）出版之际，我们向所有参与文字编写、提供翔实图片的单位和个人表示衷心感谢！

中国茶叶学会、中国农业科学院茶叶研究所在过去陆续编写出版了《中国茶叶大辞典》《中国茶经》《中国茶树品种志》《品茶图鉴》《一杯茶中的科学》《大家说茶艺》《习茶精要详解》《茶席美学探索》《中国茶产业发展40年》等书籍，坚持以科学性、权威性、实用性为原则，促进茶叶科学与茶文化的普及和推广。"日夜四年终合页，愿以此记承育人。"我们希望，"茶艺培训教材"（Ⅰ～Ⅴ册）的出版，能够为国内外茶叶从业人员和爱好者学习中国茶和茶文化提供良好的参考，促进茶叶技能人才的成长和提高，更好地引领茶艺事业的科学健康发展。今后，我们还会将本书翻译成英文（简版），进一步推进中国茶文化的国际传播，促进全世界茶文化的交流与融合。

茶艺培训教材编委会
2021年6月